全国科学技术名词审定委员会

公　布

自 然 辩 证 法 名 词

（第二版）

CHINESE TERMS IN DIALECTICS OF NATURE

(Second Edition)

2 0 2 4

第二届自然辩证法名词审定委员会

国家自然科学基金资助项目

科 学 出 版 社

北　京

内 容 简 介

本书是全国科学技术名词审定委员会审定公布的《自然辩证法名词》第二版。全书分为总论，自然哲学，科学哲学，技术哲学，工程哲学，科学技术方法论，科学、技术与社会，科技伦理 8 部分，共 2460 条名词。这批名词是科研、教学、生产、经营以及新闻出版等部门应遵照使用的自然辩证法规范名词。

图书在版编目（CIP）数据

自然辩证法名词 / 自然辩证法名词审定委员会审定. 2 版. -- 北京 : 科学出版社, 2024. 12. -- ISBN 978-7-03-079639-4

Ⅰ. N031-61

中国国家版本馆 CIP 数据核字第 20249R4R30 号

责任编辑：叶艳玲　邹　聪　高雅琪 / 责任校对：王晓茜
责任印制：吴兆东 / 封面设计：马晓敏

科学出版社 出版
北京东黄城根北街 16 号
邮政编码：100717
http://www.sciencep.com
三河市春园印刷有限公司印刷
科学出版社发行　各地新华书店经销
*
2004 年 4 月第 一 版　开本：787×1092　1/16
2024 年 12 月第 二 版　印张：19 1/4
2024 年 12 月第一次印刷　字数：400 000

定价：198.00 元

（如有印装质量问题，我社负责调换）

全国科学技术名词审定委员会
第七届委员会委员名单

特邀顾问：路甬祥　许嘉璐　韩启德

主　　任：白春礼

副 主 任：梁言顺　黄　卫　田学军　蔡　昉　邓秀新　何　雷　何鸣鸿
裴亚军

常　　委（以姓名笔画为序）：

田立新　曲爱国　刘会洲　孙苏川　沈家煊　宋　军　张　军
张伯礼　林　鹏　周文能　饶克勤　袁亚湘　高　松　康　乐
韩　毅　雷筱云

委　　员（以姓名笔画为序）：

卜宪群　王　军　王子豪　王同军　王建军　王建朗　王家臣
王清印　王德华　尹虎彬　邓初夏　石　楠　叶玉如　田　淼
田胜立　白殿一　包为民　冯大斌　冯惠玲　毕健康　朱　星
朱士恩　朱立新　朱建平　任　海　任南琪　刘　青　刘正江
刘连安　刘国权　刘晓明　许毅达　那伊力江·吐尔干
孙宝国　孙瑞哲　李一军　李小娟　李志江　李伯良　李学军
李承森　李晓东　杨　鲁　杨　群　杨汉春　杨安钢　杨焕明
汪正平　汪雄海　宋　彤　宋晓霞　张人禾　张玉森　张守攻
张社卿　张建新　张绍祥　张洪华　张继贤　陆雅海　陈　杰
陈光金　陈众议　陈言放　陈映秋　陈星灿　陈超志　陈新滋
尚智丛　易　静　罗　玲　周　畅　周少来　周洪波　郑宝森
郑筱筠　封志明　赵永恒　胡秀莲　胡家勇　南志标　柳卫平
闻映红　姜志宏　洪定一　莫纪宏　贾承造　原遵东　徐立之
高　怀　高　福　高培勇　唐志敏　唐绪军　益西桑布
黄清华　黄璐琦　萨楚日勒图　龚旗煌　阎志坚　梁曦东
董　鸣　蒋　颖　韩振海　程晓陶　程恩富　傅伯杰　曾明荣
谢地坤　赫荣乔　蔡　怡　谭华荣

第二届自然辩证法名词审定委员会委员名单

顾　　问（以姓名笔画为序）：

王国政　邓　勇　丘亮辉　冯　俊　朱　训　孙小礼　孙慕天
李惠国　杨振斌　吴启迪　何鸣鸿　何祚庥　余谋昌　张彦英
范岱年　金吾伦　殷瑞钰　郭贵春　韩增禄　程天权　颜泽贤
瞿振元

主　　任：尚智丛

副 主 任：刘大椿　董春雨　崔伟奇

常　　委（以姓名笔画为序）：

马来平　马惠娣　王　前　王　巍　王大洲　王克迪　王伯鲁
王德胜　卢　风　毕孔彰　任定成　任俊华　刘　兵　刘永谋
刘孝廷　刘晓力　李正风　李伯聪　李建会　杨怀中　肖　玲
吴　彤　吴国盛　张大庆　张体勤　张明国　张法瑞　张增一
陈　凡　范冬萍　林建成　赵万里　赵明杰　赵建军　姜振寰
费多益　殷　杰　高亮华　喻佑斌　曾华锋　曾国屏　雷　毅
翟晓梅

秘　　书：史阿娜　赵月刚　任安波

第一届自然辩证法名词审定委员会委员名单

顾　　问：于光远　龚育之　朱　训　范岱年　何祚庥
　　　　　彭瑞驰　梁存秀　江天骥　查汝强

主　　任：丘亮辉

副 主 任：邱仁宗　吴凤鸣　王国政　李伯聪

委　　员（以姓名笔画为序）：
　　　　　王玉平　王炳福　王德胜　刘文海　刘华杰
　　　　　刘孝廷　刘珺珺　刘新民　孙小礼　孙慕天
　　　　　李廷举　李庆臻　李惠国　李醒民　杨德荣
　　　　　吴义生　吴延涪　吴国盛　余谋昌　张明国
　　　　　张湘琴　陈昌曙　林定夷　林夏水　金吾伦
　　　　　周昌忠　周春彦　胡文耕　胡新和　柳树滋
　　　　　施雁飞　费多益　贾云祥　殷正坤　殷登祥
　　　　　高达声　高亮华　黄昭厚　黄顺基　黄麟雏
　　　　　常　青　董光璧　韩增禄　傅世侠

秘　　书：高亮华　王建军　庞　薇

自然辩证法名词审定委员会各组负责人名单

总论组组长：黄顺基　贾云祥

自然哲学组组长：金吾伦　吴国盛

科学哲学组组长：范岱年　邱仁宗

技术哲学组组长：高亮华　刘文海

科学技术方法论组组长：韩增禄　孙小礼

科学、技术与社会组组长：李伯聪　李惠国　刘珺珺

白春礼序

科技名词伴随科技发展而生，是概念的名称，承载着知识和信息。如果说语言是记录文明的符号，那么科技名词就是记录科技概念的符号，是科技知识得以传承的载体。我国古代科技成果的传承，即得益于此。《山海经》记录了山、川、陵、台及几十种矿物名；《尔雅》19篇中，有16篇解释名物词，可谓是我国最早的术语词典；《梦溪笔谈》第一次给“石油”命名并一直沿用至今；《农政全书》创造了大量农业、土壤及水利工程名词；《本草纲目》使用了数百种植物和矿物岩石名称。延传至今的古代科技术语，体现着圣哲们对科技概念定名的深入思考，在文化传承、科技交流的历史长河中作出了不可磨灭的贡献。

科技名词规范工作是一项基础性工作。我们知道，一个学科的概念体系是由若干个科技名词搭建起来的，所有学科概念体系整合起来，就构成了人类完整的科学知识架构。如果说概念体系构成了一个学科的“大厦”，那么科技名词就是其中的“砖瓦”。科技名词审定和公布，就是为了生产出标准、优质的“砖瓦”。

科技名词规范工作是一项需要重视的基础性工作。科技名词的审定就是依照一定的程序、原则、方法对科技名词进行规范化、标准化，在厘清概念的基础上恰当定名。其中，对概念的把握和厘清至关重要，因为如果概念不清晰、名称不规范，势必会影响科学研究工作的顺利开展，甚至会影响对事物的认知和决策。举个例子，我们在讨论科技成果转化问题时，经常会有“科技与经济‘两张皮’”“科技对经济发展贡献太少”等说法，尽管在通常的语境中，把科学和技术连在一起表述，但严格说起来，会导致在认知上没有厘清科学与技术之间的差异，而简单把技术研发和生产实际之间脱节的问题理解为科学研究与生产实际之间的脱节。一般认为，科学主要揭示自然的本质和内在规律，回答“是什么”和“为什么”的问题，技术以改造自然为目的，回答“做什么”和“怎么做”的问题。科学主要表现为知识形态，是创造知识的研究，技术则具有物化形态，是综合利用知识于需求的研究。科学、技术是不同类型的创新活动，有着不同的发展规律，体现不同的价值，需要形成对不同性质的研发活动进行分类支持、分类评价的科学管理体系。从这个角度来看，科技名词规范工作是一项必不可少的基础性工作。我非常同意老一辈专家叶笃正的观点，他认为：“科技名词规范化工作的作用比我们想象的还要大，是一项事关我国科技事业发展的基础设施建设工作！”

科技名词规范工作是一项需要长期坚持的基础性工作。我国科技名词规范工作已经有 110 年的历史。1909 年清政府成立科学名词编订馆，1932 年南京国民政府成立国立编译馆，是为了学习、引进、吸收西方科学技术，对译名和学术名词进行规范统一。中华人民共和国成立后，随即成立了“学术名词统一工作委员会”。1985 年，为了更好促进我国科学技术的发展，推动我国从科技弱国向科技大国迈进，国家成立了“全国自然科学名词审定委员会”，主要对自然科学领域的名词进行规范统一。1996 年，国家批准将“全国自然科学名词审定委员会”改为“全国科学技术名词审定委员会”，是为了响应科教兴国战略，促进我国由科技大国向科技强国迈进，而将工作范围由自然科学技术领域扩展到工程技术、人文社会科学等领域。科学技术发展到今天，信息技术和互联网技术在不断突进，前沿科技在不断取得突破，新的科学领域在不断产生，新概念、新名词在不断涌现，科技名词规范工作仍然任重道远。

110 年的科技名词规范工作，在推动我国科技发展的同时，也在促进我国科学文化的传承。科技名词承载着科学和文化，一个学科的名词，能够勾勒出学科的面貌、历史、现状和发展趋势。我们不断地对学科名词进行审定、公布、入库，形成规模并提供使用，从这个角度来看，这项工作又有几分盛世修典的意味，可谓“功在当代，利在千秋”。

在党和国家重视下，我们依靠数千位专家学者，已经审定公布了 65 个学科领域的近 50 万条科技名词，基本建成了科技名词体系，推动了科技名词规范化事业协调可持续发展。同时，在全国科学技术名词审定委员会的组织和推动下，海峡两岸科技名词的交流对照统一工作也取得了显著成果。两岸专家已在 30 多个学科领域开展了名词交流对照活动，出版了 20 多种两岸科学名词对照本和多部工具书，为两岸和平发展作出了贡献。

作为全国科学技术名词审定委员会现任主任委员，我要感谢历届委员会所付出的努力。同时，我也深感责任重大。

十九大的胜利召开具有划时代意义，标志着我们进入了新时代。新时代，创新成为引领发展的第一动力。习近平总书记在十九大报告中，从战略高度强调了创新，指出创新是建设现代化经济体系的战略支撑，创新处于国家发展全局的核心位置。在深入实施创新驱动发展战略中，科技名词规范工作是其基本组成部分，因为科技的交流与传播、知识的协同与管理、信息的传输与共享，都需要一个基于科学的、规范统一的科技名词体系和科技名词服务平台作为支撑。

我们要把握好新时代的战略定位，适应新时代新形势的要求，加强与科技的协同发展。一方面，要继续发扬科学民主、严谨求实的精神，保证审定公布成果的权威性和规范性。科技名词审定是一项既具规范性又有研究性，既具协调性又有长期性的综合性工作。在长期的科技名词审定工作实践中，全国科学技术名词审定委员会积累了丰富的经验，形成了一套完整的组织和审定流程。这一流程，有利于确立公布名词的权威性，有利于保证公布名词的规范性。但是，我们仍然要创新审定机制，高质高效地完成科技名词审定公布任务。另一方面，在做好科技名词审定公布工作的同时，我们要瞄准世界科技前沿，服务于前瞻性基础研究。习总书记在报告中特别提到“中国天眼”、“悟空号”暗物质粒子探测卫星、“墨子号”量子科学实验卫星、天宫二号和“蛟龙号”载人潜水器等重大科技成果，这些都是随着我国科技发展诞生的新概念、新名词，是科技名词规范工作需要关注的热点。围绕新时代中国特色社会主义发展的重大课题，服务于前瞻性基础研究、新的科学领域、新的科学理论体系，应该是新时代科技名词规范工作所关注的重点。

未来，我们要大力提升服务能力，为科技创新提供坚强有力的基础保障。全国科学技术名词审定委员会第七届委员会成立以来，在创新科学传播模式、推动成果转化应用等方面作了很多努力。例如，及时为 113 号、115 号、117 号、118 号元素确定中文名称，联合中国科学院、国家语言文字工作委员会召开四个新元素中文名称发布会，与媒体合作开展推广普及，引起社会关注。利用大数据统计、机器学习、自然语言处理等技术，开发面向全球华语圈的术语知识服务平台和基于用户实际需求的应用软件，受到使用者的好评。今后，全国科学技术名词审定委员会还要进一步加强战略前瞻，积极应对信息技术与经济社会交汇融合的趋势，探索知识服务、成果转化的新模式、新手段，从支撑创新发展战略的高度，提升服务能力，切实发挥科技名词规范工作的价值和作用。

使命呼唤担当，使命引领未来，新时代赋予我们新使命。全国科学技术名词审定委员会只有准确把握科技名词规范工作的战略定位，创新思路，扎实推进，才能在新时代有所作为。

是为序。

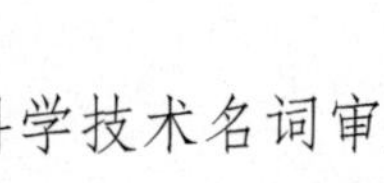

2018 年春

路甬祥序

我国是一个人口众多、历史悠久的文明古国，自古以来就十分重视语言文字的统一，主张“书同文、车同轨”，把语言文字的统一作为民族团结、国家统一和强盛的重要基础和象征。我国古代科学技术十分发达，以四大发明为代表的古代文明，曾使我国居于世界之巅，成为世界科技发展史上的光辉篇章。而伴随科学技术产生、传播的科技名词，从古代起就已成为中华文化的重要组成部分，在促进国家科技进步、社会发展和维护国家统一方面发挥着重要作用。

我国的科技名词规范统一活动有着十分悠久的历史。古代科学著作记载的大量科技名词术语，标志着我国古代科技之发达及科技名词之活跃与丰富。然而，建立正式的名词审定组织机构则是在清朝末年。1909 年，我国成立了科学名词编订馆，专门从事科学名词的审定、规范工作。到了新中国成立之后，由于国家的高度重视，这项工作得以更加系统地、大规模地开展。1950 年政务院设立的学术名词统一工作委员会，以及 1985 年国务院批准成立的全国自然科学名词审定委员会（现更名为全国科学技术名词审定委员会，简称全国科技名词委），都是政府授权代表国家审定和公布规范科技名词的权威性机构和专业队伍。他们肩负着国家和民族赋予的光荣使命，秉承着振兴中华的神圣职责，为科技名词规范统一事业默默耕耘，为我国科学技术的发展做出了基础性的贡献。

规范和统一科技名词，不仅在消除社会上的名词混乱现象，保障民族语言的纯洁与健康发展等方面极为重要，而且在保障和促进科技进步，支撑学科发展方面也具有重要意义。一个学科的名词术语的准确定名及推广，对这个学科的建立与发展极为重要。任何一门科学（或学科），都必须有自己的一套系统完善的名词来支撑，否则这门学科就立不起来，就不能成为独立的学科。郭沫若先生曾将科技名词的规范与统一称为“乃是一个独立自主国家在学术工作上所必须具备的条件，也是实现学术中国化的最起码的条件”，精辟地指出了这项基础性、支撑性工作的本质。

在长期的社会实践中，人们认识到科技名词的规范和统一工作对于一个国家的科技发展和文化传承非常重要，是实现科技现代化的一项支撑性的系统工程。没有这样一个系统的规范化的支撑条件，不仅现代科技的协调发展将遇到极大困难，而且在科技日益渗透人们生活各方面、各环节的今天，还将给教育、传播、交流、经贸等多方面带来困难和损害。

全国科技名词委自成立以来，已走过近20年的历程，前两任主任钱三强院士和卢嘉锡院士为我国的科技名词统一事业倾注了大量的心血和精力，在他们的正确领导和广大专家的共同努力下，取得了卓著的成就。2002年，我接任此工作，时逢国家科技、经济飞速发展之际，因而倍感责任的重大；及至今日，全国科技名词委已组建了60个学科名词审定分委员会，公布了50多个学科的63种科技名词，在自然科学、工程技术与社会科学方面均取得了协调发展，科技名词蔚成体系。而且，海峡两岸科技名词对照统一工作也取得了可喜的成绩。对此，我实感欣慰。这些成就无不凝聚着专家学者们的心血与汗水，无不闪烁着专家学者们的集体智慧。历史将会永远铭刻着广大专家学者孜孜以求、精益求精的艰辛劳作和为祖国科技发展做出的奠基性贡献。宋健院士曾在1990年全国科技名词委的大会上说过："历史将表明，这个委员会的工作将对中华民族的进步起到奠基性的推动作用。"这个预见性的评价是毫不为过的。

科技名词的规范和统一工作不仅仅是科技发展的基础，也是现代社会信息交流、教育和科学普及的基础，因此，它是一项具有广泛社会意义的建设工作。当今，我国的科学技术已取得突飞猛进的发展，许多学科领域已接近或达到国际前沿水平。与此同时，自然科学、工程技术与社会科学之间交叉融合的趋势越来越显著，科学技术迅速普及到了社会各个层面，科学技术同社会进步、经济发展已紧密地融为一体，并带动着各项事业的发展。所以，不仅科学技术发展本身产生的许多新概念、新名词需要规范和统一，而且由于科学技术的社会化，社会各领域也需要科技名词有一个更好的规范。另一方面，随着香港、澳门的回归，海峡两岸科技、文化、经贸交流不断扩大，祖国实现完全统一更加迫近，两岸科技名词对照统一任务也十分迫切。因而，我们的名词工作不仅对科技发展具有重要的价值和意义，而且在经济发展、社会进步、政治稳定、民族团结、国家统一和繁荣等方面都具有不可替代的特殊价值和意义。

最近，中央提出树立和落实科学发展观，这对科技名词工作提出了更高的要求。我们要按照科学发展观的要求，求真务实，开拓创新。科学发展观的本质与核心是以人为本，我们要建设一支优秀的名词工作队伍，既要保持和发扬老一辈科技名词工作者的优良传统，坚持真理、实事求是、甘于寂寞、淡泊名利，又要根据新形势的要求，面向未来、协调发展、与时俱进、锐意创新。此外，我们要充分利用网络等现代科技手段，使规范科技名词得到更好的传播和应用，为迅速提高全民文化素质做出更大贡献。科学发展观的基本要求是坚持以人为本，全面、协调、可持续发展，因此，科技名词工作既要紧密围绕当前国民经济建设形势，着重开展好科技领域的学科名词审定工作，同时又要在强调经济社会以及人与自然协调发展的思想指导下，开展好社会科学、文化教育和资源、生态、环境领域的科学名词审定工作，促进各个学科领域的相互融合和共同繁荣。科学发展观非常注重可持续发展的理念，因此，我们在不断丰富和发展已建立的科技名词体系的同时，还要进一步研究具有中国特色的术语学理论，以创建中国的术语学派。研究和建立中国特色的术语学理论，也是一种知识创新，是实现科技名词工作可持续发展的必由之路，我们应当为此付出更大的努力。

当前国际社会已处于以知识经济为走向的全球经济时代，科学技术发展的步伐将会越来越快。我国已加入世贸组织，我国的经济也正在迅速融入世界经济主流，因而国内外科技、文化、经贸的交流将越来越广泛和深入。可以预言，21 世纪中国的经济和中国的语言文字都将对国际社会产生空前的影响。因此，在今后 10 到 20 年之间，科技名词工作就变得更具现实意义，也更加迫切。“路漫漫其修远兮，吾今上下而求索”，我们应当在今后的工作中，进一步解放思想，务实创新、不断前进。不仅要及时地总结这些年来取得的工作经验，更要从本质上认识这项工作的内在规律，不断地开创科技名词统一工作新局面，做出我们这代人应当做出的历史性贡献。

2004 年深秋

卢嘉锡序

科技名词伴随科学技术而生，犹如人之诞生其名也随之产生一样。科技名词反映着科学研究的成果，带有时代的信息，铭刻着文化观念，是人类科学知识在语言中的结晶。作为科技交流和知识传播的载体，科技名词在科技发展和社会进步中起着重要作用。

在长期的社会实践中，人们认识到科技名词的统一和规范化是一个国家和民族发展科学技术的重要的基础性工作，是实现科技现代化的一项支撑性的系统工程。没有这样一个系统的规范化的支撑条件，科学技术的协调发展将遇到极大的困难。试想，假如在天文学领域没有关于各类天体的统一命名，那么，人们在浩瀚的宇宙当中，看到的只能是无序的混乱，很难找到科学的规律。如是，天文学就很难发展。其他学科也是这样。

古往今来，名词工作一直受到人们的重视。严济慈先生60多年前说过，“凡百工作，首重定名；每举其名，即知其事”。这句话反映了我国学术界长期以来对名词统一工作的认识和做法。古代的孔子曾说“名不正则言不顺”，指出了名实相副的必要性。荀子也曾说“名有固善，径易而不拂，谓之善名”，意为名有完善之名，平易好懂而不被人误解之名，可以说是好名。他的“正名篇”即是专门论述名词术语命名问题的。近代的严复则有“一名之立，旬月踟躇”之说。可见在这些有学问的人眼里，“定名”不是一件随便的事情。任何一门科学都包含很多事实、思想和专业名词，科学思想是由科学事实和专业名词构成的。如果表达科学思想的专业名词不正确，那么科学事实也就难以令人相信了。

科技名词的统一和规范化标志着一个国家科技发展的水平。我国历来重视名词的统一与规范工作。从清朝末年的科学名词编订馆，到1932年成立的国立编译馆，以及新中国成立之初的学术名词统一工作委员会，直至1985年成立的全国自然科学名词审定委员会（现已更名为全国科学技术名词审定委员会，简称全国科技名词委），其使命和职责都是相同的，都是审定和公布规范名词的权威性机构。现在，参与全国科技名词委领导工作的单位有中国科学院、科学技术部、教育部、中国科学技术协会、国家自然科学基金委员会、新闻出版署、国家质量技术监督局、国家广播电影电视总局、国家知识产权局和国家语言文字工作委员会，这些部委各自选派了有关领导干部担任全国科技名词委的领导，有力地推动科技名词的统一和推广应用工作。

全国科技名词委成立以后，我国的科技名词统一工作进入了一个新的阶段。在第一任主任委员钱三强同志的组织带领下，经过广大专家的艰苦努力，名词规范和统一工作取得了显著的成绩。1992 年三强同志不幸谢世。我接任后，继续推动和开展这项工作。在国家和有关部门的支持及广大专家学者的努力下，全国科技名词委 15 年来按学科共组建了 50 多个学科的名词审定分委员会，有 1800 多位专家、学者参加名词审定工作，还有更多的专家、学者参加书面审查和座谈讨论等，形成的科技名词工作队伍规模之大、水平层次之高前所未有。15 年间共审定公布了包括理、工、农、医及交叉学科等各学科领域的名词共计 50 多种。而且，对名词加注定义的工作经试点后业已逐渐展开。另外，遵照术语学理论，根据汉语汉字特点，结合科技名词审定工作实践，全国科技名词委制定并逐步完善了一套名词审定工作的原则与方法。可以说，在 20 世纪的最后 15 年中，我国基本上建立起了比较完整的科技名词体系，为我国科技名词的规范和统一奠定了良好的基础，对我国科研、教学和学术交流起到了很好的作用。

在科技名词审定工作中，全国科技名词委密切结合科技发展和国民经济建设的需要，及时调整工作方针和任务，拓展新的学科领域开展名词审定工作，以更好地为社会服务、为国民经济建设服务。近些年来，又对科技新词的定名和海峡两岸科技名词对照统一工作给予了特别的重视。科技新词的审定和发布试用工作已取得了初步成效，显示了名词统一工作的活力，跟上了科技发展的步伐，起到了引导社会的作用。两岸科技名词对照统一工作是一项有利于祖国统一大业的基础性工作。全国科技名词委作为我国专门从事科技名词统一的机构，始终把此项工作视为自己责无旁贷的历史性任务。通过这些年的积极努力，我们已经取得了可喜的成绩。做好这项工作，必将对弘扬民族文化，促进两岸科教、文化、经贸的交流与发展做出历史性的贡献。

科技名词浩如烟海，门类繁多，规范和统一科技名词是一项相当繁重而复杂的长期工作。在科技名词审定工作中既要注意同国际上的名词命名原则与方法相衔接，又要依据和发挥博大精深的汉语文化，按照科技的概念和内涵，创造和规范出符合科技规律和汉语文字结构特点的科技名词。因而，这又是一项艰苦细致的工作。广大专家学者字斟句酌，精益求精，以高度的社会责任感和敬业精神投身于这项事业。可以说，全国科技名词委公布的名词是广大专家学者心血的结晶。这里，我代表全国科技名词委，向所有参与这项工作的专家学者们致以崇高的敬意和衷心的感谢！

审定和统一科技名词是为了推广应用。要使全国科技名词委众多专家多年的劳动成果——规范名词，成为社会各界及每位公民自觉遵守的规范，需要全社会的理解和支持。国务院和4个有关部委（国家科委、中国科学院、国家教委和新闻出版署）已分别于1987年和1990年行文全国，要求全国各科研、教学、生产、经营以及新闻出版等单位遵照使用全国科技名词委审定公布的名词。希望社会各界自觉认真地执行，共同做好这项对于科技发展、社会进步和国家统一极为重要的基础工作，为振兴中华而努力。

值此全国科技名词委成立15周年、科技名词书改装之际，写了以上这些话。是为序。

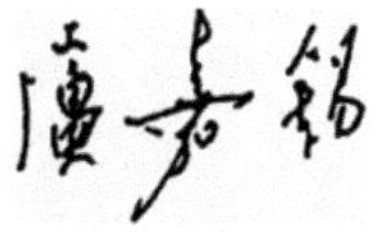

2000年夏

钱三强序

科技名词术语是科学概念的语言符号。人类在推动科学技术向前发展的历史长河中，同时产生和发展了各种科技名词术语，作为思想和认识交流的工具，进而推动科学技术的发展。

我国是一个历史悠久的文明古国，在科技史上谱写过光辉篇章。中国科技名词术语，以汉语为主导，经过了几千年的演化和发展，在语言形式和结构上体现了我国语言文字的特点和规律，简明扼要，蓄意深切。我国古代的科学著作，如已被译为英、德、法、俄、日等文字的《本草纲目》《天工开物》等，包含大量科技名词术语。从元、明以后，开始翻译西方科技著作，创译了大批科技名词术语，为传播科学知识，发展我国的科学技术起到了积极作用。

统一科技名词术语是一个国家发展科学技术所必须具备的基础条件之一。世界经济发达国家都十分关心和重视科技名词术语的统一。我国早在 1909 年就成立了科学名词编订馆，后又于 1919 年由中国科学社成立了科学名词审定委员会，1928 年由大学院成立了译名统一委员会。1932 年成立了国立编译馆，在当时教育部主持下先后拟订和审查了各学科的名词草案。

新中国成立后，国家决定在政务院文化教育委员会下，设立学术名词统一工作委员会，郭沫若任主任委员。委员会分设自然科学、社会科学、医药卫生、艺术科学和时事名词五大组，聘任了各专业著名科学家、专家，审定和出版了一批科学名词，为新中国成立后的科学技术的交流和发展起到了重要作用。后来，由于历史的原因，这一重要工作陷于停顿。

当今，世界科学技术迅速发展，新学科、新概念、新理论、新方法不断涌现，相应地出现了大批新的科技名词术语。统一科技名词术语，对科学知识的传播，新学科的开拓，新理论的建立，国内外科技交流，学科和行业之间的沟通，科技成果的推广、应用和生产技术的发展，科技图书文献的编纂、出版和检索，科技情报的传递等方面，都是不可缺少的。特别是计算机技术的推广使用，对统一科技名词术语提出了更紧迫的要求。

为适应这种新形势的需要，经国务院批准，1985 年 4 月正式成立了全国自然科学名词审定委员会。委员会的任务是确定工作方针，拟定科技名词术语审定工作计划、实施方案和步骤，组织审定自然科学各学科名词术语，并予以公布。根据国务院授权，委员会审定公布的名词术语，科研、教学、生产、经营以及新闻出版等各部门，均应遵照使用。

全国自然科学名词审定委员会由中国科学院、国家科学技术委员会、国家教育委员会、中国科学技术协会、国家技术监督局、国家新闻出版署、国家自然科学基金委员会分别委派了正、副主任担任领导工作。在中国科协各专业学会密切配合下，逐步建立各专业审定分委员会，并已建立起一支由各学科著名专家、学者组成的近千人的审定队伍，负责审定本学科的名词术语。我国的名词审定工作进入了一个新的阶段。

这次名词术语审定工作是对科学概念进行汉语订名，同时附以相应的英文名称，既有我国语言特色，又方便国内外科技交流。通过实践，初步摸索了具有我国特色的科技名词术语审定的原则与方法，以及名词术语的学科分类、相关概念等问题，并开始探讨当代术语学的理论和方法，以期逐步建立起符合我国语言规律的自然科学名词术语体系。

统一我国的科技名词术语，是一项繁重的任务，它既是一项专业性很强的学术性工作，又涉及到亿万人使用习惯的问题。审定工作中我们要认真处理好科学性、系统性和通俗性之间的关系；主科与副科间的关系；学科间交叉名词术语的协调一致；专家集中审定与广泛听取意见等问题。

汉语是世界五分之一人口使用的语言，也是联合国的工作语言之一。除我国外，世界上还有一些国家和地区使用汉语，或使用与汉语关系密切的语言。做好我国的科技名词术语统一工作，为今后对外科技交流创造了更好的条件，使我炎黄子孙，在世界科技进步中发挥更大的作用，做出重要的贡献。

统一我国科技名词术语需要较长的时间和过程，随着科学技术的不断发展，科技名词术语的审定工作，需要不断地发展、补充和完善。我们将本着实事求是的原则，严谨的科学态度做好审定工作，成熟一批公布一批，提供各界使用。我们特别希望得到科技界、教育界、经济界、文化界、新闻出版界等各方面同志的关心、支持和帮助，共同为早日实现我国科技名词术语的统一和规范化而努力。

钱三强

1992年2月

第二版前言

自然辩证法是马克思主义关于自然界普遍规律和科学技术发展一般规律以及人类认识和改造自然的一般方法的哲学学科，是辩证唯物主义和历史唯物主义的自然观、科学技术观和科学技术方法论。在中国，自然辩证法的另一个名称是科学技术哲学。自然辩证法是一门年轻的学科。19 世纪后期，恩格斯撰写《自然辩证法》一书，为该学科奠定了基础。20 世纪 20 年代，自然辩证法随着马克思主义传入中国，生根开花。《1956—1967 年科学技术发展远景规划》明确了自然辩证法的学科规范。随着现代科学技术的加速发展与广泛应用，关于科学技术的哲学、社会学及历史研究在世界各国迅速增加。科学技术发展的伦理、法律与社会研究成果以及人与自然和谐相处和生态文明的新理论、新见解极大地丰富了人们的自然观、科学技术观与科学技术方法论。借鉴和总结现代科学技术成就，批判性地吸收世界各国科学技术哲学研究以及科学技术论的理论成果，自然辩证法学科内容不断丰富。

2004 年，科学出版社出版了全国科学技术名词审定委员会公布的《自然辩证法名词》（第一版）。其中共收录了自然辩证法名词 2115 条。2013 年底，全国科学技术名词审定委员会批准组建第二届自然辩证法名词审定委员会，启动名词修订。这次修订的目的是适应学科发展，及时收入自然辩证法新名词、新内容。2014 年初，经讨论决定划分 8 个小组，开展工作。各小组完成初稿，提交自然辩证法名词审定委员会集体讨论，再由小组根据审定意见修改。几年中，各小组经过多轮名词筛选、释义修订，再经自然辩证法名词审定委员会审定，至今形成了第二版《自然辩证法名词》。在几年中，各小组不断有新成员加入工作。各小组主要负责人如下：

总论：刘大椿、吴彤、王伯鲁

自然哲学：肖玲、吴国盛

科学哲学：刘晓力、殷杰、王巍

技术哲学：陈凡、张明国

工程哲学：李伯聪、赵建军、王大洲

科学技术方法论：任定成、张增一

科学、技术与社会：刘孝廷、李正风

科技伦理：王前、张大庆

相对第一版而言，新版本进行了如下几方面调整：①纳入了近二十年发展起来的工程哲学、科技伦理的基本名词，全书分为总论，自然哲学，科学哲学，技术哲学，工程哲学，科学技术方法论，科学、技术与社会，科技伦理等 8 个部分；②删除了部分不再适用的名词，大幅增加新名词，共收入名词 2460 条；③明确名词的英文名称；④撰写简明的名词释义。

本次审定工作中，撰写名词释义是一项重要而艰巨的工作。自然辩证法具有强烈的交叉学科色彩，广泛地借鉴了科学技术各学科的概念和理论。这就造成自然辩证法所使用的一些名词来源于科学技术学科，其含义却存在差异。在撰写名词释义过程中，需要仔细斟酌这些变化。另外，在科学技术发展和应用过程中出现的一些新名词，其含义未完全确定，存在多种理解。在这种情况下，多采用了描述性概念定义。

尽管我们反复多次地筛选名词和修改释义，仍难免存在一些不尽如人意的地方。公布本次自然辩证法名词审定的结果，在很大程度上带有征求意见的性质。我们认为，学科术语审定是一项没有终点的工作，任何阶段的成果都只是其中的一个过程。希望未来在学界反馈意见的基础上，结合自然辩证法研究最新成果，出版更加成熟、水平更高的名词修订本。

本次名词审定工作自始至终都得到了全国科学技术名词审定委员会和中国自然辩证法研究会的大力支持。全国科学技术名词审定委员会的温昌斌编审、叶艳玲编辑多次参加名词审定会议。叶艳玲编辑为细致的编辑工作付出了大量时间和精力。中国自然辩证法研究会理事长吴启迪、何鸣鸿、杨振斌等同志关心名词审定工作，并多次参加审定会议。除了自然辩证法名词审定委员会成员及各小组负责人外，还有一些自然辩证法学界同仁积极参与其中，主要是（名单由各小组提供及审定会议记录整理，按音序排序，省略了所在单位名称）：包国光、蔡肖兵、蔡昕佚、陈红兵、陈佳、陈天嘉、陈杨、成素梅、邓波、段伟文、樊阳程、付强、郭辉、洪伟、胡丹、黄伯尧、黄春桥、黄翔、蒋劲松、靳乐山、李才华、李继堂、梁军、林坚、刘劲杨、刘益宇、刘钟基、苏湛、孙道进、孙永平、万小龙、王华平、王健、王楠、王小红、王英、邬焜、吴国林、吴建国、吴永忠、徐海红、徐治立、徐竹、杨艳萍、杨直民、叶峰、尹秀云、于金龙、于雪、余泽娜、袁海军、张铁山、张卫、张晓旭、张媛媛、周国文、朱迎迎等。

在此，谨向支持和参与自然辩证法名词审定工作的领导、专家和工作人员，致以衷心的感谢！

自然辩证法名词审定委员会

2023 年 5 月 16 日

第一版前言

我国的自然辩证法名词审定工作是于1990年开始的。1990年4月6日，全国自然科学名词审定委员会（现称全国科学技术名词审定委员会）和中国自然辩证法研究会正式成立了自然辩证法名词审定委员会，并分别于4月6日和6月28日召开两次全体委员会议，讨论了名词审定的工作条例、收词框架、收词标准、工作程序和分工。委员们一致认为收词标准基本上排除纯自然科学和哲学社会科学名词，而着重收入既有科学技术，又有哲学社会科学双重概念或双重意义的专有名词，又鉴于我国尚未进行哲学社会科学的名词审定工作，故此次对基本的、常用的若干哲学社会科学名词的收词适当放宽，一般收入一二级词。为工作方便，将自然辩证法名词审定的工作班子按学科结构分为：总论，自然哲学，科学哲学，技术哲学，科学技术方法论和科学、技术与社会6个小组，分工、分阶段开展工作。原计划第一阶段提出和确定名词条目，第二阶段撰写名词的定义性注释，第三阶段审定名词条目及定义性注释。但由于种种原因，工作曾一度停顿。在全国科学技术名词审定委员会的一再推动下，再次启动本工作时，人员和学术环境已发生了很大变化。自然辩证法这门科学有其独特之处，学科交叉，学科内容极其复杂、丰富，发展变化快，许多名词、概念尚不成熟或处于流变中，许多概念的定义在本专业内尚有分歧，有些名词的译法极多，很难统一。现已很难进一步开展大规模的增加定义和注释的工作。所以，审定工作再次启动后只能在前期工作的基础上重新整理、总结，请各专业负责人认真审核、校订，以此作为自然辩证法名词审定工作的阶段性成果公诸于世，待将来时机条件成熟后再作进一步的充实、完善。

在此，我们对参加前、后期自然辩证法名词审定工作的专家、学者们表示由衷的感谢。

自然辩证法名词审定委员会

2002年12月12日

编排说明

一、本书公布的第二版自然辩证法名词，是在第一版《自然辩证法名词》的基础上进行的修订和补充，共 2460 条，均给出了定义或注释。

二、本书名词分为 8 个部分：总论，自然哲学，科学哲学，技术哲学，工程哲学，科学技术方法论，科学、技术与社会，科技伦理。

三、正文按汉文名词所属学科的相关概念体系排列。汉文名后给出了与该词概念对应的英文（或其他外文）名。

四、每个汉文名都附有相应的定义或注释。定义一般只给出其基本内涵，注释则扼要说明其特点。当一个汉文名有不同的概念时，则用（1）（2）等表示。

五、一个汉文名对应几个英文同义词时，英文词之间用“，”分开。

六、凡英文词的首字母大小写均可时，一律小写；英文除必须用复数者，一般用单数形式。

七、主要异名和释文中的条目用楷体表示。“全称”“简称”是与正名等效使用的名词；“又称”为非推荐名，只在一定范围内使用；“俗称”为非学术用语；“曾称”为被淘汰的旧名。

八、正文后所附的英汉索引按英文字母顺序排列；汉英索引按汉语拼音顺序排列。所示号码为该词正文中的序码。索引中带“*”者为规范名的异名或在释文中出现的条目。

目　录

01. 总　　论

01.01　理论和起源

01.001　《数学手稿》 Mathematical Manuscripts
马克思关于数学问题的遗作。意图用数学方法研究经济学，为微积分学提供哲学论证，内容涉及微积分、代数学和数学史。

01.002　《自然辩证法》 Dialectics of Nature
恩格斯生前未完成的著作。对 19 世纪中期的自然科学研究做了系统总结。运用辩证唯物主义的方法，批判了自然科学中的形而上学和唯心主义观念。1925 年在苏联出版的德文和俄文译本对照的《马克思恩格斯文库》中全文发表。

01.003　《反杜林论（欧根·杜林先生在科学中实行的变革）》 Anti-Dühring (Herr Eugen Dühring's Revolution in Science)
恩格斯系统论述辩证唯物主义和历史唯物主义、政治经济学和科学社会主义理论的著作。总结了马克思主义诞生后无产阶级革命的经验和自然科学发展的成就，被誉为“马克思主义的百科全书”。

01.004　《自然辩证法》中译本 Chinese Version of Dialectics of Nature
恩格斯著作《自然辩证法》的中文译本。前后共有 5 个版本：1932 年 8 月的杜畏之译本；1950 年 9 月的郑易里译本；1955 年 2 月的曹葆华、于光远、谢宁译本；1971 年 8 月的中共中央马克思恩格斯列宁斯大林著作编译局译本；1984 年 10 月的于光远等译本。

01.005　《唯物主义和经验批判主义》 Materialism and Empiriocriticism
列宁批判经验批判主义哲学思潮、阐述辩证唯物主义认识论的重要著作。1908 年 2—10 月在日内瓦和伦敦写成，1909 年 5 月由莫斯科环节出版社出版。

01.006　《自然辩证法研究通讯》 Newsletter on Studies in Dialectics of Nature
中国第一个自然辩证法的专业学术刊物。方针和宗旨是努力把自然科学哲学问题的研究，同当时阶级斗争、生产斗争和科学实验三项社会主义革命实践运动的需要结合起来。1957 年创刊。

01.007　《自然辩证法研究》 Studies in Dialectics of Nature
中国自然辩证法研究会主办的关于哲学和自然科学交叉、跨学科的哲学社会科学性学术刊物。1985 年创刊。

01.008　《自然辩证法通讯》 Journal of Dialectics of Nature
关于科学和技术的哲学、历史学、社会学和文化研究的综合性、理论性杂志。内容主要涉及研究科学技术发展的客观规律、科学思想史和科学技术史，探讨自然科学研究中的认识论和方法论问题，评介国外自然科学及其哲学问题研究中的新成就和最新动态。1979 年 1 月创刊。

01.009 《自然辩证法百科全书》 Encyclopedia of Dialectics of Nature

以马克思主义哲学为指导，全面而系统地概括与总结了 20 世纪科学技术发展的历史及其成就，并对哲学的相关概念、范畴、规律、理论和原理作了新的阐述，反映了当时我国科学技术哲学各领域研究的新进展，并吸取了国外科学技术哲学研究的优秀成果，是世界上第一部科学技术哲学百科全书。于光远主编，中国大百科全书出版社 1995 年出版。

01.010 《自然辩证法杂志》 Journal of Dialectics of Nature

由上海市委写作组创办、上海译文出版社出版的一份季刊。内容主要涉及自然辩证法在中国的传播与利用、国外最新科学技术的翻译与介绍，以及中国古代科技史的发掘与整理。

01.011 中国自然辩证法研究会 The Chinese Society for Dialectics of Nature/ Philosophy of Nature, Science and Technology

中国研究自然辩证法的公益性、学术性法人社会团体。宗旨是倡导科技工作者学习、研究马克思主义哲学，以之为指导思想，并将其运用于实践，促进自然科学和人文社会科学的联盟，为我国科技、经济和社会发展服务。1981 年 10 月在北京成立。

01.012 科学技术哲学 philosophy of science and technology

关于科学和技术的一门哲学学科。一般包括科学哲学和技术哲学，广义上还包括自然哲学；中国特定时期作为自然辩证法学科的代名词。

01.02 自然界的辩证法

01.013 自然界的辩证法 dialectics in nature

研究自然界整体一般规律及其变化的学科。主要涉及自然界的物质形态、相互关系、运动形式与演变规律等。

01.014 有限与无限 definite and indefinite

表征物质存在方式的一对范畴。无限指物质存在方式或运动过程的质的多样性和量的不可度量性，有限指物质具体存在方式有一定范围和阶段。

01.015 绝对与相对 absolute and relative

表征事物存在的条件性的一对范畴。分别指事物或认识的无条件的、永恒的、无限的、普遍的方面与有条件的、暂时的、有限的、特殊的方面。

01.016 连续性与间断性 continuity and discontinuity

表征物质结构及其发展过程中时-空矛盾的哲学范畴。分别指物质结构及其发展过程在时-空上的比邻性、持续性与分离性、跳跃性。

01.017 整体与部分 whole and part

表征事物同其组成要素的关系的一对范畴。部分是构成整体的组成单元或要素，整体是由部分统一构成的。任何事物都存在着部分与整体两个方面，部分与整体是对立的统一。

01.018 有序与无序 order and disorder

表征事物及其运动过程之间相互关系的一对范畴。分别指事物内部诸要素或事物之间有规则的与无规则的排列、组合、运动和转化。

01.019 守恒与不守恒 conservation and non-conservation

表征事物运动方式的一对范畴。分别指事物变化中所具有的那些不随时间与随着时间而变化的性质。

01.020　对称与不对称　symmetry and asymmetry

表征物质属性变与不变关系的一对范畴。分别指某种事物、现象、过程和规律在一定变换条件下的不变性与变化性。

01.021　吸引与排斥　attraction and repulsion

表征无机界基本矛盾的一对范畴。分别指物体相互作用时使位置移动趋于接近与趋于分离的作用。

01.022　运动和静止　motion and standstill

运动是表征物质存在的方式和固有的根本属性的范畴。包括自然界的一切变化和过程；静止指物质的具体运动状态相对于一定参照系的不变性。

01.023　量变与质变　quantitative and qualitative change

表征事物变化状态的一对范畴。量变指事物数量的增减和场所的变更；质变指事物根本性质的变化，是由一种质态向另一种质态的飞跃。

01.024　突变与渐变　abrupt change and gradual change

又称“灾变与均变”。表征地球演化方式的一对范畴。分别指地质体急剧的质变现象与缓慢的量变现象。

01.025　可持续发展　sustainable development

人与自然环境持续协调发展的一种自然观。提倡既满足当代及后代人的基本需要又不危害自然环境的发展方式。

01.026　生态文明　ecological civilization

人类文明发展的新兴形态。是基于自然生态平衡理念形成的包括生产、制度、观念乃至风俗习惯等在内的整个社会文化系统。

01.03　科　学　观

01.027　科学观　view of science

对科学的基本的总体看法。通过把科学作为探究和反思的对象，概括科学的性质、特征，提出关于科学的总体性的、基础性的观念。

01.028　科学　science

在社会实践中产生和发展的关于自然、社会和思维知识的体系，是实践经验的总结和精神文明的重要内容，其功能在于揭示规律，指导人们的行动。可分为自然科学、社会科学、思维科学。

01.029　科学分类　scientific classification

按照一定的标准，根据各门科学的区别和联系，依据事物的矛盾和运动形式的特殊性，确定每门科学在科学总联系中的地位，揭示整个科学的内部联系和层次结构，从而把科学区分成不同的门类。

01.030　自然科学　natural science

研究自然界的物质形态、结构、性质和运动规律的科学。人们对变革现实的过程中所获得的经验进行概括和总结而获得的理论化、系统化的知识体系，是整个科学体系中的重要组成部分，是人类精神文明和科学教育的基础。

01.031　社会科学　social science

以社会现象为研究对象的科学。阐明社会各个领域的发展和运动规律，是人们社会生活和各种社会实践经验的总结，如政治学、经济学、军事学、法学、教育学、文艺学、史学、语言学、民族学、宗教学、社会学等。

01.032　思维科学　noetic science
研究人类有意识地进行的思维的规律、方法和应用的科学。它是由许多具体思维科学学科所组成的学科群，主要包括思维的基础科学、技术科学和应用技术三部分。

01.033　理论科学　theoretical science
研究自然界、人类社会和思维世界基本的客观规律的科学。目的是揭示客观世界的基本规律和原理，其研究成果构成了技术科学和应用科学共同的理论基础。指各学科内侧重于理论思维和逻辑运算的部分。与“实验科学”相对。

01.034　实验科学　experimental science
又称“经验科学”。一般指运用实验方法研究自然事物的一般原理和规律的科学。主张科学必须是实验的、归纳的，一切真理都必须以大量确凿的事实材料为依据。12 世纪起在西欧的一些大学兴起，其最早的倡导者是英国的 R. 培根（R. Bacon）。与“理论科学”相对。

01.035　基础科学　fundamental science
以自然界某种特定的物质形态及其运动形式为研究对象，探索和揭示自然界物质运动形式基本规律的科学。它的任务是探索新领域，发现新原理，并为技术科学、应用科学和社会生产提供理论指导和开拓美好的前景。

01.036　应用科学　applied science
又称“工程技术”“专业技术”。一种运用基础科学和技术科学的一般原理去解决社会生产和现实生活中出现的实际问题，把基础科学和技术科学转化为生产技术和工艺的科学。目的在于以科学技术理论为指导，利用和改造自然，为人类服务。

01.037　形式科学　formal science
是与形式系统密切相关的知识分支，主要包括逻辑学、数学、理论计算机科学、信息理论、系统理论、判定理论、统计学等领域。它不是与基于真实世界的观察有效性相联系的，而是与以定义和规律为基础的形式系统性质相联系，但它的方法被用来建造和检验观察真实世界的科学模型。

01.038　交叉学科　interdisciplinary studies
具有两种含义：一是指包括众多交叉学科在内的新兴学科群；二是指一门以学科交叉现象、方法、趋势作为研究对象的高层次科学。在后一种意义上又称为“科学交叉学”或“跨学科科学”。

01.039　边缘学科　marginal discipline
现代科学发展过程中，由两门或两门以上的学科相互交叉、相互渗透、相互结合而产生的新兴学科。它是科学发展到一定阶段之后，科学系统内部相关学科互动共生的结果。

01.040　跨学科　interdiscipline
一种多学科相互融合以实现一个全局目标的研究策略，适用于涉及两个或多个领域的研究。常用的方法有移植方法、类比方法、系统方法、比较方法、辐射与辐集方法和臻美方法等。

01.041　横断性学科　cross-sectional discipline
20 世纪下半叶出现的一种新的学科分类。主要以各种物质结构、层次、物质运动形式等的某个共同点为研究对象的学科，如信息论、控制论、系统论、协同论、突变论、耗散结构理论等。

01.042　综合性学科　integrated discipline
利用多种学科的理论或方法，从不同侧面去研究某些复杂的课题或某类现象所形成的学科。从方法论角度来说，是多学科方法的产物。

01.043　科学技术政策学　science of science and technology policy

以科学技术政策为研究对象的新兴交叉学科。它是随着现代科学技术的迅猛发展和科学技术对社会各个领域的广泛深入的渗透与影响发展起来的一门学科。横跨自然科学和社会科学诸领域，是科学学的重要分支。

01.044　技术科学　technological science

研究把基础科学理论成果应用于改造自然的实践方法和规律的科学。它综合应用基础科学的理论，总结生产技术的经验，着重研究应用的基础理论，为工程技术提供理论和方法的指导。

01.045　近代科学　modern science

15 世纪下半叶萌芽至 19 世纪末成熟的自然科学。其特征是建立在实验基础上，把系统的观察和实验同严密的逻辑体系结合起来，形成以实验事实为根据的、系统的科学理论。代表人物包括伽利略、开普勒、牛顿等。

01.046　古代科学　ancient science

16 世纪以前的自然科学。包括古希腊、古代中国、古印度和中世纪阿拉伯的科学。建立在直观基础上，大多属于现象的描述、经验的总结和猜测性的思辨，在形式上是直觉的、零散的。

01.047　实验传统　experimental tradition

近代科学的研究传统之一。伽利略是实验传统的重要开创者，炼金术传统、数理传统、培根传统是实验传统兴起的重要来源。实验为自然科学进行定性描述奠定了基础，以实验事实为依据是近代科学的基本特征。

01.048　数理传统　mathematical and physical tradition

自然科学研究的重要传统之一。一般认为，近代科学的数学化始于吉尔伯特和伽利略。数学为自然科学的定量研究提供了方法和工具，数学的运用和自然律的数学化，是近代科学的基本特征。

01.049　博物学传统　natural history tradition

一种重要的自然科学研究传统。其内涵丰富、历史悠久，包括今天意义上的天文、地质、地理、生物学、气象学、人类学、生态学等学科的部分内容。在科学史上，博物学传统是与数理传统、实验传统同样重要的研究范式。

01.050　科研规范　scientific norm

约束科学研究人员的规范、准则。包括科研人员的道德规范、科研成果的评价规范、科研的技术规范等。科研规范的内容渗入科研全过程，对参与其中的人员形成道德和学术上的约束，是科学研究能够良好进行的重要保证。

01.051　非科学　nonscience

无法运用自然科学方法进行检验或评价的领域。如哲学、宗教信仰、艺术、神话传说等。在科学哲学中，通常把不满足精确性和可检验性的问题或理论统称为非科学。

01.052　伪科学　pseudo-science

非科学的一种特殊形态。本身不是科学，却有意识地冒充科学、伪装成科学，违背科学精神，不遵循公认的科学规范，破坏和践踏科学。虚假和伪装成科学是其基本特征，其中包含大量信念性的成分。

01.053　病态科学　sick science

一种科学活动。其中没有不诚实的行为，但人们被虚假结果、主观感受、期待心理等迷惑，围绕某一错误的实验或观察结果展开研究，卷入大批科学工作者，持续较长时间，最后却一无所得。

01.054 科学主义 scientism

现代西方哲学和社会科学主要思潮之一。兴起于 19 世纪中期，与过度使用和信任科学有关，成为一种意识形态。其特征是一切唯科学，排斥其他认识与观点。

01.055 科学与宗教 science and religion

两种不同的社会意识形式。在文明史上，二者的关系复杂多变，其中包含冲突、独立、对话、融合。在近代科学革命时期，尤其是基督教中的新教对科学的兴起产生了重要的推动作用。

01.056 科学与文化 science and culture

属于两种不同的传统。科学主要是指数理传统的研究，文化主要指人文传统的研究。斯诺首次指出两者在近现代以来，存在冲突与断裂。

01.04 方　法　论

01.057 经验主义方法论 empiricist methodology

认为人类知识起源于感觉，并以感觉的领会为基础。经验主义认为人类对世界的认识与知识来源于人的经验，否定先天道德范畴的先验性。意即通过事物现象的直观性对人的感受作用而归纳它的本质，通过感官实践来获得外界知识的方法。

01.058 计算主义方法论 computational methodology

当代一种关于心灵或认知的理论，是认知科学和人工智能中的主流研究范式。计算主义的基本思想是：心理状态、心理活动和心理过程是计算状态、计算活动、计算过程，认知就是计算。

01.059 证伪主义方法论 falsification methodology

英国哲学家 K. 波普尔（K. Popper）提出的观点。他从反对逻辑实证主义关于科学理论来自对经验归纳的观点出发，把科学理论看作普遍命题。认为科学是通过个别的经验事实证伪普遍命题而获得更新和发展的。

01.060 历史主义方法论 historicism methodology

20 世纪 50 年代末产生的一种科学哲学思潮，60 年代后逐渐开始流行。历史主义以描述与解释科学实际如何、科学家如何为目的，产生使科学哲学失去规范意义的影响。S. E. 图尔明（S. E. Toulmin）、T. S. 库恩（T. S. Kuhn）、P. 费耶阿本德（P. Feyerabend）、N. R. 汉森（N. R. Hanson）等是历史主义的代表人物。

01.05 自　然　图　景

01.061 自然图景 natural picture

人们以经验认识或自然科学认识为基础所形成的对自然界存在和演化方式的系统概括。包括天体、地球、生物和人类的存在与演化。

01.062 物质形态 material form

对物质存在方式所做的科学描述。它充分体现了物质世界的多样性。物质形态大体可以划分为：固态；液态；气态；场；等离子态；超密态；量子场真空态。

01.063　自然运动　motion of nature
自然界的物质运动。可分为机械运动、物理运动、化学运动、生物运动、社会运动、思维运动。其基本形式之间既相互区别，又相互联系、相互转化，是物质实体及其内在矛盾不断复杂化的历史发展的结果。

01.064　机械运动　mechanical motion
一个物体相对于另一个物体的位置，或者一个物体的某些部分相对于其他部分的位置，随着时间而变化的过程。机械运动存在于各种运动形式中，是自然界中最简单、最基本的运动形态。

01.065　物理运动　physical motion
又称“物理变化”。物质在外形和状态方面发生改变,并不改变化学性质的运动形态。例如，固态的冰受热融化成水，液态的水蒸发变成水蒸气；水蒸气冷凝成水，水凝固成冰。

01.066　化学运动　chemical motion
从一种或几种物质转变成另外一种或几种物质的运动形式。这种产生新物质的运动形式实质上是分子内部原子间电磁力的相互作用造成的化学键的改变，从而引起宏观物质的分解或化合或重组，导致物质分子的组成或结构变化而产生新物质的运动形式。

01.067　生物运动　biological motion
又称“生命运动”。是指物质能够进行自我更新、自我复制和自我调节等新陈代谢运动。它表现为生长、发育、繁殖、应激、适应等行为，是自然界中最复杂的物质运动形式。

01.068　社会运动　motion of society
社会有机体自身的存在方式、变化和发展。表现为社会多种要素和多层次子系统之间的交互作业以及它们多方面功能的发挥。社会运动通过社会发展过程中社会诸要素之间的相互作用，体现为交叉渗透、制约、促进和转化等关系，其形态是社会的变迁和发展。

01.069　思维运动　motion of thinking
人的头脑对于客观物质世界的反应。是感觉、思维等各种心理过程的总和，在表象、概念的基础上进行分析、综合、判断、推理等认识活动的过程。

01.070　进化　evolution
事物朝向预期的目标演变或发展，从一种状态过渡到另一种状态的过程。19 世纪以后，通常用来指生物进化，即一切生命形态发生、发展的演变过程。生物进化论正是基于这一观念而产生。

01.071　适应　adaptation
生物普遍存在的一种现象，即生物对环境变化做出有利于生存的反应，从而使自身的形态结构和生理机能与生存的环境条件相协调的现象。

01.072　相变　phase transition
又称“物态变化”。物质系统中物理、化学性质完全相同并与其他部分具有明显分界面的均匀部分称为相。相变是指物质从一种相转变为另一种相的过程。物质有固、液、气三态，与此对应有固相、液相、气相，如水变成冰就是液相转变成固相。

01.06　科学、技术与社会

01.073　知识社会学　sociology of knowledge
认为知识或思想必定受到社会、历史和文化条件的影响，专门研究知识的获取、辨明、变化的社会条件及其影响因素。德国社会学家 M. 舍勒（M. Scheler）1924 年在《知识社会学的尝试》中最早使用这一名称，后以

K. 曼海姆（K. Mannheim）的《意识形态与乌托邦》为其标志。

01.074　科学知识社会学　sociology of scientific knowledge, SSK

主张科学知识不只是对自然界的描述与认知，而且是科学共同体的一种社会性建构，后期认为是实践性建构。以 20 世纪 70 年代的爱丁堡学派为代表，反对逻辑经验论传统，区别于 R. K. 默顿（R. K. Merton）的科学社会学传统。

01.075　后现代科学　postmodern science

由 F. W. 马特森（F. W. Matson）1964 年在《破碎的想象：人、科学和社会》中最早提出，其后 D. R. 格里芬（D. R. Griffin）等在《后现代科学》中也给出了重要发展：极端者走向非理性主义和反科学主义；激进者反对现代科学以主客二分、事实与价值的二分对自然的“祛魅”，主张建立基于有机整体论之上的新世界。有时还被指向一批以不确定性为原则的当代“新科学”，如混沌学等。

01.076　科学技术一体化　integration of science and technology

20 世纪以来，科学和技术之间的相互联系日益紧密，具有一体化趋势。一方面，现代科学基础理论的研究越来越离不开现代技术的支持，科学研究本身也越来越带有工程技术的特点；另一方面，技术的重大突破越来越与科学理论相关。

01.077　科学发展观　scientific outlook on development

党的十六大以来，中共中央总结我国发展实践，借鉴国外发展经验，适应新的发展要求，逐渐提出并确定的我国经济社会的发展战略。其第一要义是发展，核心是以人为本，基本要求是全面协调可持续，根本方法是统筹兼顾。

01.078　科学技术政治学　politics of science and technology

广泛的跨学科研究，包含政治学、社会学等诸多领域，将政治学理论系统地建立在科学与技术研究的基础上，以处理在政治领域中影响日益重大的科学与技术因素。美国政治学家 H. 拉斯韦尔（H. Lasswell）于 20 世纪 50 年代最早提出类似倡议。

01.079　风险社会　risk society

“全球性风险”占据主导地位的社会历史发展阶段。一个系统性应对其自身现代化过程所导致的各种危险和不安全因素的社会，也是一个愈加关注未来与安全的社会。

01.080　工业化　industrialization

在经济结构中工业所占的比重越来越大，农业所占比重逐渐减小，通常用工业产值在国内生产总值中比重和工业人口在劳动就业总人口中比重来表示。人类历史上第一次工业革命是指 18 世纪 60 年代英国发起的产业革命，工业化由此常常被代指现代化。

01.081　后工业化　post-industrialization

美国社会学家 D. 贝尔（D. Bell）于 1959 年最早提出，具有五大特点：经济上从制造业转向以服务业为主；理论知识成为社会核心；社会的领导阶层由企业主转为科研人员；未来的发展节制且有计划，重视技术评估；通过“智能技术”制定各项政策。

01.082　信息化　informatization

信息技术渗透并影响科技、经济和社会变革的技术扩展与变革。我国《2006—2020 年国家信息化发展战略》强调，信息化是充分利用信息技术，开发利用信息资源，促进信息交流和知识共享，提高经济增长质量，推动经济社会发展转型的历史进程。

01.083　知识经济　knowledge economy
由经济合作与发展组织（Organization for Economic Cooperation and Development，OECD）于 1996 年正式提出。指以知识和信息资源的拥有、配置、产出和使用为最重要生产因素的经济形态。

01.084　创新　innovation
经济学家 J. A. 熊彼特（J. A. Schumpeter）于 1912 年创用。不是单纯的发明，而是建立一种新的生产函数，把一种从来没有过的关于生产要素和生产条件的“新组合”引入生产体系，创造新价值。在此基础上，创新理论得到丰富和发展。

01.085　创新系统　innovation system
创新的组织管理技术，对组成系统的诸要素、要素之间的关系、系统结构、系统流程及系统与环境之间的关系进行动态地、全面地组织，以促进系统整体功能不断升级优化。伦德瓦尔（Lundvall）1985 年提出此概念。

01.086　国家创新系统　national innovation system
由国家公共部门、私人部门、非政府组织等多种机构组成的网络。这些机构的运行和互动决定着新技术的开发、引进、改进和扩散。C. 弗里曼（C. Freeman）1987 年在《技术政策与经济业绩：来自日本的经验》中提出此概念。

01.087　创新生态系统　innovation ecosystem
由创新个体、创新组织和创新环境等要素组成的动态性开放系统。系统中的各要素为了创新的总体目标协同演化和互动适应。美国竞争力委员会 2004 年在《创新美国：在挑战和变革的世界中实现繁荣》的研究报告中提出。

01.088　科学技术是第一生产力　science and technology are primary productive forces.
马克思主义历来重视科学技术的作用，认为生产力中也包括科学。邓小平 1988 年进一步强调，“马克思讲过科学技术是生产力，这是非常正确的，现在看来这样说可能不够，恐怕是第一生产力”。

01.089　第三记忆　tertiary retention
又称“第三持存”。斯蒂格勒技术哲学的一个重要概念。源自对胡塞尔图像意识思想的批判性吸收。与作为瞬间把握的第一记忆和作为回忆的第二记忆不同，泛指一切记录技术形成的记忆，涵盖了一切以物质方式留存下来的记忆事项，是对记忆丧失的填补。

01.090　科学技术中的哲学问题　philosophical problems in science and technology
泛指在各门自然科学和工程技术中的哲学问题研究。包括两大类：自然科学哲学问题和工程技术哲学问题研究。这种研究是中国自然辩证法早期研究传统，也是联系科学技术界与哲学家的研究桥梁。

01.091　《自然科学哲学问题（丛刊）》　Philosophical Problems in Natural Science
讨论自然科学领域哲学问题的季刊杂志。以译介国外科学哲学为主，对中国自然辩证法学界了解国外研究，推动理论和实践研究有重要影响与作用。1979 年创建，1989 年停刊。

01.092　自然科学哲学问题　philosophical problems in natural science
包括三个方面：历史范畴，指源自苏联传统的对自然科学领域的哲学问题研究；研究范式，指以辩证法方式对自然科学中的哲学问题的研究；研究领域，指专门自然科学领域的哲学问题研究。

01.07 历史上的重要流派和思想

01.093 阴阳说 theory of the Yin and Yang

中国最古老的哲学理论之一。约产生于殷商之际。阴阳本意是指日照向背。阴阳说有两种不同意义的解说：一是将阴阳解释为两种相互对立的气或气的两种状态，二是将阴阳解释为两种对立的方位、趋势和倾向。

01.094 五行说 theory of the Five Elements

中国最古老的哲学理论之一。约产生于殷商之际。这一理论把自然界中的五种物质性的东西，金、木、水、火、土，看成世界的本原，并认为这五种基本元素按照相生相克的变化规律，制约着自然现象和社会运动的过程。

01.095 元气说 theory of primordial emanative material force

中国古代哲学中关于宇宙生成之初状态的学说。元气是指产生和构成天地万物的原始物质，或指阴阳二气混沌未分的实体。

01.096 太极说 theory of the Supreme Ultimate

中国哲学史上的学说。一般以混沌未分的元气来解释太极。《周易·系辞上》云：是故易有太极，是生两仪，两仪生四象，四象生八卦，八卦定吉凶，吉凶生大业。

01.097 天人合一 harmony of man with nature, unity of heaven and mankind

中国哲学史用语。指天道与人道、自然与人为相通、相类和统一。与之相同或相似的用语还有天人相类、天人相参、天人感应、天人相胜等。

01.098 格物致知 to obtain knowledge by investigation of things

中国古代认识论用语。强调通过剖析事物而获得相应的知识。初见于《礼记·大学》：致知在格物，物格而后知至。简称“格致”。

01.099 实事求是 to seek truth from facts

源出班固《汉书·河间献王传》：修学好古，实事求是。毛泽东在《改造我们的学习》一文中作了新解：“实事”就是客观存在着的一切事物，“是”就是客观事物的内部联系，即规律性，“求”就是我们去研究。从此，“实事求是”成了一个表达一般认识方法的哲学概念。

01.100 百花齐放，百家争鸣 let a hundred flowers blossom and a hundred schools of thought contend

1956年4月28日，毛泽东在中共中央政治局扩大会议上提出：百花齐放、百家争鸣，应该成为我国发展科学、繁荣文学艺术的方针。该方针已成为中国共产党发展文化和科学事业的一个长期的基本方针。简称“双百”方针。

01.101 法兰克福学派 Frankfort School

西方马克思主义中最大的批判理论学派。创立于20世纪30年代。以对现代资本主义社会进行综合性研究与批判为主要任务。因其成员大多是原德国法兰克福大学社会研究所研究人员而得名。

01.102 毛粒子 Mao particle

1953年，毛泽东提出了“物质是无限可分的，基本粒子也是无限可分”的科学论断。1977

年，在第七届世界粒子物理学讨论会上，S. L. 格拉肖（S. L. Glashow）根据毛泽东的论断，呼吁将基本粒子下一个层次的物质组分命名为“毛粒子”。

01.103　层子模型　model of straton

在 1966 年的科学讨论会上，北京基本粒子理论组提出“层子”一词，以反映物质结构的层次性。层子模型是低能现象的动力学模型，通过引入结构波函数来描述强子的束缚态性质和强子内层子的运动。

01.104　自然科学的唯物主义　natural science materialism

绝大多数自然科学家对我们意识所反映的外界客观实在的自发的、不自觉的、不定型的、哲学上无意识的信念，是自然科学家从自然科学的实践中自发地总结出来的唯物主义观点。

01.105　宇宙热寂说　theory of heat death

1865 年由 R. 克劳修斯（R. Clausius）提出，是热力学第二定律中的熵增原理的宇宙学推论。如果将整个宇宙看作一个孤立系统，熵会趋向极大，随着无序度的增加，宇宙终会走向寂灭，最终达到热平衡状态，只剩下一堆无规则的粒子。

01.106　康德-拉普拉斯星云假说　Kant-Laplace nebular hypothesis

I. 康德（I. Kant）于 1755 年和拉普拉斯（Pierre-Simon marquis de Laplace）于 1796 年各自提出关于太阳系起源的星云假说。这两种星云假说的基本论点相近，认为太阳系内一切天体都是由同一个原始星云，按照万有引力定律等客观物理学规律逐步演变而成的。

01.107　物理学唯心主义　idealism in physics

19 世纪末在物理学家中出现的一股唯心主义思潮。该思潮将数学方法片面夸大和绝对化，怀疑经典物理学的基本概念和原理，认为物理学理论不是客观世界的反映，质疑物理学的客观性。

01.108　马赫主义　Machism

又称“经验批判主义（empirio criticism）”。19 世纪 70 年代由 E. 马赫（E. Mach）提出。强调经验的重要性，认为世界第一性的东西既不是物质也不是精神，而是感觉经验，科学理论不是对客观世界及其规律的正确反映，而是对感觉经验的描述。

01.109　唯能论　energetism

19 世纪末由德国物理化学家 F. W. 奥斯特瓦尔德（F. W. Ostwald）提出。他用能量转化的观点解释催化现象，认为能量是比物质更基本的实体，是一切自然、社会和思维现象的基础，物质和精神都是能量的不同形式，可以相互转化。

01.110　马尔萨斯主义　Malthusianism

英国人口学家 T. R. 马尔萨斯（T. R. Malthus，1766—1834）创立的学说。认为按算术级数增长的生活资料的增加永远赶不上按几何级数增长的人口的需求，所以必须通过晚婚甚至战争、瘟疫等手段对人口加以抑制。该理论被扩展到经济、政治及社会领域，被称为马尔萨斯主义。

01.111　德波林学派　Deborin School

以苏联哲学家 A. M. 德波林（A. M. Deborin，1881—1963）为代表的哲学学派。将黑格尔辩证法作为学派的核心理论。该学派在 20 世纪 20 年代与马赫主义、新康德主义、机械论进行过论战；30 年代受到了批判，被指责存在否认矛盾的普遍性、低估马克思主义哲学等问题。

01.112　米丘林学派　Michurin School

苏联园艺学家I. V. 米丘林（I. V. Michurin，1855—1935）创立的遗传学学派。认为生物遗传性由外部环境主导，后天获得的性状可以遗传，与摩尔根遗传理论关于生物遗传由内部基因决定的观点相悖，对中苏等国家的遗传学发展产生了负面影响。

01.113　李森科主义　Lysenkoism

20世纪中期,苏联农学家T. D. 李森科(T. D. Lysenko,1898—1976)坚持获得性遗传观念，批判西方摩尔根遗传理论，受苏联官方支持，用政治势力排斥和迫害持不同意见的学者，企图用政治取代科学，造成恶劣影响。

01.114　摩尔根学派　Morganian School

以美国生物学家T. H. 摩尔根（T. H. Morgan,1866—1945)为代表的遗传学学派。认为生物体内部的基因是决定生物遗传和变异的主要因素；通过果蝇实验等，发现了伴性遗传规律、基因连锁互换规律等，发展了染色体遗传学说。

01.115　苏联农科院会议　USSR Academy Conference

由1929年创建的全苏列宁农业科学院定期举办的会议。1948年在当时的院长T. D. 李森科（T. D. Lysenko）的主持下，用政治手段强制批判并彻底否定了孟德尔和摩尔根的遗传理论，会后，禁止一切非米丘林方向的遗传学研究，阻滞了苏联遗传学的发展。

01.116　青岛遗传学座谈会　Qingdao Genetics Symposium

由中国科学院和高等教育部于1956年8月10日至25日在青岛召开的遗传学座谈会。主要探讨遗传学中摩尔根学派和米丘林学派之间的分歧，会议的目的是发扬百家争鸣的精神，使遗传学得以健康发展。

01.117　索卡尔事件　Sokal event

1996年，美国科学家A. 索卡尔（A. Sokal）发表了《超越界线：走向量子引力的超形式的解释学》一文。他有意写入一些常识性科学错误，意在讽刺后现代相对主义思潮的泛滥，杂志编辑并未识别并刊出了该文章。后索卡尔主动曝光此事，引起了学界的轰动。

01.118　科学大战　Science War

发生在20世纪90年代的一场以B. 拉图尔（B. Latour）为代表的后现代思想家与以A. 索卡尔（A. Sokal）为代表的科学卫士之间的学术论战。其实质是有关科学客观性问题的争议。科学大战持续数年，影响深远。

01.119　格森事件　Hessen event

苏联物理学家，以《牛顿力学的社会经济根源》论文参加1932年世界科学史大会，产生了重要影响，后遭苏联大清洗迫害，死于所关押监狱。

01.120　雅利安科学事件　Aryan science event

德国纳粹期间，迫害犹太血统科学家的所谓纯化科学研究的文化清洗运动。

01.121　李约瑟难题　Needham Puzzle

英国科学史家李约瑟提出：中国古代科学很发达，为什么近代科学没有产生在中国？引起科学史界广泛争论。

01.122　科玄论战　controversy between science and metaphysics

发生在20世纪20年代中国思想文化界的一场关于科学与玄学的争论。主要代表人物为张君劢与丁文江，争论的焦点为科学和人生观的关系。

01.123　科学体系学　systems of sciences

著名科学家钱学森提出的一种构造安排各类科学的体系理论。包括11个科学技术部门、3 个知识层次。

01.124 科学能力学 theory of scientific ability
中国软科学专家赵红洲提出的一种科学结构与能力学说。属于软科学理论。

01.125 生态学马克思主义 the ecological Marxism
试图将马克思主义原理及批判功能与当前生态问题结合，以解决生态及人类自身发展的西方马克思主义理念。有多种学说和观点。

01.126 坂田模型 Sakata model
日本物理学家坂田昌一 1955 年提出的粒子物理模型。认为质子 p、中子 n 和 Λ 粒子是基本粒子，其他已知介子和重子是由它们所构成的复合粒子，并把唯象的奇异数解释为复合粒子所包含的反 Λ 粒子数。该模型在预言介子方面取得成功，但在说明重子质量谱方面面临困难。

01.127 科教兴国 revitalization of China through science and education
由 1995 年 5 月 6 日中共中央、国务院颁布的《关于加速科学技术进步的决定》首次提出。指全面落实科学技术是第一生产力的思想，坚持教育为本，把科技和教育摆在经济、社会发展的重要位置，增强国家的科技实力及实现生产力转化的能力，提高全民族的科技文化素质。

01.128 中国自然辩证法规划 China Natural Dialectics Planning
新中国成立以来，曾制定两次影响较大的自然辩证法学科发展规划。第一次是作为《1956—1967 年科学技术发展远景规划》中的一个部分的《自然辩证法（数学和自然科学中的哲学问题）十二年（1956—1967）研究规划草案》；第二次是 1978 年初制定的《一九七八—一九八五年自然辩证法学科发展规划纲要（草案）》。这两次规划都对繁荣中国自然辩证法的学术研究、学科发展和人才培养等发挥了重要作用。

01.129 敬畏自然争论 controversy of reverence for nature
2005 年发生的关于人类是否应该“敬畏自然”的争论。2004 年底，印度洋海域发生的海啸给人类造成巨大灾难，引发人类与自然关系的讨论。2005 年初何祚庥院士在《环球》杂志刊发《人类无须敬畏大自然》的文章，进一步引发了由多家媒体、学者、环保人士、公众广泛参与的“人类是否应当敬畏自然”的争论。争论的焦点在于敬畏自然是不是反科学、如何处理人与自然的关系等。

01.130 转基因争论 transgenic controversy
转基因技术的概念自 1974 年被明确提出，人类有关其争论从未停止。20 世纪 90 年代起，世界范围内发生的巴西坚果事件、普斯泰事件、转基因玉米事件等皆被短期热议。2013 年以来，有关转基因食品的安全问题引发了激烈的论战，科学家和公众、媒体均不同程度参与其中。争论涉及相关技术的不确定性、转基因食品的安全性，以及是否应该发展转基因技术等多个方面。

01.131 中医科学性论战 debates on scientific of Chinese Medicine
自 1879 年浙江儒学保守派人士俞樾发表《废医论》对中医提出批评始，民国时期和新中国成立之初都曾发生多次中医科学性问题的争论。2006 年之后，中南大学张功耀教授发表《告别中医中药》文章，引发了当代关于中医科学性的争论。争论的焦点是中医是不是科学，如何看待中医和中药、中医与西医，是否应该发展中医等问题。

01.132　全国科学大会（1978）　Science Conference（1978）

1978 年 3 月 18—31 日中共中央、国务院在北京人民大会堂召开的全国科学大会。在有 6000 人参加的开幕会上，时任国务院副总理邓小平发表重要讲话，明确指出现代化的关键是科学技术现代化，知识分子是工人阶级的一部分，重申了“科学技术是生产力”这一马克思主义基本观点，澄清了长期束缚我国科学技术发展的重大理论是非问题，迎来了科学的春天。

01.133　延安自然科学院　Yan'an Academy of Natural Sciences

延安自然科学院是中国共产党领导的第一所理工科高等学校。前身是成立于 1939 年 5 月的延安自然科学研究院，1940 年 1 月中共中央决定将延安自然科学研究院改为延安自然科学院，并于 1940 年 9 月正式成立，设有大学部和中学部，大学部设有物理、化学、地矿和生物四个系。李富春担任第一任院长，徐特立担任第二任院长。1952 年改建为北京工业学院，1988 年易名北京理工大学。

01.134　《天演论》　Theory of Natural Selection

原书名《进化论与伦理学》。是近代中国思想家严复翻译自英国生物学家 T. H. 赫胥黎（T. H. Huxley）名为《进化与道德》（*Evolution and Ethics*）的演讲与论文集，于 1897 年 12 月在天津出版的《国闻汇编》刊出。此书重点阐发了达尔文《物种起源》中关于生物进化的理论，对在中国传播进化论思想有重要影响。

01.135　《爱因斯坦文集》　Collected Works of Einstein

反映爱因斯坦关于自然科学哲学问题和一般自然科学方面比较有代表性的论述的著作。该文集共分为三卷，主要收录了爱因斯坦的重要文章、讲稿和通信，也包括其他学者撰写的与爱因斯坦的谈话记录。

01.136　《寂静的春天》　Silent Spring

美国海洋生物学家蕾切尔·卡逊（Rachel Carson）的代表作。于 1962 年出版。该书全方位地揭示了化学农药对自然环境带来的危害，是唤醒人类环境意识、开启世界环境保护运动的奠基之作。

01.137　《增长的极限》　The Limits to Growth

以麻省理工学院 D. L. 米都斯教授（D. L. Meadows）为首的研究小组，针对长期流行于西方的高增长理论进行深刻反思，并于 1972 年提交给罗马俱乐部的一份研究报告。该书是用系统模型方法看待全球环境资源问题的第一个重要尝试，深刻阐明了环境的重要性、资源与人口之间的联系，并向人类传统的发展模式敲响了警钟。

02. 自 然 哲 学

02.01　自 然 概 论

02.001　自然界　natural world

不以人的主观意志为转移的按其自身规律运行变化的客观物质世界。排除超自然现象。包括生命界和非生命界，具有多样性和统一性，能够被人类认识和改造。通常不包括人与社会。

02.002　天然自然　natural nature

又称“第一自然”。还没有受到人类实践活动影响或者改造的那部分自然界。与“人工自然”相对。随着人类认识和实践能力的提高，人工自然的范围不断扩大，天然自然的范围不断缩小。

02.003　人化自然　humanized nature

受到人类实践活动作用和影响的那部分自然界。包含人类的目的和价值，既具有自然属性又具有社会属性。马克思和恩格斯首先提出人化自然概念，指出其通过实践改造自然界的重要意义。

02.004　人工自然　artificial nature

又称“第二自然”。受人类实践活动影响和变革了的那部分自然界。表征人的认识能力和实践能力，体现人的本质力量，蕴含人的文化价值观。与“天然自然”相对。

02.005　社会自然　social nature

在人类社会生产和消费等实践活动作用下形成的具有一定社会性的自然界。特别是近现代工业化和科学技术产业化的发展，使自然界与人类社会有机地结合起来，形成复杂的社会自然。

02.006　自然的统一性　unity of nature

自然界无限多样的物质形态在根源、结构和基础等方面所具有的共同性和一致性。如自然万物统一于元素或者基本粒子。

02.007　世界图景　picture of world

基于某种思想认识或者文化传统，人在自己的概念框架中形成的关于经验世界的总括性整体图景。如辩证唯物主义的世界图景和宗教的世界图景等。

02.02　自　然　观

02.008　自然观　view of nature

对自然界本源、结构、演化规律以及人与自然关系等的总看法。是世界观的组成部分和重要基石。经历了神话或原始宗教自然观、古代朴素唯物主义自然观、中世纪宗教神学自然观、近代机械论自然观、辩证唯物主义自然观等典型形态或发展阶段。

02.009　目的论自然观　teleological view of nature

将自然界的存在、变化和发展看成有目的过程的自然观。认为自然界的一切事物都有其存在的目的。神学目的论自然观认为，世界是上帝创造的，万物由上帝安排，自然界的一切都是合乎目的的。维纳控制论中的目的论则排除了唯心主义。

02.010　神学自然观　theological view of nature

神学对自然界的总看法。认为上帝是唯一的存在，自然界只不过是上帝创造理念的实在化。基督教神学认为，自然界的起源或者维持，具有神学或者某种超自然的原因。

02.011　形而上学自然观　metaphysical view of nature

以形而上学立场和观点看待自然界而形成的自然观。对自然事物进行孤立的、静止的和片面的认识，看不到自然事物之间的普遍联系和发展，容易导致寻找世界运动变化的超自然原因。

02.012　机械论自然观　mechanistic view of nature

用机械力学理解和解释一切自然现象的自

然观。因机械力学兴起而形成。将物质的所有性质、关系和运动等都归结为力和运动，甚至把宇宙和人也看成机器。

02.013 还原论自然观 reductionist view of nature

相信整体可以通过将其还原为各组成要素来加以理解、说明和解释的自然观。认为自然界中复杂的系统和现象可以分解为各部分之组合。

02.014 整体论自然观 holistic view of nature

将自然界看成系统整体的自然观。认为自然界中的一切事物都是有机联系的，自然界有其整体结构和功能，整体大于部分之和。如果把自然界有机整体分解成若干部分，整体的性质和功能就会发生变化或者消失。与“还原论自然观”相对。

02.015 有机自然观 organic view of nature

将自然界看成有机体的自然观。认为自然界的内在结构像生命有机体一样，各个部分之间相互联系、相互依存和相互制约，保持和谐与平衡，部分不能被还原为整体。与“机械论自然观”相对。

02.016 唯物主义自然观 materialistic view of nature

坚持自然界是不依赖人的意识而独立存在的客观物质世界的自然观。认为自然界并非精神或上帝的产物，而是产生于自身的演化或进化，从自然本身解释自然现象，包括古代朴素唯物主义自然观、机械唯物主义自然观和辩证唯物主义自然观。

02.017 辩证自然观 dialectic view of nature

强调自然事物不断辩证发展的自然观。认为自然事物总是处于相互联系、相互转化和不断演变之中，有生成、发展和消亡的历史。与“形而上学自然观”相对。

02.018 生态自然观 ecological view of nature

人与自然和谐共生的自然观。主张生态系统是一个由相互依赖的各部分组成的共同体，人则是这个共同体的平等一员；要保护生命共同体的和谐稳定；人和自然之间要协调发展，共同进化。

02.019 马克思自然观 Marx’s view of nature

马克思关于自然及其与人类关系的思想观点。是在当时自然科学成果基础上形成的，阐明了“历史的自然”和“自然的历史”的含义。前者强调物质运动是自然界的存在方式，变化发展是自然的本性，自然规律是可以认识的，确立了辩证唯物主义。后者即客观物质的人类发展历史，也即历史唯物主义。

02.03 自然哲学类别

02.020 自然哲学 philosophy of nature

研究自然的本源、结构、性质和演变规律以及人与自然关系等一般性问题的哲学。具有思辨性和形而上学性。近代自然科学是从自然哲学中分化出来的。

02.021 中国自然哲学 Chinese philosophy of nature

中国人在中国文化背景下对自然的哲学思考和研究。自然被看成一个紧密联系的整体，强调人与自然是“天人合一”的和谐关系。以元气说、阴阳说、五行说等来说明世界的构造、运动和属性，具有整体性和有机性的思想特点。

02.022　东方自然哲学　Eastern philosophy of nature

东方（亚洲和非洲的中东部分）人关于自然的哲学研究，即中国、印度、伊斯兰国家及日本等东方国家的自然哲学统称。其中以中国的自然哲学思想最具有代表性。它们之间历史上有过相互交流和影响，但基本上都是独立的思想体系。

02.023　西方自然哲学　Western philosophy of nature

在西方文化传统背景下，西方（欧美地区）人对自然的哲学思考和研究。具有理性思维特征。出现了古希腊自然哲学、中世纪自然哲学、近代机械论自然哲学、18 世纪唯物主义自然观、德国古典自然哲学和现代西方自然哲学等理论形态。

02.024　古希腊自然哲学　Ancient Greek natural philosophy

古希腊人对自然本体进行思考和探究而形成的哲学。主要探究宇宙万物的本原和生成演变过程，从自然本身来解释，形成理性传统。代表人物有德谟克利特、赫拉克利特、柏拉图和亚里士多德等。

02.025　中世纪自然哲学　Medieval natural philosophy

欧洲中世纪基督教神学统治时期的自然哲学。认为自然界是上帝创造的，其存在与变化都由上帝控制。

02.026　近代机械论自然哲学　modern mechanistic natural philosophy

17～18 世纪欧洲盛行的用机械力学观点解释一切自然现象的哲学。用位置移动说明事物变化，用外力推动说明物质运动，用量的差异说明事物质的差别，甚至把人看作机器。

02.027　18 世纪唯物主义自然观　18th century materialistic view of nature

基于 18 世纪自然科学发展而兴起的一种唯物主义自然哲学。认为世界不是神或任何超自然原因创造的，以物质加运动就能解释世界，成为机械唯物论的最完善的形式。主要代表人物有拉美特利、狄德罗、爱尔维修和费尔巴哈等。

02.028　德国古典自然哲学　German classical natural philosophy

与机械唯物主义相对立的思辨的有机论自然哲学。由德国自然哲学家建立，形成关于自然界发展的辩证法思想。代表人物有波墨、莱布尼茨、康德、谢林和黑格尔等。

02.029　现代西方自然哲学　modern Western natural philosophy

在现代西方文化语境中，人们对自然本体或者人与自然的关系进行思考、批判和研究所形成的哲学理论。基于现代科技对世界的认识和改造，受到各种哲学思想的影响，具有去世界观、去自然观的实证化、数字化倾向。

02.030　马克思主义自然哲学　Marxist philosophy of nature

马克思主义关于自然的哲学思想。是在马克思自然观、恩格斯自然辩证法基础上合理演绎而成。坚持辩证唯物主义自然观，研究有关自然的本体论和认识论，以及人与自然关系的哲学问题。包括系统自然观、人工自然观和生态自然观。

02.04 基 本 概 念

02.031 本原 arche
又称"始基"。关于世界统一性问题的哲学范畴。原义是开始、发端、起源，后演化为原则、依据、本体和本质。唯物主义认为世界的本原是物质，唯心主义认为世界的本原是数、理念、主观精神、上帝和神。

02.032 存在 being
一个哲学本体论范畴。指与"无"相对的"有"，即存在着的各种物质性的和精神性的东西，又指与思维相对的人们意识之外的一切具体物质的客观实在。

02.033 物 thing
自我意识的设定或自我的外化或对象化的产物。黑格尔认为是意识或精神；康德认为是作用于人们的感官和感性经验的自在之物，是自由、上帝和绝对命令；谢林认为就是"非我"；马克思认为是事物、物质和自然。

02.034 物体 object
在人们意识之外存在、占有一定空间的物质实体的统称。物理学的重要概念。宏观上指具有形状、体积或质量的所有物质，微观上指体积大于零的物质。

02.035 原子 atom
希腊文原意指"不可分割的东西"。这种最微小而又不可再分割的东西是万物的本原。现代意义上是指量子化的波粒统一体，核心部分是包含着更小的基本粒子的原子核。

02.036 原质 pradhana
自然数"零"概念和几何学中"点"概念。是物质结构内部能量绝对为零的极限状态、一切物质的共同起源和最原始的物质形态。

02.037 虚空 void
宇宙中承载一切粒子的空间。是宇宙最主要的组成部分。是物质运动的场所，组成物体时的物质间空隙。德谟克利特认为，世界由原子和虚空构成。真空是虚空的未完整表现，真空中也包含粒子。虚空具有无处不在、无所不包的特征。

02.038 实体 entity
能够独立存在的、作为一切具体事物和现象最后根源的载体的东西。唯物主义认为实体是常驻不变的、时空上无限的物质，唯心主义则把它作为精神、神和观念来理解。

02.039 实在 reality
实存的与可能存在的东西。古代唯物主义认为这种东西是水、无定限体、气、火、种子、原子。唯心主义认为这种东西是感觉、观念、精神实体、绝对理念的世界。

02.040 客观实在 objective reality
独立于人的意识，不以人的意识为转移又能为人的意识所反映的、具有多样性的客观物质世界或自然界。认为客观实在性是物质的唯一特性，是物质确实存在着的客观标志。

02.041 永恒客体 eternal objects
潜在可能存在的，又能表明现实统一体特征的，确定性形式的抽象客体。有单纯和复杂之分。单纯的是指色、声、味等知觉的东西；复杂的是指理想的几何形状、数学模式等概念的东西。

02.042　绝对　absolute

指无条件、永恒和无限的主体，独立自在、唯一的实在。从狭义角度看，既指上帝、自我、绝对精神和无限精神，又指超越主客体之上的绝对同一性。

02.043　逻各斯　logos

世界的可理解的一切规律。原意为语言、命令、思想、理性尺度等。柏拉图的“逻各斯”是真正分析的说明，斯多亚学派的“逻各斯”是天命、本性、神、宇宙理性。

02.044　理念　idea

可感个体事物的共性、本原，是先于和离开可感事物而独立存在的，是可感事物追求的目标和赖以产生的原因。其世界是绝对的、永恒的，是理性认知的对象。

02.045　要素　crucial component

构成事物的必要元素，组成具有层次性系统的基本单元。在系统中相互独立又按特定联系构成一定的结构。在不同系统中，其性质、地位和作用有所不同。

02.046　形式　form

理念、事物的属性和物体的质料部分的结构。是一个与内容相对应的哲学概念。代表人物有柏拉图、托马斯· 阿奎那和奥卡姆等。

02.047　事件　event

处于一定时空关系中的世界的基本要素。是英国怀特海用语。认为整个自然界除事件外没有任何其他东西，时空也融进其中。宇宙就是事件场。事件与其他事件处于相互关系之中，独一无二，但非永恒。

02.048　现实　actuality

有关实体存在方式的概念。亚里士多德认为，其是和潜能相反的存在；黑格尔认为，其是理性、思维着的精神，是逻辑和思辨的精神；马克思认为，其是“异化了的现实”和“真正的人的现实”。

02.049　潜能　potentiality

潜在的能力及可能。亚里士多德哲学重要术语。其潜能现实说认为，潜能是一种实现运动，可分为三阶段：运动前的原始潜能，某力作用下的潜能，运动实现后的二级潜能。

02.050　绵延　duration

内心深处连续变化、没有确定流向的心理流。这种心理流与时间、意识、生命、实践和上帝永恒有关，具有连续性、时间性、异质性、简单性、众多性、潜在性等特征。代表人物是奥古斯丁、托马斯 · 阿奎那、牛顿和柏格森。

02.051　运动　motion

泛指一切事物变化，也是物质的固有属性和物质形态的存在方式。宇宙中一切事物的变化，皆因物质运动所致，包括从简单的位移到复杂的思维活动。具有广泛性、普遍性和绝对性等特征。

02.052　运动形式　forms of motion

按照物质运动的形态结构变化特点所划分的运动类型。可概括为五种基本形式：机械运动、物理运动、化学运动、生物运动、社会运动。

02.053　绝对运动　absolute motion

消除主体观测条件影响的客观事物运动。是人类描述“客观事物变化”的必要概念和言说前提。与相对运动相对应，可通过观测相对运动来描述绝对运动，亦可通过绝对运动来理解相对运动。

02.054　相对运动　relative motion

基于某种参照系观测到的客观事物运动。受观测者所使用参照系的影响，无法确认事物是否属于绝对运动，但可以通过相对运动的“变化规律”来理解和描述绝对运动。

02.055 空间 space
具有一定边界的虚空。由“物体”边界来标度。离开物体，仅是虚空，而不再是空间。

02.056 绝对空间 absolute space
边界与形态不受内在与外在各种“物质”影响的空间，是任何测量中不变的、确定的空间。是人类描述“客观事物变化”的必要概念和言说前提。

02.057 相对空间 relative space
边界与形态受观测者所使用参考系影响的空间，是被特定方法观测到的空间。人类通过相对空间的特征变化与规律，来理解绝对空间。

02.058 广延 extension
又称“广袤”。自然物质所具有的空间属性，即物体必然占有空间的属性。广延性是物体固有的本质特性，是事物的“第一性的质”。物质实体有广延而不能思想，思想实体能思想而无广延。

02.059 处所 place
物理空间所处的位置和心灵空间所处的境况。有实虚两重含义，实指物理事物的空间位置，虚指人的意境、心境所处的境况。

02.060 时间 time
描述客观事物变化的历史长度参量。康德、马克思等哲学家揭示，时间属于“主体认知方法”，而非“客体属性”。

02.061 绝对时间 absolute time
不受观测条件影响的时间参量值。经典物理学假设，以上帝式直观（洞察一切变化）来给“时间”参量赋值，即为绝对时间。爱因斯坦相对论揭示，观测条件影响“时间”测量值。

02.062 相对时间 relative time
基于某种观察条件所获得的时间参量值。伽利略揭示，对“空间”参量不能采用上帝式直观来赋值。爱因斯坦相对论揭示，对“时间”参量也不能用上帝式直观来赋值。

02.063 时空 space-time
作为在主体世界建构中描述客观事物变化的两个必需参量。两者“测量结果”具有关联性，被并称为“时空”变量。

02.064 有限 finite
观测对象的描述参量（时间、空间、质量、速度等）具有确定的赋值边界，或其参量赋值没有超过可观测的数量范围。

02.065 无限 infinite
观测对象的描述参量赋值没有边界，或参量赋值已经超过可观测的数量范围。人类具有不断把“有限”边界向其推动的观测能力。

02.066 属性 property
一事物和他事物发生联系时表现出来的，构成实体本质且不能离开实体独立存在的质。广延性是物质实体的质，思维是精神实体的质。

02.067 因果性 causality
事物之间具有某种确定的生成关系。作为生成条件的事物称为前因，作为生成结果的事物称为后果。前因可分为内因（事物内部原因）和外因（事物外部原因）。

02.068 必然性 necessity
事物存在和变化的因果关系具有确定性与

唯一性。是事物发展、变化中合乎规律的、确定不移的趋向，由事物的本质决定，居于支配地位。是人类对事物及其变化建立确定性描述的前提条件。与“偶然性”相对。

02.069　偶然性　chance

事物存在和变化的因果关系具有的不确定性与特殊性。具有暂时性、随机性、不稳定性，是必然性的破缺，居于从属地位。是人类对事物及其变化进行确定性描述的不完备。与“必然性”相对。

02.070　连续性　continuity

又称“非间断性”“不间断性”。事物元素、结构、功能、变化具有的稳定性和延续性。是因果关系的前设，与时空和事物的发展过程相关联。是人类可以运用“规律”做出事物特征性描述的基础。

02.071　间断性　discontinuity

事物的元素、结构、功能、变化的规律性发生突变的属性。原有的连续性出现破缺。是反映事物变化的规律性突变的属性，是一种因果关系链条的断裂。

02.072　有序　order

事物在结构、运动、发展、变化等方面具有某种规律性，是对事物可重复特征的概括，是人类实践中对某种确定的“规则的设定”。序是指某种规律性。

02.073　无序　disorder

事物在结构、运动、发展、变化等方面不具有某种规律性，人类对事物尚无法进行规律性描述，人类实践中没有行为规则。

02.074　可分性　divisibility

事物本身具有内在结构可以区分为组成部分或子系统的属性。是事物的结构性与结构层次性的基础。其侧重于能被区分，而“可分离性”侧重于能被分离。

02.075　不可分性　indivisibility

为保持事物的功能完整，不得分割其为部分，只能作为整体而存在的属性。分子、原子、离子等就功能特性而言，其整体不能进一步拆分。

02.076　可分离性　separability

一组对象具有可以按照特征相似程度进行分离的性质。聚类分析中，依此性质进行距离度量，即两个特征之间距离的统计度量（相似度越小，则距离越大），按距离最小逐次合并成一类。

02.077　不可分离性　inseparability

一组对象具有无法按照特征进行分离的性质。如果这组对象能够按照特征进行分离，则会丧失原有特征。

02.078　可逆性　reversibility

事物变化具有在一定条件下向逆向进行的属性，即施加于事物的影响作用具有后果可取消的性质。

02.079　不可逆性　irreversibility

事物变化在时间反演变换下只能单向进行的属性，即施加于事物的影响作用不具有后果可取消的性质。从热力学角度而言，自然界中所有复杂的过程都具有宏观上的不可逆性。客观事物变化对环境的影响本质上属于不可逆过程。

02.080　不对称性　asymmetry

事物特征在某种变换操作下不具有保持和原来一样的属性。是跨物理学、生物学、社会学与系统论等学科的概念。

02.081　不可还原性　irreducibility
各个复杂系统的宏观层次、整体性质以及系统整体在解释上的重要特性。分为可计算的和不可计算的非线性不可还原性、可形式化的和不可形式化的不可计算的不可还原性。

02.05　理论方法

02.082　宇宙论　cosmology
关于宇宙的本原、存在、结构和运行以及人类在宇宙中地位的理论观点。最早由德国C. 沃尔弗（C. Wolff）使用，并进一步被黑格尔、马克思沿袭。

02.083　大宇宙　macrocosm
关于宇宙中宏观物体和宏观现象的总称。毕达哥拉斯认为“数”是宇宙的本源。宇宙是由“全子”构成的。所有全子都分为四个维度，并按照层次产生。

02.084　小宇宙　microcosm
关于人的身体和灵魂的总称。毕达哥拉斯认为，人的身体跟宇宙天体一样，组成世界和人体的成分是相同的。人的灵魂之于身体就像宇宙灵魂之于世界，人的普遍理性就像宇宙的普遍理性。

02.085　天球　celestial sphere
为了确定天体位置和运动，把地球包裹在内，与地球球心保持同心的假想圆球。代表人物有阿那克西曼德和毕达哥拉斯及其学派。

02.086　盖天说　heavenly cover cosmology
中国古代宇宙模型。早期的盖天说是天圆地方说，认为“天圆如张盖，地方如棋局”，穹隆状的天覆盖在呈正方形的平直大地上。因圆盖形的天与正方形的大地边缘无法吻合，有人提出，天并不与地相接，地的周边有八柱支撑。

02.087　宣夜说　theory of an infinite universe with floating planets
中国古代主张宇宙无限论的宇宙学说。“宣”是明，“夜”是幽暗的意思，认为“天”是没有固定边际的无限空间，其中充满气体，日月星辰在气体中飘浮游动。

02.088　浑天说　theory of sphere-heavens
始于中国战国时期的一种以地为中心的有限宇宙体系学说。主张天浑圆如弹丸，日月星辰附于天球上运行，地悬于空中，浮动于气内，好像蛋黄裹在蛋壳内，球形的天之外还有其他世界。

02.089　星云假说　nebular hypothesis
关于太阳系起源于原始星云的假说总称。由康德、拉普拉斯等人提出。认为太阳系最初是由灼热而旋转的星云因冷却而凝缩。当离心力超过引力时，许多环状物被逐次分离，最后凝聚成太阳和围绕太阳运行的地球和其他行星。

02.090　占星术　astrology
又称“占星学”“星相学”“星占术”。根据行星和星座的相对位置和相对运动，来阐述宇宙普遍概念、解释或预言人世间各种事物以及人生命运的方术。是神秘主义的一种形式。有本命占星术、世俗占星术、卜卦占星术和择日占星术四个流派。

02.091　自然巫术　natural magic
与人们生活紧密相随，影响人们心理，崇拜神祇并控制大自然力量和意念移物的魔法。

以自然信仰为基础，通过信仰与法术的结合，体现人与自然的关系。

02.092　物活论　hylozoism

又称“万物有生论”。反对神创论的哲学学说。英国 R. 卡德沃思（R. Cudworth）主张用人的意识、生命经验研究生命的本质。认为天地万物均有生命，生命的本质是物质性，生命不能离开物质而存在。

02.093　泛灵论　animism

关于自然界一切事物和现象都为精灵所控制的学说。是宗教和唯心主义的来源之一。认为人、动植物和自然界的事物，不仅有被感知的特征，而且还有灵魂。灵魂真实存在，具有能动性、可经验性和单子性或绵延性。

02.094　泛神论　pantheism

将神与自然视为同一实体的哲学理论。强调自然界的至高无上，以及神与自然的不可分割性。主张神是万物的本体，万物都是神的体现，自然法则是神的化身。否认超自然的主宰或精神力量，认为神并非独立存在的实体，而是渗透在宇宙的每个角落，包括人类和所有生命形式。

02.095　自然神论　natural theology

又称“自然宗教”“理性宗教”。关于上帝创造世界的宗教学说。体现对自然现象的崇拜和对自然力量的信仰，将自然界视作神灵的化身和表现。认为上帝规定合理世界的规律和运动的世界理性。自然界的协调性和合目的性就是神存在的“物理学-神学”证明。

02.096　上帝存在的证明　proofs of God

又称“阿奎那五路证明”。关于上帝存在的五个论证。13 世纪由经院哲学家托马斯·阿奎那（Thomas Aquinas）提出，其五路证明为事物运动的第一推动者论证、万物起因的第一因论证、万物生灭的自身必然性论证、事物完善性的等级论证、宇宙秩序设计的目的因论证。

02.097　无神论　atheism

主张世界上既没有灵魂和鬼，也没有上帝和任何其他神存在的学说。完全否定任何超自然力量。神是否存在，不能证实或证伪，属形而上学问题。与“有神论”相对。马克思主义坚持无神论，唯物主义者也是无神论者。

02.098　阴阳五行说　theory of Yin-Yang and Five Elements

中国古代哲学思想的结晶。阴阳说与五行说的统称。阴阳与五行两者相辅相成，五行必合阴阳，阴阳必兼五行。古代医家将阴阳五行疗法广泛地运用于医学实践，促进中医理论体系的形成和发展。

02.099　四根说　theory of four original factors

说明世界本原的学说。由古希腊唯物主义哲学家恩培多克勒提出。认为一切事物都是由水、火、土、气四种元素按不同比例相互结合产生的，它们的分离就是事物的消灭。“爱”与“恨”是它们相互结合和分离的原因。

02.100　四因说　theory of four causes

用以解释事物存在及其运动变化原因的学说。亚里士多德对古希腊早期自然哲学四大学派及随后思想发展的概括和总结。包括质料因、形式因、动力因、目的因。目的因是终极的，相信自然界万物都有其目的。

02.101　质料因　material cause

构成事物并使其在运动中继续存在，是因其所由形成的最初基质，即内部始终存在且不变的原始质料。说明为什么事物在运动中持存。来源于以泰勒斯为首的米利都学派以及留基伯和德谟克利特的“原子论”。

02.102　形式因　formal cause
事物以某种方式运动，是因其具有特定的原型、结构和形式。形式亦是表达事物本质的定义。说明了为什么事物运动具有特定方式。来源于毕达哥拉斯学派的“数”和柏拉图的“理念”。

02.103　动力因　effect cause
事物运动变化或停止，是因其受到推动或作用，也即使质料获取一定形式的力量。意指推动者。说明了为什么事物开始运动。来源于赫拉克利特的“火”和恩培多克勒的“爱憎说”。

02.104　目的因　final cause
事物存在及其运动朝向的目标，有其特定目的和理由。是事物“最善的终结”，乃终极原因。说明为什么事物要运动。可追溯到巴门尼德的“存在”和阿那克萨戈拉的“理性”。

02.105　种子说　theory of seed
说明世界本原是极微小的物质微粒“种子”的学说。由古希腊唯物主义哲学家阿那克萨戈拉提出。认为“种子”之间性质各异，数目无限多，体积无限小，永恒存在，彼此独立，不能相互转化。

02.106　原子论　atomism
古希腊和古罗马时期形成并发展起来的、关于物质的间断性和离散性结构的，观照和理解世界本体的哲学学说。认为原子是一种不可解构的具有客观实在性的微粒。原子间机械并列，结合形式无限多样。

02.107　原子论者　atomist
创立和发展原子理论的典型代表人物。创立时期主要有留基伯和德谟克利特，近代时期是J. 道尔顿（J. Dalton），现代的代表人物是E. 卢瑟福（E. Rutherford）。

02.108　单子论　monadology
关于构成万物单元或基础的客观唯心主义本体论学说。由德国近代哲学家莱布尼茨提出。认为单子是一种“单纯”的精神实体，是构成万物的元素。单子具有精神性、无限性、永恒性、独立性和不同质等特征。

02.109　元素论　theory of element
关于世界万物由元素构成的理论。认为元素是不可再分的最基本的物质构成单元。古巴比伦人、古埃及人和古印度人均有元素论思想。中国古代五行说其实就是一种元素论。柏拉图在《蒂迈欧篇》中明确使用元素概念。

02.110　前定和谐　pre-established harmony
德国近代哲学家莱布尼茨的重要哲学概念之一。认为世界是由上帝预先创造并安排，万物由“单子”构成，每个单子都各自遵循自身规律发展变化，又与其他单子的发展变化保持协调，构成一个和谐总体。有时自称其哲学体系为“前定和谐系统”。

02.111　合目的性　purposiveness
事物存在或运动符合某种目的的性质。亚里士多德阐释的自然的合目的性，在中世纪被神预定合目的性取代，在近代被康德所重申。实践是这一属性的活动。控制论研究这一属性的反馈调节。

02.112　自性　prakrti
处于未显状态的原初物质性实体，是世界最初的根本因。由三德构成，即萨埵（sattva）、罗阇（罗俗）（rajas）、答摩（tama），分别与喜（善）、忧、暗三性及其作用相对应。

02.113　数论　samkhya
关于宇宙演变原理的学说。由迦毗罗创立，印度最古老的哲学流派。认为世界由神我和自性结合产生。神我是独立存在、永恒不变、可推动自性发生变异的精神实体。自性是物质实体原初状态。

02.114　数本说　theory of number as arche

数是万物本原的思想。毕达哥拉斯学派学术思想的核心。认为世界的“本原”为数，一切事物的总根源是数，世界万物都依照一定的数学规则构建和存在。

02.115　数秘术　numberology

将世间一切物象都化成数字且体现数与数之间关系的占卜方法。毕达哥拉斯认为，数学可以解释世界上一切事物。一切真理可以用比率、平方及直角三角形去反映和证实。每个数字都有独特的共鸣频率及其特殊的属性和意义。

02.116　自然演化　natural evolution

关于自然界按照自身规律发生发展的哲学概念。认为自然万物在不断运动变化和辩证发展，始终处于产生和灭亡之中。任何自然现象和物质存在，既是演化的结果，也是演化的一个阶段。

02.117　混沌生序　order out of chaos

事物从无结构、无规律的无序状态向有序状态的发展变化。无序的系统通过与环境进行物质和能量的交换，可演化出有序结构。

02.118　生命与负熵　life and negative entropy

耗散结构论认为，生命能够保持身体的有序依靠的是从外部环境摄取负熵。熵表征无序，负熵表征有序。封闭的生命系统会趋于熵增大，生命这一耗散结构只有吸收负熵才能维持。

02.119　生命冲动　lan vital

作为精神性本原的生命意志的观点。由柏格森提出和描述。认为生命是带有强烈行动意志色彩的精神力量即意识和“创造需要”。其不受任何原因和条件限制，是完全偶然、盲目的冲动。这种冲动是一切有机体的本质和生物进化的源泉与动力。

02.120　生命起源说　origin of life theory

解释生命如何起源的学说。包括神创论、自然发生说、化学起源说、宇宙生命论等。

02.121　神创论　creationism

相信世界和人类是由神或者上帝创造出来的唯心主义思想观点。认为地球上一切生命，都是上帝或神设计创造的，或某种超自然力量干预产生的。

02.122　自然发生说　abiogenesis

又称“自然发生论”。主张生命可以随时从非生命物质或死的有机物中直接产生出来的观点。如腐草生萤、腐肉生蛆、白石化羊等。19 世纪 60 年代，巴斯德实验否定了细菌自生的说法。

02.123　化学起源说　chemical origin theory

认为地球上的生命，是由非生命物质在特殊环境条件下经过化学进化过程产生的学说。经历无机小分子、有机小分子、生物大分子和有机多分子体系四个阶段。著名的米勒实验有力地支持了该学说。

02.124　宇宙生命论　the universe hylozoism

又称“宇宙发生说”。主张地球生命来源于宇宙中其他星球的假说。认为微生物孢子附着在星际尘埃颗粒上到达地球，使地球有了初始生命。但不能解释宇宙最初生命的产生，以及不利生命存活的宇宙环境条件。目前尚未找到令人信服的证据。

02.125　存在之链　chain of beings

说明整个生命界是一个发展与联系的自然阶梯的观点。由亚里士多德提出。认为生命的演化途径为：非生命→植物→动物→人。

相信生物从植物到人类按照一个完美的等级进行排列。大致符合达尔文进化论等现代科学的观点。

02.126　物竞天择　natural selection
生物在环境中进行生存竞争，适者生存。是达尔文生物进化论的自然选择机制。生物遗传特征在繁殖时发生变异，通过环境筛选，适应者存活下来，并不断延续。这一理论后来被引申到政治社会领域。

02.127　生命等级　living hierarchy
依据生命功能从简单到复杂、从低效到高效的进化次序对生命体划分的等级。可分为：原核生物界、原生生物界、真菌界、植物界、动物界。每界内又有更细致的分级。

02.128　盖娅假说　Gaia hypothesis
关于地球生命与自然环境共同作用的假说。认为生命体在维持地球可居住性中扮演着关键角色，生命与自然环境诸要素的共同作用，使地球保持着适度的可以自我调节的稳定状态，从而使地球适合生命持续生存。

02.129　地外文明　extraterrestrial civilization
泛指存在于地球以外并发展到一定程度的文明形式。人类一直在探寻地外生命，进行宇宙漂流和寻找行星系列活动。1964 年，苏联天体物理学家 N. 卡达谢夫（N. Kardashev）提出地外文明的分类。因至今尚未被观测到，始终没有确定结论。

02.130　身体理论　physical theory
关于人和身体关系、身体与社会相互作用的理论。自然主义身体观，强调人的生物性身体生成了各种社会关系；社会建构论身体观，强调身体在一定程度上被社会形塑、约束甚至创造。代表人物有福柯、戈夫曼、特纳和弗兰克。

02.131　自身的外在　outside itself
关于身体和精神之外的观点。康德认为灵魂、宇宙和上帝是外在的，不可以被认识。费希特认为“非我”是外在的。黑格尔认为外在是绝对精神的外在，是精神的外壳。费尔巴哈和马克思认为客观物质世界是外在的。

02.132　自然主义身体观　naturalistic view of body
强调人的生物性身体生成了纷繁复杂的社会政治经济关系的观点。认为身体是社会意义的生成器，社会各方面的不平等并非社会建构出来的。

02.133　自然主义方法论　naturalistic methodology
主张用自然原因或自然原理来解释一切现象而不接受超自然原因的方法论。认为所有的现象和假设都可以用相同的方法来研究。

02.134　芝诺悖论　Zeno’s paradox
一系列关于运动与时空不可分性的哲学悖论。由古希腊数学家芝诺提出。包括时空“有限与无穷”的四悖论：二分法、阿基里斯追龟、飞矢不动、运动场。

02.135　二律背反　antinomies
关于基于同等理由而成立的、相互冲突的、具有理性辩证法的学说。由康德提出。认为世界在时空上是有限的又是无限的；是单一、不可分割的，又是复杂、可分的；存在自由，又没有自由；一切都是必然，有最初原因，又没有最初原因。

02.136　极性原理　principle of polarity
反映世界发展变化、对立面的存在与统一的辩证原则。认为两极就是事物内在矛盾的双方和终端。两极性是辩证法的精华。两极对立存在于无限存在之中，在上帝之中持久的永恒对立，表现为绝对与相对、必然与偶然。

02.137 辩证过程 dialectic process

世界是永恒运动、变化、转化和发展的过程。黑格尔认为世界是“绝对精神”的辩证过程，马克思、恩格斯则认为是唯物辩证的过程。

02.138 整合 integration

将要素或子系统组合成具有结构和功能的系统，以实现系统要素或子系统之间的资源共享和协同工作，形成更有价值和效率的新整体。

02.06 主 要 学 派

02.139 米利都学派 Milesian School

早期希腊伊奥尼亚学派的一个支流。认为水、无限者、空气等是万物根源。创始人为泰勒斯，其他代表人物有阿那克西曼德和阿那克西米尼。

02.140 毕达哥拉斯学派 Pythagorean School

毕达哥拉斯创建的古希腊哲学学派。发展大体上经历了早、中和晚三个时期。认为数是先于现实事物的、可以独立自存的本体。晚期主要从事于神学的思辨和数的象征主义。

02.141 爱利亚学派 Eleatic School

古希腊最早的唯物主义哲学派别之一。认为神是整体、唯一、不动的。世界的本原是永恒、唯一且不可分的。“存在”是对世界万物共同本质的高度抽象概括。创始人是克塞诺芬尼，代表人物有巴门尼德、芝诺和麦里梭。

02.142 斯多葛学派 Stoics

又称“画廊学派”。希腊化时期和罗马帝国时期的哲学学派。认为人与神血缘相通，人类应该相爱、仁慈与宽容。同时兼有唯心主义和唯物主义倾向。折衷主义和宗教神学色彩浓厚，宣扬服从命运和泛神论思想。

02.143 新柏拉图学派 Neoplatonic School

公元 3～6 世纪希腊罗马哲学学派。将希腊柏拉图主义和其他当时流行的哲学结合起来，主要形成四大支派：亚历山大里亚-罗马学派、叙利亚-帕加马学派、雅典学派、亚历山大里亚学派。

02.144 自然主义流派 Naturalism Genre

强调从自然本身去说明自然，反对求助于任何超自然力量的哲学流派。20 世纪 30 年代形成于美国。认为自然就是存在着的全部世界，其存在不以任何智慧或意识为转移。自然物的产生和消失有其自然原因。

03. 科 学 哲 学

03.001 科学哲学 philosophy of science

以科学为分析和研究对象的哲学学科。其特点是对科学活动和科学理论从认识论、方法论以及本体论、价值论角度进行考察和分析，旨在提供关于科学认识及其发展的逻辑性、历史性和社会制约性的模型。主要探讨科学知识的本质、获取方法、评价标准、逻辑结构和目的等。

03.01　一般科学哲学

03.002　一般科学哲学　general philosophy of science
忽略学科之间存在的区别，把科学作为整体来进行的哲学研究。

03.01.01　科学实在论

03.003　科学实在论　scientific realism
认为科学理论不断逼近客观真理，它们假设的不可观察实体也真实存在。

03.004　外部实在论　external realism
认为外部世界独立于心灵、语言和理论，真理是语言与世界之间的符合，理想理论也有可能是错误的。

03.005　内在实在论　internal realism
认为真理总是在认识上受到限制，是相对于概念体系的，没有“上帝之眼”。

03.006　形而上学实在论　metaphysical realism
认为世界独立于人类或其他认知主体而存在，世界的对象及其属性决定了世界的本质。

03.007　建构实在论　constructive realism
试图既保持科学知识的实在性，又承认相对主义的合理性，主张客观实在是人类进行认识建构的结果。

03.008　关系实在论　relational realism
由相对论、量子物理所启发的实在论立场，认为具有实在性的不是个体对象，而是对象之间的关系。

03.009　结构实在论　structural realism
约翰·沃勒尔（John Worrall）提出，科学革命前后的理论在数学结构上具有连续性，因此结构是实在的。现有认识结构实在论、本体结构实在论等多个版本。

03.010　反实在论　anti-realism
科学哲学认为不可观测的实体都不真实存在，但通常承认可观察实体真实存在。

03.011　理论实体　theoretical entity
无法直接观察、需要科学理论来描述的实体。如电子。

03.012　旁观者知识论　spectator theory of knowledge
认为知识是独立于人的存在，是对客观实在的静态认知。

03.013　认识相对性　epistemic relativity
认为知识仅相对于某一特定语境、社群、文化或个体才有效。

03.014　认识整体论　epistemological holism
由 W. V. 蒯因（W. V. Quine）提出。认为必须将科学理论作为整体加以检测，无法孤立地对某一科学假说加以检测。

03.015　进化认识论　evolutionary epistemology
认识论的一种自然主义进路，即强调自然选择在感知和认知机制的适应性形成中的作用。

03.016　经验适当性　empirical adequacy

B. 范 · 弗拉森（B. van Fraassen）提出的约束科学理论的原则，即科学的目的就是要恰当地描述可观察世界中的所有可观察现象。

03.017　经验内容　empirical content

理论所能包含的可观察性信息。理论的经验内容越多，它出错的可能性也越大。

03.018　经验等价性　empirical equivalence

两个科学理论可以给出对经验事实的相同解释或相同预测。

03.019　建构经验论　constructive empiricism

B. 范 · 弗拉森（B. van Fraassen）提出的一种反实在论。认为科学理论应具有经验适当性，接受一个科学理论并不需要承诺其为真。

03.020　实证论　positivism

又称“实证主义”。最早由 A. 孔德（A. Comte）提出。认为知识应建基于感觉经验，反对形而上学思辨。

03.021　思维经济　economy of thought

E. 马赫（E. Mach）提出的约束科学理论的原则。认为科学家应尽力简化其智力成果，达到形态和结构上的简单性。

03.022　逻辑实证论　logical positivism

认为仅有那些可经由经验观测加以证实的陈述才具有认知意义。与逻辑经验论有一定重合。

03.023　逻辑经验论　logical empiricism

主张逻辑与经验是人类知识的来源。主要代表是维也纳学派与柏林学派。

03.024　维也纳学派　Vienna Circle

20 世纪 20～30 年代以维也纳大学为中心的哲学流派。主张逻辑经验论。代表人物为 M. 石里克（M. Schlick）、R. 卡尔纳普（R. Carnap）等。

03.025　马赫学会　Verem Ernst Mach Society

1928 年在维也纳成立。主席是石里克。其宗旨是向公众普及科学世界观。

03.026　华沙学派　The Lvov-Warsaw School, LWS

由 K. 特瓦尔多夫斯基（K. Twardowski）与 J. 武卡谢维奇（J. Łukasiewicz）等创立。主要从事逻辑学与分析哲学研究。其主张类似于维也纳学派，但对传统哲学的态度更为正面。

03.027　公认观点　received view

通常指的是 20 世纪 30～60 年代的逻辑经验论。因其当时在科学哲学界广为流传，其哲学主张被大家普遍接受。

03.028　经验科学　empirical science

偏重于经验描述与实验方法的科学。通常与注重数学演绎的“形式科学”相对。

03.029　科学进步　scientific progress

科学研究向某一个特定的方向发展。如不断逼近真理或解决问题的能力提升。

03.030　科学变迁　scientific change

科学在发展历程中，其理论、概念、方法等都可能发生的变化。

03.031　排除型唯物论　eliminative materialism

认为心智现象并不真实存在，可以通过还原为物质的方式最终消除。

03.032 机械论哲学 mechanical philosophy
认为自然类似于一台机器，是一个完全受制于物理规律的客观存在。

03.033 朴素实在论 naive realism
根据自己的经验，直观地、朴素地和自发地相信客观世界是不依赖于人的意识而独立存在的宏观实在。

03.034 实体实在论 entity realism
由 I. 哈金（I. Hacking）提出。认为成熟科学所指明的实体是真实存在的，但关于这些实体的科学理论有可能出错。

03.035 实验实在论 experimental realism
由 I. 哈金（I. Hacking）提出。认为如果我们可以通过实验手段来有效利用实体（如电子），那么该实体就是真实存在的。

03.01.02 意 义 标 准

03.036 意义标准 criterion of meaning, criterion of significance
逻辑经验论提出的用来判断陈述是否具有意义的规则。

03.037 认知意义 cognitive meaning, cognitive significance
能够提供知识性信息，在逻辑上有真假值。

03.038 可证实性 verifiability
在逻辑上有被经验证实的可能性。

03.039 显定义 explicit definition
对一个概念给出了完整与准确意义的定义。

03.040 隐定义 implicit definition
对一个概念的定义中出现的其他概念所作的定义。

03.041 操作定义 operational definition
可以通过一系列操作性陈述来给出定义。

03.042 实指定义 ostensive definition
当概念的意义难以用语言定义时，可以通过举出例证的方法来给出。

03.043 科学世界观 scientific conception of the world
维也纳学派的哲学宣言。强调使用科学方法看待世界，即通过逻辑分析提炼出经验性的真问题，从而澄清形而上学制造的伪问题。

03.044 统一科学 unified science
维也纳学派希望用物理语言来统一各个科学领域的语言，并最终把原来碎片化的复杂科学网络整合成统一的知识体系。

03.045 物理语言 physical language
用物理学的语言来描述世界。包括事物语言（thing-language）与量化描述所需要的语词。

03.046 还原论 reductionism
认为事物、现象或理论等可以统合到更简单或更基础的层次。

03.047 反还原论 anti-reductionism
反对还原论的一套理论。认为一个系统中的所有性质并不是都能基于其组成部分及这些部分间的互动来做出说明的，从基础层次来理解系统层次是无效或不可能的。

03.048 分析句 analytical sentence

又称“分析命题（analytical proposition）”“分析陈述（analytical statement）”。只要通过理解组成句子的每一个词语就能知道整个句子真值的句子。

03.049 综合句 synthetic sentence

又称“综合命题（synthetic proposition）”“综合陈述（synthetic statement）”。需要通过理解组成句子的每一个词语以及一些与外部世界相关的东西才能知道整个句子真值的句子。

03.050 观察-理论区分 observational-theoretical distinction

观察来自直接经验，是连接科学信念与经验世界的桥梁；理论无法直接观察，需以观察提供的证据作为基础。

03.051 观察 observation

通过感官（包括使用仪器获得的信息）收集经验证据的过程。

03.052 观察术语 observational term

对可被直接观察的事物或现象做出描述的语词。

03.053 可观察性 observability

事物或现象能被人的感官（通过仪器）直接经验或知觉到的可能性。

03.054 事实-价值区分 fact-value distinction

由 D. 休谟（D. Hume）提出。讨论“应然”的价值判断与描述“实然”的经验事实分属不同范畴，前者不能由后者直接推论得出。

03.055 科学的价值中性 value neutrality of science

认为科学本身无所谓善恶。

03.056 价值无涉 value free

不包含价值判断，只陈述客观事实。

03.057 基础主义 foundationalism

认为存在某些自明的、无可置疑的信念，可以成为理论体系的基础。

03.058 自然律 law of nature

通过特定事实归纳得到的理论概括。能够说明与预测自然现象。

03.059 似律性 lawlikeness

又称“拟定律性”。具有自然律的逻辑形式。如果概括为真，则很有可能成为自然律。

03.060 理论术语 theoretical term

用来指示不可直接观察的物体的术语。如电子、中子；或者其含义由科学理论中的公理所决定的术语。如牛顿力学中的“力”。

03.061 理论选择 theory choice

科学家在相互竞争的理论中选择最可被接受的理论。

03.062 理论间还原 intertheoretic reduction

在两个理论的词汇表之间建立对应关系，使得一个理论能够从另一个理论中推导出来。

03.063 假说 hypothesis

尚未被证实的科学猜想。

03.064 可检验性 testability

在逻辑上可以对陈述是否为真进行判定。通常包括可证实性、可证伪性与可验证性等。

03.065 可验证性 confirmability

又称“可认证性”“可确认性”。认为一个陈述有认知意义，当且仅当这个陈述和其他辅助假说合取时，能够推导出观察命题，并且这些观察命题不能由辅助假说单独推出。

03.066　否认　disconfirm
如果证据降低假说的可靠性，那么证据就构成对假说的否认。

03.067　证据　evidence
能够支撑假说可靠性的事实。

03.068　真理的融贯论　coherence theory of truth
又称“真理的贯融论”。认为陈述为真当且仅当它与一个陈述系统中的其他陈述都不矛盾。

03.069　真理的符合论　correspondence theory of truth
认为陈述为真当且仅当它与客观事实相符合。

03.070　因果相关性　causal relevance
两个事件之间的相关不仅仅是统计上的，而且具有内在的因果机制。

03.071　冗余因果性　redundant causality
某事件的发生存在多个原因，但其中某些原因即使不发生，该事件也可能发生。

03.072　指称的因果理论　causal theory of reference
名称之所以能够指称对象，是因为我们在名称的使用和其所指称的对象之间建立起了一条因果链。

03.073　指称的不确定性　indeterminacy of reference
W. V. 蒯因（W. V. Quine）提出。任何给定的句子都可以转换成其他句子，其中句子的部分在指称上可以发生变化，但是仍然保持整个句子的意思。

03.074　单称陈述　singular statement
对单个相关对象的特征描述。

03.075　全称命题　universal proposition
对全部相关对象的特征描述。

03.076　科学推理　scientific reasoning
科学家在科学实践中通过概括与抽象得出规律。

03.077　类比推理　analogical reasoning
基于比较 A 与 B 两事物之间的共同点，推论出 B 也应具有 A 具有的某种属性。

03.078　最佳说明推理　inference to the best explanation
G. 哈特曼（G. Hartman）提出。如果一个假说能够最好地说明事实，那么该假说为真。

03.079　反事实条件句　counterfactual conditionals
前项与实际情况不符的条件句。

03.080　逻辑原子论　logical atomism
由罗素、维特根斯坦提出的哲学体系。认为世界由大量原子事实以及其关系组成；复杂命题可由原子命题和逻辑连词组成。

03.01.03　归　　纳

03.081　归纳　induction
从经验观察的特例中推论出普遍的定律或原理。

03.082　归纳逻辑　inductive logic
以具体事实和经验支持为前提，扩展演绎逻辑方法得出更少必然性结论的逻辑系统。通常研究前提对结论的支持程度，用概率来表示。

03.083　归纳问题　inductive problem
又称“休谟问题”。质疑能否保证以有限的个别事例为前提得到普遍为真的必然结论。

03.084　归纳概率　inductive probability
一种从已有事件概率推出未来事件概率的概率。通常其大小会随着获取的证据的增多而改变。

03.085　归纳辩护　inductive justification
为归纳推理的合理性和有效性提供的辩护。

03.086　求同差异法　joint method of agreement and difference
在多种情况下，只有一个特定前提条件保持相同，这时会伴随发生共同现象，且在该特定条件缺失的情况下共同现象也会消失，则该特定条件就是共同现象的原因或部分原因。

03.087　归纳主义　inductivism
认为科学知识是由从积累的事实中归纳得出的定律和原理组成的，这些定律和原理的可信程度随着更多的观测现象而增加。

03.088　罗素悖论　Russell’s paradox
由 B. 罗素（B. Russell）提出。定义集合 R 为所有那些不是自身元素的集合所组成的集合，那么无论 R 是否属于 R，都会导致逻辑矛盾。

03.089　归纳悖论　inductive paradox
归纳逻辑中的悖论的总称。包括乌鸦悖论、绿蓝悖论等。

03.090　乌鸦悖论　raven paradox
又称“渡鸦悖论”。“所有乌鸦都是黑色的”其等价命题是“所有不是黑色的东西都不是乌鸦”，但增加后者确信度的证据并不能同样地为前者提供支持，这意味着两个逻辑等价的命题可能拥有不同的确信程度。

03.091　桥接定律　bridge principles, bridge laws
用来连接理论陈述和观察结果的原理。表明理论陈述的过程是如何与我们熟悉的经验现象相联系的。

03.092　绿蓝悖论　grue paradox
N. 古德曼（N. Goodman）定义了一个新的谓词“绿蓝色”（grue）：在时刻 t 之前 x 被观察到且为绿色或在时刻 t 之前 x 未被观察到且为蓝色。那么对于已有的如“迄今为止观察的翡翠都是绿色的”命题对“所有翡翠都是绿色的”以及“所有翡翠都是绿蓝色的”支持程度是一样的。

03.093　抽彩悖论　lottery paradox
抽彩票游戏中，先设定一个阈值，如果认为任买一号彩票不中奖的概率都大于这一阈值，就合理地接受“这一号彩票不会中奖”，因此“没有彩票会中奖”就是合理的，这就与“有一张彩票会中奖”这个命题相矛盾。

03.094　经典概率观　classical conception of probability
所有可能的事件享有同样的概率。一个具体事件的概率就是分母为所有可能事件的数量、分子为 1 的分数。

03.095　概率的相对频率解释　relative frequency interpretation of probability
认为一个事件的概率是随着时间变化的相对频率，即是在相同条件下在大量时间内多次重复得出的相对频率。

03.096　主观概率解释　subjective probability interpretation

概率是信念程度为多少的度量。

03.097　贝叶斯定理　Bayes theorem

关于条件概率的定理：$P(A/B)=P(A)P(B/A)/P(B)$。

03.098　贝叶斯主义　Bayesianism

将概率看作信念程度，通过贝叶斯定理来研究证据是否提高了科学家对假说的相信程度。

03.099　溯因　abduction

通过已观察到的事实或经验，倒推说明性的原因。现多指最佳说明推理。

03.01.04　说　　明

03.100　说明　explanation

寻找现象或事件的原因或机制。

03.101　说明项　explanans

科学说明中的前提部分。通常包括科学规律与先行条件。

03.102　被说明项　explanandum

科学说明中的结论部分。通常可以由前提推导得出。

03.103　说明能力　explanatory power

理论或假说可以有效说明所涉及主题的多少。

03.104　说明的不相干问题　irrelevance problem of explanation

在 C. G. 亨普尔（C. G. Hempel）说明模型中的说明项部分加入完全无关的信息，这样仍然符合说明模型，但是该信息与真正的说明完全没有关系。

03.105　说明的覆盖律模型　covering law model of explanation

说明项中必须涵盖科学定律，科学定律可以是普遍定律与统计定律，这些定律对于说明是必不可少的。

03.106　说明的演绎-律则模型　deductive-nomological model of explanation

科学说明的一种方式。它的前提包含适当的初始条件加上普遍律则，结论是被说明的事件。

03.107　说明的归纳-统计模型　inductive-statistical model of explanation

科学说明的一种方式。它的前提包括统计定律，被说明项有很高的概率从前提推导得出。

03.108　说明的统计-相关模型　statistical-relevance model of explanation

科学说明的一种方式。认为说明是与被说明项的概率相干的信息集合，而非被说明项相对于说明项的高概率。

03.109　说明的统一模型　unification model of explanation

由 M. 弗里德曼（M. Friedman）和 P. 基切尔（P. Kitcher）提出。认为科学说明是通过科学理论把不同的现象统一起来的。

03.110　因果说明的可操控性观念　manipulability conception of causal explanation

由 J. 伍德沃德（J. Woodward）提出。可以用操控不变性来发现因果关系，作为因果说明的基础，取代传统的科学说明模型。

03.111 说明的机制模型 mechanisms model of explanation
通过描述其各组成部分的相互作用机制，来说明其总体现象的模型。

03.112 结构说明 structural explanation
利用数学模型来说明物理世界中的特征，它显示被说明项如何反事实地依赖于模型的其他数学元素。

03.113 说明的还原论 explanatory reductionism
认为某层次或形式的说明可由另一层次或形式的说明推导得出。

03.114 宏观说明 macro-explanation
基于大尺度因果机制的科学说明。

03.115 微观说明 micro-explanation
基于小尺度因果机制的科学说明。

03.116 概率说明 probabilistic explanation
科学说明的一种方式。它的前提包含适当的初始条件加上统计规律。

03.117 阐明 explication
用逻辑上更清楚的表达来修正自然语言中含混的表达，或者用理论概念来替换日常概念。

03.118 阐明项 explicatum
在阐明活动中用来替换自然语言中含混表达及日常概念的项。

03.119 被阐明项 explicandum
在阐明活动中被替换或有待澄清的项。

03.120 解释 interpretation
又称“诠释”。基于一定规则为概念、符号、对象等赋予意义的过程。

03.121 部分解释 partial interpretation
在对一个理论的解释中，并非理论的每一个基本陈述都有对应的主题。

03.122 语境 context
又称“与境”。构成事件、陈述、观念的背景的情境条件。它们据此才能得到完整的理解与评价。

03.123 辩护 justification
用以证明或维护某个理论或行为的根据。

03.124 辩护的语境 context of justification
分析实验观察如何支持理论假说的情境条件。

03.125 发现的语境 context of discovery
科学家通过观察、实验、分析、推理等方式就某一主题提出假设、形成信念的心理过程。

03.126 科学合理性 scientific rationality
科学符合严格程序（如逻辑方法）或具有实现目标（如带近真理或解决问题）的有效性。

03.127 理性重建 rational reconstruction
一种哲学上的与语言学上的方法。借此将直观知识系统地转换为逻辑形式。

03.128 语义规则 semantic rule
为特定符号或者单词赋予意义的约定俗成的规则。

03.129 理论的句法观 syntactic view of theory
认为科学理论是公理化的命题集合。

03.130 理论的语义观 semantic view of theory

认为科学理论是非语言的模型的集合。

03.131 语义真理 semantic truth

特定形式语言的所有句子都可以根据它们的基本专名与谓词的指称给出明确的真的定义。

03.132 语义分析 semantic analysis

一个关联句法结构的过程，从词组、分句、句子、段落、整篇文章，到独立于语言的意义。

03.133 语用学 pragmatics

研究语境对意义影响的语言学分支学科。其内容不仅包括对话双方的语言结构的知识，还包括对话的情境、说话者的意图等。

03.134 说明的语用说 pragmatics account of explanation

认为语用学的或语境的因素对科学说明起不可排除的核心作用。

03.135 真理的实用论 pragmatic theory of truth

又称“真理的实效论”。包括皮尔士的共识理论和詹姆士、杜威等人的工具主义理论。前者认为一个真命题是所有具有足够相关经验对之做出判断的人都支持的命题；后者认为一个命题为真当且仅当基于那个命题所导致的信念的行为，从长远看能为相信者带来有益效果。

03.01.05 科学哲学的社会–历史转向

03.136 科学哲学的社会–历史转向 socio-historical turn of philosophy of science

以库恩为代表的科学史研究与以强纲领和科学知识社会学为代表的社会科学社会学研究表明，逻辑经验论难以说明科学史和科学实践中的科学知识的产生和运作的真实状态，科学哲学需要关注科学的历史性和社会性因素。

03.137 科学知识增长的累积观 cumulative view of the growth of scientific knowledge

认为科学发展是一项理性的、客观的积累事业，以渐进的方式进步，否认科学革命和不可通约性。

03.138 相对主义 relativism

认为真与假、对与错、推理的标准以及辩护的程序是不同约定和评估框架的产物。它们的权威局限于产生它们的语境。

03.139 绝对主义 absolutism

认为存在一种关于事物的真理和适用规则，从而实现一成不变的绝对真理。

03.140 预设主义 presuppositionism

认为在寻求知识的过程中有某些假定，它们不会被我们可能获得的新知识所修正或摒弃。

03.141 本质主义 essentialism

认为每个实体都有一组对于其同一性和功能来说是充分必要的属性。

03.142 约定论 conventionalism

认为科学定律和理论都是取决于对描述自然的方式的自由选择。

03.143 实用主义 pragmatism

认为思想的功能不是描述、表征或反映实在，而是预测、行动和解决实际问题。

03.144 操作主义 operationalism

主张以操作行为来定义科学概念，概念的意义在于一套与之相应的科学实验操作和经验行为。

03.145 工具主义 instrumentalism

主张科学理论只是解决实际问题的工具，而不是对自然界的有意义的描述。科学理论的真假就在于它对现象预测的有效程度。

03.146 批判理性主义 critical rationalism

认为科学方法就是猜测—反驳方法。科学沿着“问题（P1）—假说（TT）—证伪（EE）—问题（P2）”四段图式不断演进，逐渐向高证伪度和高逼真度接近。

03.147 科学与伪科学的划界 demarcation between science and pseudoscience

区分科学与伪科学的一套标准。逻辑实证主义认为是可证实性，证伪主义认为是可证伪性。

03.148 证伪 falsification

又称“否证”。用经验方法或逻辑方法证明某个理论或命题是错误的。

03.149 可证伪性 falsifiability

又称“可否证性”。一个陈述、假说或者理论在逻辑上可以被证明为错的可能性。K. 波普尔（K. Popper）认为可证伪性是科学理论的本质属性，也是科学与伪科学之间划界的标准。

03.150 素朴证伪主义 naive falsificationism

认为要证伪一个全称科学陈述只需要先证伪一个单称陈述。

03.151 可错论 fallibilism

认为用科学方法所得出的任何结论、信念都可能发生错误而被推翻，因而都处于不断修正的过程中。

03.152 确证 corroboration

由 K. 波普尔（K. Popper）提出。用来表示假说或猜想通过关键检验且未被其他假说或猜想取代。

03.153 超量确证 excessive corroboration

又称“超量验证”。对一个理论超过先前理论的多余经验内容进行确证。

03.154 逼真性 verisimilitude

表示一个陈述或理论接近于真理的程度。

03.155 猜想 conjecture

又称“猜测”。对未知事物及其规律的假设。是通向科学真理的必要环节。

03.156 波普尔的世界 1,2,3 Popper’s world 1,2,3

K. 波普尔（K. Popper）提出的术语。世界 1 是物理世界：指客观世界的一切物质客体及其各种现象。世界 2 是精神世界：指人的一切精神活动，以及感性和理性的认识活动。世界 3 是客观知识世界：指一切见诸客观物质的精神内容，或体现人的意识的人造产品或文化产品。

03.157 精致的证伪主义 sophisticated falsificationism

认为只有当一个理论超过先前理论的多余经验内容得到确证，并能导致新事实的发现时，先前理论才被证伪。

03.158 研究纲领 research programme

I. 拉卡托斯（I. Lakatos）提出的评价科学进步的基本单元。通常包括硬核与保护带。

03.159 硬核 hard core

研究纲领的基础和核心的陈述和命题。通常

是约定的、不容反驳与不可改变的。

03.160 保护带 protective belt
研究纲领的辅助性假说。通过把经验反驳的矛头引向自身，从而尽可能地不让硬核遭到经验事实的反驳。

03.161 辅助假说 auxiliary hypotheses
用以避免科学理论与观察、实验结果之间矛盾的假设。大多可独立检验并能增进科学知识。

03.162 正面启发法 positive heuristic
科学家通过研究纲领发展理论与设计实验，主动解决问题或预测现象。

03.163 反面启发法 negative heuristic
禁止性的方法论规则。告诉科学家要避免什么，以防止把经验反驳的矛头指向硬核。

03.164 理论的韧性 tenacity of theories
理论具有免于被证伪的属性特征：当它面临反常时，可以通过增加或修改辅助假说或特设假说来维护理论的硬核，使理论能够重新解释反常而趋于完善。

03.165 预测 prediction
在某件事情实际发生之前预言它的发生。

03.166 预测力 predictive power
在某件事情实际发生之前预言它的发生的能力。是检验一个科学理论是否有效的主要标准。

03.167 进步的研究纲领 progressive research programme
研究纲领能够不断地预测新的事实并且预测能得到确证。

03.168 退步的研究纲领 degenerating research programme
研究纲领无法做出新的预测或者做出的新预测被证明是假的。

03.169 负载理论的观察 theory-laden observation
观察会受观察者所持有的理论预设或信念影响。

03.170 负载理论的数据 theory-laden data
数据会受观察者所持有的理论预设或信念影响。

03.171 不完全决定 underdetermination
以资可用的证据不足以让我们在相互竞争的理论或假说之间做出选择。

03.172 迪昂-诺伊拉特-蒯因命题 Duhem-Neurath-Quine thesis
由 P. 迪昂（P. Duhem）、O. 诺伊拉特（O. Neurath）、W. V. 蒯因（W. V. Quine）等分别独立提出。认为无法单独地检验一个科学假设的真假，因为经验检验需要多个背景假设。

03.173 证据的污染 evidence contaminated
经验证据受到理论或非理论（如文化、社会、经济、政治）因素的干扰，而减弱甚至丧失其认识论上的权威性。

03.174 证据的不可区分性 evidential indistinguishability
两个或两个以上的相互不兼容的理论受到一组证据给出的同样力度的支持，因而难以在这些理论中区分认识论层面上的优劣。

03.175 历史主义 historism
认为对任何现象的正确理解都应该从该现象的历史发展过程中获得。

03.176 常规科学 normal science
科学家们不质疑范式本身，而是在范式的指

导下通过解谜活动扩大范式的应用范围。在常规科学中存在着明晰的合理性规则，常规科学的研究因其成果的积累而不断进步。

03.177　范式　paradigm
T. S. 库恩（T. S. Kuhn）用来指称非常成功的科学成就。为未来研究预留问题，同时也为科学共同体成员的研究提供规范性指导。

03.178　范例　exemplar
解决问题的具体例子。既包括科学教育中的具体的问题解答，也包括学术研究中的技术性问题解答。

03.179　学科基质　disciplinary matrix
在库恩的理论中，学科基质由六个部分组成：①公式和符号表征；②仪器；③正误标准和实验可重复性；④形而上学预设；⑤问题研究域；⑥范例。

03.180　解谜　puzzle solving
又称“解决疑难”。库恩认为，在常规科学中，科学家们试图拓展相关范式的应用范围的研究活动，类似于拼图游戏的玩家试图解谜的活动。

03.181　反常　anomaly
难以被范式说明的现象。不断积累会引起危机。

03.182　科学革命　scientific revolution
大多数科学家们放弃旧范式而接受新方案时，实现范式转换的过程。在这一过程中，往往社会性因素起主要作用，而非遵守普遍适用的合理性规则。

03.183　不可通约性　incommensurability
范式之间找不到共同的基础来理性比较。

03.184　语义的不可通约性　semantic incommensurability
不存在一种中立语言，使得新、旧两种范式的陈述可以翻译到该语言，从而实现新、旧范式之间的合理性对比。

03.185　不可翻译性　untranslatability
一个范式中的陈述无法意义完整地被翻译为另一范式中的陈述。

03.186　库恩损失　Kuhnean loss, Kuhn loss
在库恩的科学革命中，新范式通常会具有比旧范式更强的解谜能力，但也有少部分可能是旧范式能解决但新范式解决不了的。

03.187　发现的心理学　psychology of discovery
科学发现不遵从普遍适用的合理性规则，因而不是逻辑学而只能是心理学的研究对象。

03.188　方法论无政府主义　methodological anarchism
由 P. 费耶阿本德（P. Feyerabend）提出。坚持科学方法的多元性和多样性，反对寻找某些普遍适用的方法论原则来刻画科学合理性。

03.189　信息域　domain of information
由 D. 夏佩尔（D. Shapere）提出。指科学中一系列信息逐渐集合成的领域，具有如下特征：①集合依赖各信息间的内在联系；②信息域蕴含着人们关心的问题；③这些问题是重要的；④科学技术有解决该问题的能力。

03.190　研究传统　research tradition
由 L. 劳丹（L. Laudan）提出。指一系列总的假说，即关于某个研究领域的研究实体和过程，以及这一领域中如何研究问题和构造理论的基本假设。

03.191　实验哲学　philosophy of experiment
对科学实验的本体论、方法论和知识论层面上的研究。

03.192　语境主义　contextualism
认为科学哲学中的传统本体论、方法论和

知识论问题，如认识论和方法论规范、意义标准等，都应该放置在具体实践的物质、技术、社会、文化、政治、经济等情境因素中去理解。

03.193　自然类　natural kind
对状态、事物、事态的一种分类。在该分类中的所有成员所共有的性质可以独立于分类者的个人或社会偏好。

03.194　自然本体论态度　natural ontological attitude
由 A. 法因（A. Fine）提出。认为科学无须依赖实在论和非实在论所给出的形而上学和认识论基础，尽量追随科学家的立场，无须给出额外的哲学解释。

03.195　自然主义谬误　naturalistic fallacy
试图从纯描述性的资源中获得规范性结果的尝试，犯了范畴性的错误。

03.196　视角主义　perspectivism
认为可以从不同的视角看待事物，每种视角都有自身存在的理由，因而相互独立，各自揭示了事物的不同特征。

03.01.06　后现代主义科学哲学

03.197　后现代主义科学哲学　postmodernism philosophy of science
力图消解传统科学哲学中作为现代性特征的基础主义、理性主义、科学主义，从后现代主义的视角重新审视科学活动本身以及科学与社会文化之间的关系。

03.198　话语　discourse
人们表达出来的一个语言序列。其表达形式包括交谈、对话、叙述和论证等。

03.199　科学中的话语　discourse in science
在科学共同体之中或之间的互动过程中呈现出来的语言序列。不可避免地具有社会性。后现代主义科学元勘的一些研究方向关注科学中的不同话语形式，如科学修辞、科学文本、科学争论等。

03.200　元话语　meta-discourse
对话语的元层次上的研究与反思。与基础话语（primary discourse）相对。讨论话语的组织与功能以及话语发出者与接受者的各种特征。

03.201　叙事　narrative
对事件发生和发展过程的描述。

03.202　作者-文本-读者关系　author-text-reader relation
作者创造文本的语境以及读者解释文本的多重可能性，使得文本的意义无法由个人经验决定，而具有公共性。

03.203　女性主义科学观　feminist perspective of science
又称“性别科学观”。批判科学不是客观的和价值中立的，而具有性别偏向甚至偏见。因而提倡自然主义和多元主义的科学观，重视科学中的性别社会、文化和政治因素。

03.204　社会进化　social evolution
将变异、遗传、自然选择、适应性等生物进化概念引入社会学领域，以说明社会的发展与变化。

03.205　社会协商　social negotiation
共同体内部或共同体之间通过协商达成共识，以解决分歧与冲突的过程。

03.206　科学伦理学　ethics of science
研究科学与伦理道德的相互关系、相互作用的规律，为科研工作提供道德审查。

03.207　科学的评价　valuation of science
依据某些规范性标准，对科学活动及其结果进行的评价。

03.208　另类科学哲学　alternative philosophy of science
解构正统科学哲学的思潮。其代表人物包括费耶阿本德、罗蒂、福柯等。

03.01.07　认　识　论

03.209　认识论　epistemology
又称"知识论"。研究知识的本质、知识的辩护以及信念的合理性的哲学分支。

03.210　偶适概括　accidental regularities, uniformities, generalizations
偶然为真的全称陈述，其为真没有律则必然性。与"自然律"相对。

03.211　贝叶斯验证理论　Bayesian confirmation theory
利用贝叶斯定律比较在获得证据之后的后验概率与先验概率。如果后验概率 $Pi(H/E)$ 大于先验概率 $Pi(H)$，那么证据 E 验证假说 H，如果小于，那么证据 E 反证假说 H。

03.212　因果过程/虚假过程　causal processes vs. pseudo-processes
真正的因果过程可以传递信号，不超过光速；虚假过程不传递信号。

03.213　因果关系　causal relation, causation
事件A发生会导致事件B的发生，二者之间有律则必然性。因果关系具有相关性，但反之不然。

03.214　其他情况均同定律　ceteris paribus law
如果所有情况相同，或者没有干扰因素，那么定律成立。通常见于特殊科学。

03.215　共因原理　common cause principle
由H. 赖兴巴赫（H. Reichenbach）提出。当 $Pr(A\&B)>Pr(A)\times Pr(B)$，事件 A 与 B 存在之前的共因 C，当且仅当 $Pr(A/C)>Pr(A/{\sim}C)$，$Pr(B/C)>Pr(B/{\sim}C)$，$Pr(A\&B/C)=Pr(A/C)\times Pr(B/C)$，$Pr(A\&B/{\sim}C)=Pr(A/{\sim}C)\times Pr(B/{\sim}C)$。

03.216　常识实在论　common-sense realism
由T. 里德（T. Reid）等提出。人类天生就有感知常识的能力，这一过程是固有的，与判断相互依存，因此常识可以作为哲学研究的基础。

03.217　一致性　consistency
在逻辑上没有矛盾。

03.218　渐近实在论　convergent realism
科学不断逼近真理，这往往体现在旧科学理论能够由新科学理论推导得出，科学指称也具有连续性。

03.219　对应规则　correspondence rule
包含理论术语和观察术语的语句。通过这些规则，可以在经验上间接地、部分地解释一个理论术语。

03.220　科学的不统一性　disunity of science
由斯坦福学派提出。各门科学有其自主性与

特殊性，反对本体论与方法论上的普遍主义与单一性。

03.221 大弃赌论证 Dutch book arguments
用来支持贝叶斯主义的主要论证。如果我们的主观置信度不遵守概率论，那么可以设计出赌局，让我们在所有可能情况下都输钱。

03.222 理论的经验意义 empirical significance of theory
理论可以推导出可观察命题，在经验上有可检验性。

03.223 经验等价的理论 empirically equivalent theory
两个理论可以推导出的可观察命题完全重合。

03.224 理想化 idealization
在科学研究中，往往忽略较难处理的变量，从而使得理论或模型可以更加简单地说明现象。

03.225 无偏性 impartiality
D. 布鲁尔（D. Bloor）提出的科学知识社会学（SSK）强纲领的四原则之一。认为对科学中的对或错、理性或非理性、成功或失败，都应毫无偏差地对待。

03.226 无差别原则 principle of indifference
如果 n 个可能性是不可区分的，那么每一个可能性都被赋值为 $1/n$。

03.227 律则必然性 nomological necessity
其发生的必然性有科学定律的支撑，否则就可能违反科学定律。

03.228 范式转换 paradigm shift
由库恩提出。指科学领域中基本概念或实验实践的根本变化。

03.229 悲观的历史元归纳 pessimistic historical meta-induction
从科学史上看，很多科学概念被放弃，大量科学理论被推翻，因此对现有科学理论也有所怀疑。常用来支持反实在论。

03.230 概率的倾向解释 propensity interpretation of probability
概率被认为是在给定的物理情境中产生某种结果的物理倾向。

03.231 规则性 regularity
在合适条件下系统行为表现出重复的模式。

03.232 可修正性 revisability
随着新证据或新数据的发现，理论有被修改的可能性。

03.233 主观概率 subjective probability
又称“个人概率（personal probability）”。把概率解释为主观置信度。

03.234 似真性 truthlikeness
理论接近于真理的程度。

03.235 科学的统一性 unity of science
维也纳学派在 20 世纪 20 年代提出“统一科学运动”，主张所有科学语言都可以统一为物理学语言。现在对统一性的理解有多个版本。

03.236 不可观察对象 unobservables
人类无法通过感官直接感知的对象。如电子、夸克等。

03.237 特殊科学 special science
只适用于特定时空的学科领域。如生物学、心理学等。与基础科学（fundamental science）相对。

03.02 分支科学哲学

03.238 分支科学哲学 philosophy of specific science
进入各门科学分支内部，对其特有的哲学问题进行分门别类研究的科学哲学。如数学哲学、物理学哲学等。

03.02.01 数学哲学

03.239 数学哲学 philosophy of mathematics
当代哲学的一个重要分支。研究与数学相关的本体论、认识论、语义学、逻辑与方法论等哲学问题，旨在揭示数学的本质、数学知识的来源及其在整个知识领域中的定位与应用。

03.240 数学基础 foundation of mathematics
研究数学是不是一门可靠的科学以及它为什么是可靠的学科。活跃于这一领域的大多数是数理逻辑学家。数学基础与数学哲学的界限有时是模糊的，它可以看作用严格数学的手段处理关于数学的哲学问题的努力。

03.241 元数学 metamathematics
以数学的方式研究数学自身的一门学科。它源自于希尔伯特计划，为了证明数学自身是无矛盾的，而将数学理论作为数学研究的对象，讨论它的一致性、完全性、可判定性等性质。当前的元数学研究通常是数理逻辑领域的一部分。

03.242 直觉主义 intuitionism, intuitionalism
以布劳威尔为代表的一种数学哲学立场。认为数学是心灵的构造，一个数学命题的真等同于构造出关于它的证明。在直觉主义数学中，排中律不是普遍有效的，所有实数上的全函数都是连续的。

03.243 形式主义 formalism
源于希尔伯特提议将数学对象看作没有任何指称的纯符号。形式主义把数学推理看作严格按照规则进行的符号转换。在当代数学基础研究中，形式主义者倾向于认为那些独立于公理集合论系统的数学命题是无意义的。

03.244 数学柏拉图主义 Platonism in mathematics
认为数学对象的存在和数学命题的真假不能还原为物理世界、人类心灵和数学家的活动，每个数学命题，包括独立于公理集合论系统的那些命题，都有确定的真值。数学柏拉图主义最重要的代表人物是哥德尔。

03.245 数学实在论 realism in mathematics
关于数学的一种本体论立场。认为数、集合等数学对象是独立存在的，数学是关于它们的客观真理。

03.246 数学经验论 empiricism in mathematics
关于数学的一种认识论立场。认为数学知识的证成最终依赖于经验，代表人物有密尔、蒯因等。

03.247 数学拟经验论 quasi-empiricism in mathematics
英国哲学家拉卡托斯提出的一种哲学立场。

认为数学既非纯粹的先天之物，也非纯粹的经验产物，而是具有拟经验性的知识，它既有待于后天的经验验证，又在一定程度上取决于其自身形式系统的一致性。

03.248　数学悖论　mathematical paradox

指一个自相矛盾的数学命题 A，即在某个特定的理论背景下，可以证明 A 等价于 A 的否定。著名的悖论的例子是罗素悖论。另外，有些被称为悖论的数学命题，如斯科伦悖论，本质上并不是悖论。

03.249　哥德尔不完全性定理　Goedel's incompleteness theorem

哥德尔第一不完全性定理是说，任何一个包含罗宾逊算术的形式理论 T 如果是一致的，则 T 有一个不可判定的语句，即这个语句和它的否定都不是 T 的定理。哥德尔第二不完全性定理是说，任何一个包含皮亚诺算术的形式理论如果是一致的，则它的一致性不能在该理论中证明。

03.250　希尔伯特纲领　Hilbert programme

数学家希尔伯特为应对数学基础危机提出的计划。其主要内容是将全部数学形式化到一个公理系统中，然后在有穷主义数学中证明这个形式系统的一致性。但是哥德尔不完全性定理宣告了希尔伯特纲领的失败。

03.251　公理化　axiomatization

将数学的某个领域形式化到一个公理系统中的方法。通常选取那些直观上显然的命题为公理，全体公理的集合要求是递归的。其他由这些公理经逻辑手段推出的命题为定理。公理化方法常伴随着一致性、完全性等问题。

03.252　形式系统　formal system

由形式语言和在这个语言上的公理系统组成，后者则包括公理和推理规则。之所以称为形式的，是因为这个语言的符号和语句在未经解释前并没有语义内容，即使它最初是为某个特定的模型设计的。

03.253　数学模型　mathematical model

对自然、社会科学以及工程领域理论的数学描述（建模）。以求在数学概念的抽象层面上简化和逼近复杂的实际情形，从而揭示该理论的结构，分析其各部分的关联，并预测其行为。

03.254　数学实验　mathematical experiment

产生和检验数学猜想、发现和证实数学定理的过程中所使用的猜测、试错、数字搜索和数据分析等实验手段。

03.255　似真推理　plausible inference

关于不确定的信念的推理理论。用信念测度（而非古典逻辑的真与假）来建立科学工作中诸如相反证据所导致的不确定信念的推理模式和形式模型。

03.256　数学归纳法　mathematical induction

通常指施于自然数的归纳证明方法。第一，证明最小的自然数具有某性质（归纳基始）；第二，证明后继运算保持该性质（归纳推步）。由上两步即得：所有的自然数具有该性质。

03.257　数学猜想　mathematical conjecture

基于部分证据而提出，但尚未被证明也未被证伪的数学命题。如黎曼猜想、哥德巴赫猜想等。

03.258　本体论承诺　ontological commitment

蒯因提出的一个哲学概念。一个理论的本体论承诺就是该理论所指称和量化的对象的总体。用蒯因的话说，“存在就是约束变元的值”。

03.259　本体论节俭　ontological parsimony

一个评价与取舍候选理论的原则。如果 T_1 在本体论上比 T_2 更节俭，即做出更少的本体论承诺，则在其他情况一样的条件下，优先选择 T_1。是奥卡姆剃刀原则的强化版本。

03.260　不可或缺性论证　indispensability argument

由蒯因、普特南等人提出的一个数学实在论论证。该论证认为，如果作为关于世界之最佳理论的自然科学无法避免对数学对象的指称，那么就应当接受数学对象的客观实在性。

03.261　从言的/从物的区别　de dicto, de re distinction

在信念、模态等内涵语境中，一个陈述可以有从言与从物两种解读方式。前者对内涵算子作宽辖域的解读，强调句子；后者对内涵算子作窄辖域的解读，强调事物。

03.262　抽象对象　abstract object

不在时空中也没有因果性的对象。如自然数、集合等数学对象，与苹果、桌子等具体对象相对。

03.263　抽象结构　abstract structure

由一组规则、属性和关系以某种逻辑方式定义，不包含对结构中要素的具体规定。

03.264　代入量词　substitutional quantifiers

对量词的一种解释。认为，$F(x)$是真的，当且仅当把 x 换成某个专名 a 能使得 $F(a)$真。一些哲学家比如蒯因认为，诉诸对存在量词的代入解释，存在量词就不会涉及指称、存在以及本体论的问题。

03.265　恶性循环原则　vicious circle principle

罗素、彭加勒等提出的避免一般悖论的原则。通常表述为：任何一个总体都不能包含只有通过这个总体才能定义的成员。形式上，它禁止定义公式中出现其变域包含被定义者的约束变元。

03.266　反推数学　reverse mathematics

数学基础研究的一个重要领域。追问证明一个数学定理所必需的数学公理。这种研究通常是在二阶算术的一个片段中进行，证明某个经典数学中的定理。例如，有限覆盖定理与二阶算术的某个片段等价。

03.267　非直谓定义　impredicative definition

违反恶性循环原则的定义或刻画。常见于古典数学（如有界实数集的“上确界”的定义）和日常表达（如对“这个屋子里个子最高的人”的刻画）。

03.268　概率的解释　interpretations of probability

对概率的本质的哲学解释。包括客观物理解释（如频率解释、倾向性解释）、客观证据解释（如逻辑解释、经典解释），以及主观解释（贝叶斯主义解释）三大类。

03.269　概率公理　axiom of probability

刻画概率函数的条件。一般认为至少包括非负性、正规性（即最大概率为 1），及有穷可加性，但也有人提出不同的概率公理。

03.270　概率哲学　philosophy of probability

研究概率的本质的哲学理论。一般即指概率的解释。

03.271　概念主义　conceptualism

认为数学对象是人心中的概念或观念，是某种心理对象。它肯定数学对象存在（区别于唯名论），但否认这些对象独立于我们而存在（区别于柏拉图主义）。

03.272 构造主义 constructivism

主张数学对象和数学证明的构造性。按照这种观点，证明某种对象存在，意味着给出一种算法，明确地找到（“构造出”）这样一个对象。各种形式的构造主义几乎都使用直觉主义逻辑（见“直觉主义”条目）。

03.273 还原公理 axiom of reducibility

罗素的分支类型论中的一条公理。认为对于任何命题函项，都存在一个直谓的（或最低阶的）命题函项与其形式上等价。这条公理“纯粹为实用的目的”而引入，其内在根据与实际后果备受质疑。

03.274 几何分布 geometric distribution

设随机变量 $X=k$ 表示在一系列成功概率为 p 的伯努利试验中,第 k 次试验是第一次成功，则 X 的分布为几何分布。

03.275 杰弗里条件化 Jeffrey conditionalization

哲学家理查德·杰弗里提出的一个在证据之下更新信念度的公式。与简单贝叶斯条件化相比，它可以处理证据本身为不确定的情形。

03.276 柯尔莫哥洛夫复杂性 Kolmogorov complexity

数学家柯尔莫哥洛夫提出的刻画一个对象的复杂程度的方式。它将一个字符串的复杂度定义为可以生成这个字符串的最短图灵机程序的长度。

03.277 跨界同一性 transworld identity

跨越可能世界的同一性，即相同对象存在于不同的可能世界中。

03.278 类概念 sortal concept

指称一类个体对象的概念。一般认为类概念有等同性标准，即有某种原则可以判定落入该概念的两个对象是否等同。比如“树”“人”“城市”“河”等是类概念，但是“红色的”“大的”这样的概念就不是类概念。

03.279 理想元素 ideal elements

在物理学中指在现实世界中没有的事物。比如“理想气体”“绝对光滑的平面”“不受外力作用的物体”等；在数学哲学中则常指无穷。

03.280 逻辑多元主义 logical pluralism

关于有多少个正确的逻辑的一种哲学立场。认为正确的逻辑不止一个。相对的立场是逻辑一元主义。

03.281 概率的逻辑解释 logical interpretation of probabilities

概率的哲学解释的一种。以哲学家卡尔纳普为最主要的倡导者，它认为概率表达的是证据对结论的支持程度，而逻辑蕴涵正是最高的支持度。

03.282 逻辑一元主义 logical monism

关于有多少个正确的逻辑的一种哲学立场。认为正确的逻辑只有一个。相对的立场是逻辑多元主义。

03.283 逻辑哲学 philosophy of logic

研究逻辑的范围和逻辑的本质的哲学领域。

03.284 逻辑真理 logical truth

通常被界定为在所有解释下都真的句子。有时逻辑真理也局限为某个逻辑系统的内定理。

03.285 模糊性 vagueness

指可能出现边界情形的事物分类，或对事物分类的语言描述。比如“高个子”“成人”等。表达模糊性的逻辑理论包括多值逻辑、超赋值主义、语境主义等。

03.286 模态结构主义 modal structuralism

由赫尔曼提出的一种数学结构主义立场。主张借助二阶模态逻辑重解数学，避免对结构或结构中的位置进行量化。

03.287 模态虚构主义 modal fictionalism

主张通过关于可能世界的虚构故事来理解模态。其最强版本关于模态陈述的真值条件是：P 是可能的，当且仅当 P 在虚构故事 F 的语言中的翻译根据 F 成立；P 是必然的，当且仅当 P 在虚构故事 F 的语言中的翻译总是成立。

03.288 末世悖论 doomsday paradox

一个概率推理悖论。声称仅根据地球上迄今为止曾经出生的人口总数(假定 1990 年初为 600 亿人)，就可以用贝叶斯主义的概率推理得出地球未来将要出生的人口总数 $<N$ 的概率，而且在很大的概率（95%）下 $N<1.2$ 万亿人。

03.289 纽康姆问题 Newcomb's problem

决策论中的难题。有两个纸盒 A 和 B，可以只选 B，也可以 A 和 B 都选。已知 A 中有 1000 元，B 有 100 万或 0 元，由超级智能预测你的选择来决定：如果只选 B，则 B 有 100 万；如果选 A 和 B，则 B 为 0。一种解释是因为超级智能总是预测成功，最好选 B；另一种解释是超级智能已完成预测，最好选 A 和 B。两种解释矛盾。

03.290 潜无穷 potential infinity

与实无穷对立的一种无穷观，认为无穷作为一个过程，永远不可完成。以自然数数列 0，1，2，3……为例，潜无穷的观点认为，这样的递增过程是无穷无尽的，因此无穷不可视为一个整体。

03.291 社会建构论数学哲学 social constructivism in philosophy of mathematics

社会建构论在数学哲学中的体现。认为数学本质上是一种社会建构和文化产物，强调数学家共同体的趣味偏好和其他一些社会文化因素在数学发展中的作用。

03.292 实无穷 actual infinity

认为可把无穷视作一个整体，是已经完成了构造的实体，与潜无穷的立场不同。

03.293 数学的可应用性 applicability of mathematics

数学可以在科学应用中推导出科学真理。一般说来，反实在论的数学哲学的难题在于需要解释数学在科学中的可应用性这个事实。

03.294 数学工具主义 mathematical instrumentalism

认为数学仅仅是一种有用的工具，而不是对某种客观实在的描述。

03.295 数学直觉 mathematical intuition

哲学上“直觉”的用法很多，针对不同的哲学，“直觉”有不同的含义和用法。从数学哲学的历史看，希尔伯特和布劳威尔关于“数学直觉”的思想受到康德哲学中“直觉”的影响。

03.296 数学自然主义 mathematical naturalism

方法论自然主义在数学领域的推广。认为数学具有方法论上的自主性，既不接受数学之外的批判，也不需要数学之外的证成。

03.297 睡美人问题 Sleeping Beauty problem

一个概率论难题。睡美人周日入睡。抛一个正常硬币。如反面朝上，则周一叫醒她，然后让她再入睡，周二再叫醒她。如正面朝上，则周一叫醒她但不再让她入睡。她知道这个实验设计，但每次被叫醒时都不记得此前是否被叫醒过。被叫醒时她应如何估计正面朝上的概率？1/2 与 1/3 似乎都是合理的答案。

03.298　斯科伦悖论　Skolem’s paradox
根据勒文海姆-斯科伦定理，假设公理集合论系统是一致的，则它有可数传递模型 M，自 M 内部观之，有些集合是不可数的，但自 M 外观之，M 中的所有集合都是可数的。这不是真正的悖论，而是说明类似于“可数”这样的性质不是绝对的。

03.299　双面真理论　dialethism
一种试图解决说谎者悖论等语义悖论的语义学。在这种语义学的解释下，句子的语义值有三个，真、假、既真又假。

03.300　统计哲学　philosophy of statistics
研究统计学方法的哲学基础的哲学分支。关注的问题包括概率的解释、归纳法的哲学基础、经典统计与贝叶斯统计方法的哲学基础等。

03.301　无类理论　no-class theory
罗素（与怀特海）在其《数学原理》中所采取的处理类或集合的理论。在哲学上，它主张类不是实在的对象；在技术上，它通过语境定义把涉及类的语句归约为关于“命题函项”的高阶语句，从而消除对类的表面指称。

03.302　无穷　infinity
历史上，“无穷”一词有多种模糊的含义，如无限制、无终点、无定形、超越性等。今天，它通常指与自然数的任何前段都没有一一对应的复多。

03.303　无效假设　null hypothesis
在统计学中指一些现象或一些事件之间没有统计相关性。统计推理的目的正是在一定的概率下拒绝或接受无效假设。

03.304　先物结构主义　ante rem structuralism
数学结构主义的一种形式。由夏皮罗与瑞兹尼克等提出。主张数学是研究结构的科学，数学对象是数学结构中的位置，结构先于对象和例示它的系统存在，因而是众中之一的先物抽象。

03.305　消除式结构主义　eliminative structuralism
数学结构主义的一种形式。主张数学的本质是结构，但否认结构的独立存在性，试图消除对结构的本体论预设。

03.306　新弗雷格主义　neo-Fregeanism
一种数学哲学立场。在本体论上坚持实在论，认为数学对象是实在的，在认识论上认为抽象原则解释了如何认识数学对象特别是自然数。

03.307　新逻辑主义　neologicism
新逻辑主义继承早期逻辑主义的基本主张。包括新弗雷格主义、构造性的逻辑主义、模态的新逻辑主义等多种逻辑主义的立场。

03.308　信念度　degree of belief
衡量一个人相信某个命题的程度的度量值。一般假设为 0 与 1 之间的实数，但也有些理论不用数值表示信念度，而是认为信念度之间只有偏序关系。

03.309　休谟原则　Hume’s principle
一种抽象原则，隐含地定义了“数相等”。其形式为：概念 F 的数等于概念 G 的数当且仅当 F 与 G 之间一一对应。

03.310　虚构主义　fictionalism
一种数学反实在论的形式。由菲尔德等人提出。主张数学对象是一种虚构物，数学理论不具有客观真理性。

03.311 严格有穷论 strict finitism

主张自然数是与数数实践相对应的，它认为有些指称自然数的表达式，如在实践中不会被数到，就不属于自然数。这种立场回避了存在能与数数实践相对应的最大自然数。

03.312 因果决策论 causal decision theory

一种决策理论。建议理性的选择是使得行动后果的效益期望极大化的选择。一般认为它能够解决纽康姆问题等证据决策论无法解决的问题。

03.313 有穷主义 finitism

一种数学哲学观点。一般被界定为只承认原始递归算术或可以与原始递归算术相互解释的数学理论是客观的。

03.314 语境原理 context principle

不能探寻孤立语词的含义，语词的意义只能在句子中理解。一般认为源于弗雷格。

03.315 主观/客观贝叶斯主义 subjective/objective Bayesianism

依据对如何确定先验概率的不同看法，贝叶斯主义可分为主观贝叶斯主义和客观贝叶斯主义。前者认为先验概率可以仅仅是主观的观点，后者认为先验概率应受对称性等客观条件约束。

03.316 主观/客观概率 subjective/objective probability

对概率的本质的各种哲学解释可分为两类。主观概率解释认为概率表达主观的信念度，客观概率解释则认为概率表达客观的频率、倾向性，或客观的证据支持度等。

03.02.02 物理学哲学

03.317 物理学哲学 philosophy of physics

科学哲学的分支之一。主要对经典物理、相对论、量子力学、天文学等物理学主要理论中的相关哲学问题和概念性问题如时空观等进行研究，也结合物理学理论讨论定律的本质、科学解释、理论构成及变迁等一般科学哲学问题。

03.318 物理可理解性 physical intelligibility

指物理世界可以通过物理学理论而被理解。经典物理的可理解性强调理论直接描述物理世界的内在本质；但有人（如玻尔）认为量子物理理论只能给出关于量子世界的间接描述，其可理解性强调的是对量子世界的间接描述与对宏观物理世界的直接描述之间的连贯性。

03.319 物理学理论的完备性 completeness of physical theory

对于一个完备的物理学理论，物理实在的每一元素都能在物理学理论中有相应的全面反映。

03.320 物理学危机 crisis in physics

物理学危机的典型案例。在 19 世纪末至 20 世纪初由迈克尔孙-莫雷实验和黑体辐射问题所引发的所谓“物理学晴朗天空中飘荡的两朵乌云”，导致了相对论和量子力学的诞生；亦可推广为当物理学理论遇到难以解释的基本物理现象时会陷入危机，随之而来的可能是引发新的物理学革命。

03.321 宇宙 universe, cosmos

物质世界的总称。战国的尸佼说：“四方上

下曰宇，往古来今曰宙。”宇宙是时间和空间的统一。哲学意义上的宇宙，是对所有的万事万物的总称。科学意义上的宇宙，是指科学理论能够把握的客观实在的世界。

03.322　宇宙学　cosmology

研究宇宙的结构、起源和演化的科学理论。它的主要研究对象为整个可观测时空范围内的大尺度特征和规律。

03.323　宇宙学原理　cosmological principle

假设宇宙中物质是均匀、各向同性分布的，从而宇宙空间的特性也是均匀和各向同性的。这一假说得到了观测宇宙学一定程度的支持。

03.324　天体运动　celestial bodies motion

天体和天体系统处于各种形式的变化过程中。天体运动具有规律性。

03.325　天体演化　evolution of celestial bodies

又称“天体进化论”。天体和天体系统从一种形式向另一种形式转化的质变过程。

03.326　宇宙背景辐射　cosmic background radiation

又称“微波背景辐射”。宇宙空间背景上的一种微波波段的辐射。其偶然发现最终引导人们理解宇宙早期大爆炸的相关现象，是现代宇宙学的重大成就之一。

03.327　大数假说　large number hypothesis

20 世纪 30 年代，狄拉克等人发现一些基本的物理常数可以构成一些无量纲的大数，约为 10^{39}，并猜想这不是巧合，可能反映了未知宇宙的某种内在特征。

03.328　人择原理　principle of human selection

宇宙的物理参数和初始条件必须满足某种特定的物理和化学条件，从而在宇宙演化的某一阶段能够产生出作为观测者存在的人。以人类的存在，来认识宇宙必须满足的基本条件。

03.329　平庸原理　principle of mediocrity

关于人类在宇宙中地位的宇宙学假说。认为我们应该假设人类只是众多可能的观察者中典型的或平庸的一员，除非有证据表明我们在宇宙中的独特性。

03.330　奥伯斯佯谬　Olbers paradox

又称“夜黑佯谬（dark night sky paradox）”。认为如果宇宙是稳恒态、无限的，且有无数均匀分布的发光星体，那么星与星之间不应有黑暗的位置，即晚上应该是光亮的而不是黑暗的。

03.331　静态宇宙模型　static cosmic model

认为宇宙在空间上是静态的而非膨胀的或收缩的宇宙学模型。其中有些主张宇宙在空间和时间上都是无限的（如牛顿力学的模型等），有些主张宇宙在时间上是无限的，在空间上是有限的（如爱因斯坦的模型、德西特的模型等）。

03.332　膨胀宇宙　expanding universe

宇宙在空间上随着时间的推移而膨胀。宇宙学红移现象被视为宇宙膨胀的证据之一。

03.333　大爆炸宇宙论　big bang cosmology

关于宇宙起源的一种学说。认为宇宙是由一个密度极大和温度极高的奇点在约 137 亿年前大爆炸后膨胀而形成的，能够解释元素丰度、宇宙微波背景、宇宙大尺度结构及哈勃定律等众多宇宙学现象。

03.334　奇点　singularity

会使方程或表面等爆掉或退化的点。在奇点处，某些属性会变得无限大。

03.335　宇宙奇点　cosmological singularity
时空曲率无限大的时空点。奇点被认为存在于黑洞中央，大爆炸之前宇宙的存在状态也被认为是奇点。

03.336　霍金效应　Hawking effect
关于黑洞自发热辐射的预测。指黑洞事件视界附近的量子真空涨落所产生的粒子对中，一方被吸入黑洞，另一方逃离黑洞到无限远，外界看上去就像黑洞在发射粒子一样。该辐射会导致黑洞质量的减少。

03.337　宇宙监督假设　cosmic censorship hypothesis
关于宇宙奇点的假设。分为弱宇宙监督假设和强宇宙监督假设。前者主张奇点总是被黑洞事件视界所包围，除了大爆炸奇点外，不存在“裸奇点”，任何观察到奇点的观察者必定落入黑洞。后者主张奇点对于黑洞事件视界之内和之外的观察者均不可观测。

03.338　物质观　view of matter
关于物质的构成、结构、运动形式及其相互作用规律的总体性观点。大致经历了以自然哲学、经典物理和当代物理学为背景的三个阶段。

03.339　物质结构　structure of matter
人类对物质结构的认识主要经历了原子、原子核和核外电子、质子和中子、基本粒子不断深化的四个阶段。按照粒子物理标准模型，电子属于轻子，质子和中子分别由三个夸克构成。

03.340　基本粒子　elementary particle
没有可观察内部结构的粒子，也就是说它们不是由其他粒子组成的。包括基本费米子（夸克、反夸克、轻子、反轻子）和基本玻色子（规范玻色子和希格斯玻色子）。

03.341　希格斯机制　Higgs mechanism
又称“布劳特-恩格勒特-希格斯机制（Brout-Englert-Higgs mechanism）”。在粒子物理学标准模型中，用于解释规范玻色子“质量”属性通过自发对称性破缺产生的机制。费米子也通过跟希格斯场作用获得质量。

03.342　超弦　superstring
超弦理论建立在弦理论与超对称性之上。最基本的物理实体是使玻色子与费米子相统一的广延的弦状粒子即超弦，以此取代点粒子模型，不仅与量子理论和相对论相一致，还可能统一所有基本粒子和基本相互作用。

03.343　M理论　M-theory
可能统一十维时空中的5个超弦理论版本的一个理论猜想。受到超对称引力理论的最高维度达十一维的启发，该理论猜想其自身的维度为十一维。该理论的提出被称为第二次超弦革命。

03.344　各向异性　anisotropy
如果某一介质（如晶体）的内部结构具有特定的秩序，其导电性、热传导性等物理性质及相应的测量值随方向的不同而变化的特性。

03.345　守恒律　conservation law
又称“守恒定律”。物理系统的某些属性或可观察量在一系列变化下保持不变的规律。如质量守恒定律、动量守恒定律、电荷守恒定律、能量守恒与转化定律等。

03.346　诺特定理　Noether's theorem
数学家E. 诺特（E. Noether）于1915年指出，对于任意具有连续对称性的拉格朗日量，相应地存在一个守恒律。它表明，对于物理系统所呈现的每一种对称性或操作不变性，都存在一个与之相对应的守恒的可观测量。

03.347　能量守恒与转化定律　energy conservation and transformation law

在物理系统中，能量既不会凭空产生，也不会凭空消失，它只能从一种形式转化为其他形式，或者从一个物体转移到别的物体，而能的总量保持不变。物理系统的能量是与时间平移不变性相对应的守恒量。

03.348　质能转化　transformation of mass-energy

根据爱因斯坦狭义相对论，物质的质量和能量可以互相转化，两者之间的关系为：物质的总能量 $E=mc^2$（m 为物质的质量，c 为真空中的光速）。质能转化和质能关系为核能的利用提供了理论基础。

03.349　统一场论　unified field theory

源于爱因斯坦试图继统一时空和引力之后整合广义相对论和电磁场的努力，其基本思想是以单一的场对所有种类的基本相互作用和基本粒子做出统一的解释，迄今为止尚无人提出自洽的统一场论。

03.350　四种相互作用的统一　unification of four interactions

在电弱理论、量子色动力学以及包括希格斯子在内的探测的基础上，基于粒子物理标准模型的电弱统一与强、弱、电大统一取得了一定的进展，但以超对称性统一四种相互作用的超弦理论等万有理论的构建则任重道远。

03.351　标准模型　standard model, SM

目前关于基本微观相互作用具有一致性、有穷性和可计算性的粒子物理学理论。包括量子色动力学和弱电统一理论两种非阿贝尔规范理论，除了能够描述强相互作用、电磁相互作用和弱相互作用外，按其分类的 61 种基本粒子都已经被观察到了。

03.352　度规　metric

在 n 维空间中，无限靠近的两点间距离的平方表示为 $ds^2=g_{\mu\nu}d\mu d\nu$，其中微元 ds 表达式的系数 $g_{\mu\nu}$ 就是度规。在时空理论中度规决定时空曲率及相关物理性质。

03.353　规范理论　gauge theory

一种拉格朗日量在局域变换的连续群作用下保持不变的场论。即以规范不变性原理为核心的基本相互作用理论。1954 年杨振宁和 R. 米尔斯（R. Mills）把规范不变性原理应用到强相互作用。

03.354　以太说　theory of ether

历史上存在过的一种电磁学理论假说。认为电磁波传播需要以太作为媒介，并且可以把以太视为绝对静止参照系。通常认为此假说已被迈克尔孙-莫雷实验所证伪。

03.355　双生子佯谬　twin paradox

狭义相对论中的思想实验。实验中，双生子中的一人乘坐飞船以接近光速驶向遥远星系然后返回地球。佯谬在于飞船回到地球时为何是双生子中的旅行者更年轻而非留在地球上的人更年轻。佯谬是不当运用相对论效应的结果。

03.356　等效原理　equivalent principle

广义相对论基本原理之一。分为分别表述惯性质量与引力质量及引力效果与加速运动等效关系的弱等效原理和强等效原理。

03.357　相对性原理　principle of relativity

相对论基本原理之一。分为分别要求物理学定律在所有惯性参照系和所有参照系中均相同的狭义相对性原理和广义相对性原理。

03.358　广义协变性　general covariance

广义相对论的基本理论特征。要求物理学定律的数学形式在任意坐标系变换下均保持不变。

03.359 四维时空 four-dimensional spacetime
由三维的空间加上一维的时间所构成的时空连续统。具有闵可夫斯基结构。

03.360 多维空间 multidimensional space
维度大于 3 的空间的统称。描述空间所需要的矢基数或数组元数与空间维度数相同。

03.361 时空流形 spacetime manifold
由所有可能的和实际的时空点所构成的四维可微分流形。

03.362 引力几何化 geometricalization of gravity
将物理的引力视为时空的几何结构的表现。

03.363 时间之矢 arrow of time
宏观尺度上时间的单向性或非对称性，与物理系统的熵的变化相关联。

03.364 量子力学的哲学诠释 philosophical interpretation of quantum mechanics
关于量子力学的形式体系所描述的微观世界究竟是或应该是什么样的以及这种描述是否完备与客观的各种理解。主要包括哥本哈根解释、系综解释、隐变量解释、多世界解释以及模态解释等。

03.365 哥本哈根学派 Copenhagen School
20 世纪 20 年代中期在玻尔领导的哥本哈根大学理论物理研究所（后来更名为尼尔斯·玻尔研究所）以解释量子力学为特色而形成的学术群体。他们的解释以互补原理等为核心，被誉为量子力学的“正统解释”。

03.366 量子力学的实在论诠释 realist interpretation of quantum mechanics
试图为量子测量过程提供一种决定论的因果性理解的各条进路。主要包括非定域的实在论进路（如玻姆的隐变量解释）、定域的实在论进路（如多世界解释）以及量子-逻辑的实在论进路等。

03.367 量子化 quantization
将经典理解转变为量子理解的过程。一次量子化是关于物理对象的量子力学处理，即引入波函数和薛定谔方程；二次量子化推广到场，开始于 1927 年狄拉克等人。存在正则量子化、形变量子化、几何量子化等多种量子化方法。

03.368 波粒二象性 wave-particle duality
微观粒子在一定条件下具有粒子性，而在另一些条件下具有波动性。微观粒子的波粒二象性也构成波粒佯谬。

03.369 波包并缩 wave packet reduction
又称“波函数坍缩（wave function collapse）”。当波函数为不同本征态的叠加态时，测量等相互作用使其坍缩（或约化）到其中一个本征态的过程。刻画了测量过程中的随机、非连续演化，与描述连续演化的薛定谔方程共同构成了量子系统两种演化方式。

03.370 量子纠缠 quantum entanglement
量子复合系统（具有两个或以上子系统）所特有的量子关联现象。子系统之间存在着一种超空间的远距离量子关联。处于纠缠态的两个力学量，如果一个力学量被确定，那么，另一力学量立即被确定。

03.371 纠缠态 entangled state
一般来说，设想由 A 和 B 构成的复合系统，若其量子态不能表示为子系统态的直积，则称为纠缠态。

03.372 退相干 decoherence
量子力学中，开放量子系统的量子相干性由于该系统与其环境间的量子纠缠而随时间消失的动力学效应。由量子相干性而产生的干涉现象在之后不复存在。

03.373 玻色-爱因斯坦统计与费米-狄拉克统计 Bose-Einstein statistics and Fermi-Dirac statistics

玻色-爱因斯坦统计是玻色子所依从的统计规律，是等组合统计；费米-狄拉克统计是费米子所依从的统计规律，是等态不可能统计。设想抛两个全同的对称的不可能竖起的硬币 A 和 B，各有正面朝上与朝下两种状态 ↑和↓。按照经典统计，A↑、B↑、A↓和 B↓四种状态是等概率的 1/4；按照玻色-爱因斯坦统计，（↑↑）、（↓↓）和（↑↓+↓↑）三种组合都是等概率的 1/3；按照费米-狄拉克统计，（↑↓）和（↓↑）两种状态都是等概率的 1/2。

03.374 测量问题 measurement problem

量子力学中波函数是否以及如何坍缩的问题。量子测量总是得到确定的结果，而按照薛定谔方程的演化并不总能得到确定的结果，这种冲突引起了关于量子测量本质的不同争论，产生了量子力学的不同解释体系。

03.375 薛定谔的猫 Schroedinger's cat

在一个封闭的容器中关了一只猫，容器里面用盖革计数器一端连着一个盛有剧毒氰化物的封闭玻璃瓶，另一端连着盛有美味食物的瓶子。盖革计数器中有一小块辐射物质，假定一小时内只有一个原子衰变。当有一个原子衰变，就会通过盖革计数器触发小锤，或者使含剧毒的玻璃瓶破裂，必定毒死猫；或者使食物玻璃瓶破裂，猫就是活的。按照经典世界规则，一小时后，猫不是死就是活，二者必居其一。然而按照量子力学，容器整个系统处于死态、活态的叠加态，即猫处在死与活的叠加态上。

03.376 不确定性原理 uncertainty principle

W. K. 海森伯（W. K. Heisenberg）于 1927 年提出。其指出：不可能同时精确确定一个基本粒子的位置和动量。两个不对易的力学量（如坐标与位置）不能同时具有确定的值。也被称为“测不准原理”，但实质上与测量是否准确没有直接关系。

03.377 互补原理 principle of complementarity

在量子理论中存在几种互补关系：①准确的时空描述与严格的因果描述，即观察者的无干扰观察与物理系统的无歧义定义（这两种理想化境界）之间，互补又互斥；②对两类物理概念及其共轭物理量（如位置与动量），在测量前就必须有两类不同的实验装置和实验安排，它们互斥又互补；③两种对立图像（如粒子与波）之间，互斥又互补。互补即两者不能同时兼得，但对于形成原子系统完整观念却又缺一不可。

03.378 泡利不相容原理 Pauli exclusion principle

量子力学基本原理之一。认为一个量子系统中不可能有两个或两个以上的费米子同时处于完全相同的量子态。

03.379 EPR 佯谬 Einstein-Podolsky-Rosen paradox

1935 年，爱因斯坦（Einstein）、波多尔斯基（Podolsky）和罗森（Rosen）共同撰文提出。借助理想实验的逻辑论证方法，可以表明量子力学不能给出对微观系统的完备的描述。

03.380 隐变量 hidden variable

物理学家为理解量子力学额外补充的不可观察的变量或参数。目的是使量子力学能够像经典力学一样对量子测量过程提供因果性说明，而不只是概率性说明。主要以玻姆的隐变量理论为代表。

03.381 局域性 locality

相对论力学成立的前提之一。包括两个假设：一个是分离性假设，意指空间中彼此分开的两个系统是各自独立存在的；另一个是定域作用假设，意指一个系统对另一个远离的系统产生的影响，不能超光速传播。

03.382 非定域性 nonlocality

微观粒子具有的典型特征之一。意指曾经有过相互作用的微观粒子，在分离之后，不管它们相距多远，对一个粒子的任何测量，都会对另一个粒子产生直接影响。这些粒子也被称为纠缠粒子。

03.383 远距离关联 correlation at a distance

量子力学的典型特征之一。意指当由两个和两个以上的微观粒子组成的量子系统处于纠缠态时，彼此之间总是存在着某种相互影响，而这种相互影响与粒子之间的距离无关。

03.384 延迟选择实验 delayed-choice experiment

最初由 J. A. 惠勒（J. A. Wheeler）提出的随后得到实现的一类实验。在双缝实验中，让入射光或电子通过狭缝之后，再确定要测量其粒子性还是波动性，测量结果表明，观察者的测量选择有可能决定实验结果。

03.385 多世界理论 many world theory

假定存在无数个平行世界，并以此来解释微观世界各种奇特现象的量子论诠释。其优点是不必考虑波函数坍缩。

03.386 量子信息 quantum information

在物理学和计算机科学中，处于量子系统的状态中的信息。它不同于经典信息。在哲学上，其是量子系统的状态与关联方式的显示。

03.387 隐序 implicit order

又称“折叠的序”。物理学家 D. J. 玻姆（D. J. Bohm）在 1980 年出版的《整体性与隐序》一书中提出的用来说明亚原子粒子奇特行为的一个概念。是实在涌现的更深层次的基础，意指每个部分都包括对象的某些信息，因此，一切都是相互关联的。

03.388 显序 explicit order

又称“展开的序”。物理学家玻姆在 1980 年出版的《整体性与隐序》一书中提出的用来说明亚原子粒子奇特行为的一个概念。是在所有隐序的总的整体性内所包含的一种具体的突出形式，意指事物展开的分离形式。

03.389 比特承诺问题 bit commitment problem

又称“位承诺问题”。在两个互不信任的通信者之间，能否无条件安全地执行比特承诺协议的问题。比特承诺（bit commitment）最早由 M. 布卢姆（M. Blum）提出，指发送者先向接收者承诺 1 个经典比特的某个值，然后再揭晓该值，同时保证两者无法作弊。

03.390 格利森定理 Gleason’s theorem

量子逻辑的重要定理之一。提供了计算量子概率的标准方法。意指在希尔伯特空间维度大于 2 时，该空间中的任意可数可加性概率测度可由密度算符来计算。当把该定理推广到广义量子测量（POVM）情形时，对希尔伯特空间的维度不再有限制。

03.391 量子隐形传态 quantum teleportation

利用量子纠缠与未知量子信息的物理转换来超空间传递未知量子信息到任意位置的技术。其实质是超空间传递量子信息。

03.392 牛顿运动定律 Newton’s laws of motion

由英国科学家 I. 牛顿（I. Newton）在 1687 年出版的《自然哲学的数学原理》一书中提

出的关于物体受力与其运动关系的理论。包括牛顿第一定律、牛顿第二定律、牛顿第三定律及万有引力定律等经典力学的规律。

03.393　统计规律　statistical law
由大量子系统所组成的复杂系统在宏观上所满足的规律。最初是在热力学系统研究中，将系统的各种宏观性质看作其大量做无规则热运动的微观组成粒子的各个微观量的统计平均值，以此来反映系统的整体性规律。

03.394　无规性　randomness
偶然性的一种形式。是复杂现象在演变过程中所表现出来的不确定性、无规则性和多种可能性等。在某些条件下可表现出一定的统计规律性。

03.395　非决定论　indeterminism
主张一切事物和现象都具有偶然性而没有客观、普遍、必然的因果联系的学说。在物理学中表现为一些复杂现象不满足像牛顿力学那样的严格决定性。如经典热力学统计物理中所表现的那样。

03.396　第一推动　first impulse
牛顿为解释行星的切向速度的来源而引入的概念。认为正是它使行星获得了最初的切向运动速度。

03.397　拉普拉斯妖　Laplace's demon
法国数学家拉普拉斯于 1814 年在当时流行的还原论和决定性思想的基础上提出的一种科学假设。认为如果存在一个精灵，它能够知道推动自然界运转的一切作用力和万物运动状态的初始条件，则世界在其眼中一切都将是确定的。

03.398　麦克斯韦妖　Maxwell's demon
英国物理学家 J. C. 麦克斯韦（J. C. Maxwell）为了说明违反热力学第二定律的可能性而设想的一种智慧精灵。它可识别气体分子的速度，并在容器中间的隔板上设置开关，根据分子速度的快慢让它们分别进入隔板两侧，从而使得原本温度均匀的气体在容器两边形成温度差。

03.399　超距作用　action at a distance
物理学史上关于作用力及传递媒介的一种观点。认为相隔一定距离的两个物体之间存在着直接、瞬时的相互作用，不需要任何媒质传递，也不需要任何传递时间。其典型表现形式为“距离平方反比定律”，如万有引力定律、库仑定律等。

03.400　热的运动说　mechanical theory of heat
认为物体温度的高低可归结为其组成的微观粒子的机械运动的剧烈程度。与热质说相对立，是热力学统计理论的基础。

03.401　热质说　caloric theory of heat
在 18 世纪占统治地位的用于解释燃烧和热现象的一种错误理论。认为热是一种不生不灭、可渗入一切物体的无质量的物质，一个物体是“热”还是“冷”，由它所包含热质的多少来决定，它可以由高温物体流向低温物体。

03.402　永动机　perpetual motion machine
人们所设想的可以持续对外做功的动力机器。分为两类：第一类企图不消耗任何能量就能永远做功，它违反了热力学第一定律；第二类企图从单一热源不断吸取热量并全部转化为有用功，这违反了热力学第二定律。

03.403　近可积系统的 KAM 定理　KAM theorem for nearly integrable system
由苏联学者 A. N. 柯尔莫哥洛夫（A. N. Kolmogorov）1954 年提出，后由 V. I. 阿诺德（V. I. Arnold）和 J. K. 莫泽（J. K. Moser）各自独立完成证明的用以解决不可积系统的复杂行为的理论。它表明在一定条件下，近可积系统的运动图像即拓扑结构与可积系统基本相同，是规则的；可一旦条件遭到破坏，系统的运动稳定性将被破坏而显现出不确定的混沌特征，揭示了决定论和随机论之间没有不可逾越的界线。

03.02.03 生物学哲学

03.404 生物学哲学 philosophy of biology
聚焦于生物学语境的科学哲学分支研究。一方面，针对生物学中的概念问题进行哲学分析；另一方面，诉诸生物学就传统哲学问题进行讨论。

03.405 生命系统 living system
自然系统的最高级形式。能独立与其所处的环境进行物质与能量交换，并在此基础上实现内部的有序性、发展与繁殖的系统。

03.406 阶序 hierarchy
按照分类等级的差异排成阶梯式系统，表明不同阶元之间的包含关系。

03.407 退行进化 regressive evolution
由美国古生物学家 E. D. 科普（E. D. Cope）于 1868 年提出。一种生物产生与某一持续进化方向相反的形态变化。是进化的反义词。

03.408 直生论 orthogenesis
由德国动物学家 J. W. 哈克（J. W. Haacke）创立。是一种反对自然选择学说的进化理论。主张生物进化是有方向的，不论环境条件如何，生物总是沿着既定的方向进化；而决定进化方向的动力，完全来自生物体内部的潜在力量，与自然选择无关。

03.409 泛生论 pangenesis
达尔文晚年所提出的用来说明获得性状能遗传的理论。认为生物体各部分的细胞都带有特定的自身繁殖的粒子，称为“微芽”或“泛子”。这种粒子可由各系统集中于生殖细胞，传递给子代，使它们呈现亲代的特征。环境的改变可使“微芽”或“泛子”的性质发生变化，亲代的获得性状可传给子代。但“微芽”或“泛子”的存在，未得到科学上的证明。

03.410 适者生存 survival of the fittest
达尔文自然选择学说的一个组成部分。认为自然选择使那些较不适应环境的个体淘汰，最能适应环境的个体得以保存和繁荣。

03.411 间断平衡论 punctuated equilibria theory
由美国古生物学家 N. 埃尔德雷奇（N. Eldredge）和 S. J. 古尔德（S. J. Gould）提出。认为新种只能通过线系分支产生，只能以跳跃的方式快速形成；新种一旦形成就处于保守或进化停滞状态，直到下一次物种形成事件发生之前，表型上都不会有明显变化；进化是跳跃与停滞相间，不存在匀速、平滑、渐变的进化。

03.412 生源说 biogenesis
由法国生物学家 L. 巴斯德（L. Pasteur）提出。主张生物体只能来源于先存在的另一个生命的理论。这种理论也指认为生物化学过程只能发生在生物体内。

03.413 先成论 preformation theory
由荷兰生物学家 J. 斯瓦默丹（J. Swammerdam）最先提出。认为个体发生时，其所应形成的形态构造于发生之始就预先存在，待发育时则逐渐展开而形成明显的形态构造。

03.414　后成论　epigenesis theory

又称“渐成论”。认为生物是由简单的形态向复杂的形态发展的理论。特别是冯·贝尔（von·Baer）的比较胚胎学建立后，该概念演变为具有进化意味的发育理论，而非重演理论。

03.415　生机　entelechy

又称“隐德来希”。蕴含于生命体之中从而区别于非生命的一种特殊生命“活力”。它控制和规定着生物的全部生命活动和特性，而不受自然规律的支配。

03.416　目的性　teleonomy

在生物学哲学的语境中，生物性特征或结构或行为在特定生态系统或生命系统中的存在或持存期间，其所体现出的目标导向或功能价值。

03.417　机体论　organicism

又称“活体论”。一种生命论或生物学的方法论。认为生命现象的基础在于部分过程的组织，从而有可能形成生物固有的平衡或发展的变化。

03.418　进化论　evolutionary theory

又称“演化论”。现代生物学语境中通常指达尔文主义的进化论。将有机体特征的稳定遗传与其在环境中的变异和选择适应结合起来。

03.419　达尔文学说　Darwinism

以自然选择的方式对生命及其现象的演替历史以及多样性进行解释的进化理论。

03.420　综合进化论　synthetic theory of evolution

又称“现代达尔文主义”。以自然选择为基础，综合细胞遗传学、群体遗传学、古生物学等学科的成就阐释生物进化的理论。

03.421　社会达尔文主义　social Darwinism

由达尔文的生物进化论演绎而来。认为社会如同生物个体一般，也应被看作以生物进化方式演化的有机体。

03.422　种质学说　germplasm theory

德国生物学家 A. 魏斯曼（A. Weismann）1892 年提出的有关遗传物质的学说。认为多细胞的生物体可截然地区分为种质和体质两部分。种质是亲代传递给后代的遗传物质，存留在生殖细胞的染色体上，种质可以发育为新个体的体质，但有一部分仍保持原来的状态作为后代发育的基础，体质可以通过生长和发育而成为新个体的各个组织和器官，但它不能产生种质。体质受环境影响而获得的变异性状也不能遗传给后代。体质随个体的死亡而消失；只有种质才能世代传递，连续不绝。

03.423　突变论　catastrophe theory

由荷兰生物学家、遗传学家 H. 德弗里斯（H. de Vries）创立。认为物种进化不是通过微小变异逐渐产生新种而发生的，而通过跳跃式变异实现的。

03.424　遗传决定论　cladism-genetic determinism

认为物种的性状是由先天的遗传因素所决定的理论。

03.425　物种不变性　immutability of species

认为生物界的所有物种一经造成，就不再发生任何变化，即使有变化，也只能在该物种的范围内发生变化，是绝对不可能形成新的物种的。

03.426　人造细胞　artificial cell

用高分子半透膜包裹生物活性物质（酶、辅酶或氨基酸等）模拟人体细胞功能的微囊。

03.427　人工选择　artificial selection

针对特定性状进行育种，使这些性状的表现逐渐强化，而人们不需要的性状则可能逐渐消匿的过程。达尔文最早对此进行定义，他以发生在驯养动物的人择过程来阐述进化过程中的自然选择机制。

03.428　生物统计学　biometry

一门探讨如何从不完整的信息中获取科学可靠的结论从而进一步进行生物学实验研究的设计、取样、分析、资料整理与推论的学科。

03.429　双名　binomial name

由瑞典植物分类学大师林奈创立的分类系统。命名方式为属名加种名。

03.430　达尔文革命　Darwinian revolution

以达尔文 1859 年出版的《物种起源》为标志，从此从属于博物学的生物学不再是神学附庸，为生物研究提供了第一个可用于预测和检验的统一理论框架。

03.431　如何可能说明　how-possible explanation

援引事实以显示该事件可以发生，并且没有不能发生的好理由。

03.432　为何必然说明　why-necessary explanation

援引事实以显示该事件不得不发生的说明。

03.433　进化生物学　evolutionary biology

研究生物进化过程和生物群落特征的综合性学科。包括生态学、行为学和分类学等。

03.434　进化伦理学　evolutionary ethics

研究自然选择理论和伦理学之间关系与实践的学科。

03.435　适合度　fitness

在某种环境条件下，某已知基因型的个体将其基因传递到其后代基因库中的相对能力。是衡量个体存活和生殖机会的尺度。

03.436　因果功能解释　causal role account

认为一个物体的功能就是其对所属系统的能力的贡献。关于所属系统及其能力的问题就是对功能进行归因的相关项，是由调查者的兴趣所决定的。

03.437　选择效果解释　selected effect account

将有机体的特性（功能）看作为应对所处环境中的难题，通过自然选择过程而演化出的有用工具。

03.438　互动子　interactor

一类实体能够相互作用从而形成作为整体的内聚体。并通过所处环境表现出复制的差异。

03.439　复制子　replicon

DNA 分子中能独立进行复制的最小功能单位。原核生物和病毒 DNA 只有一个复制子，真核生物则含有多个复制子。

03.440　马尔萨斯人口论　Malthusian theory of population

马尔萨斯（T. R. Malthus）于 1798 年所创立的关于人口增加与食物增加速度相对比的一种人口理论。其主要论点和结论为：生活资料按算术级数增加，而人口是按几何级数增长的，因此生活资料的增加赶不上人口的增长是自然的、永恒的规律，只有通过饥饿、繁重的劳动、限制结婚以及战争等手段来消灭社会“下层”，才能削弱这个规律的作用。

03.441　大跃迁　major transitions

由 J. 梅娜德-史密斯（J. Maynard-Smith）与 E. 绍特马里（E. Szathmary）在 1995 年提出。

诸如生命起源，真核生物、多细胞生物、动物及人类社会的进化等生命历史事件都是进化的重大转变，是一次生命形式的大跃迁。

03.442 趋异原理 principle of divergence
生物进化过程中，本来源于同一始祖的生物，会因为适应不同的生态条件而发生分化，进而产生新的生物类群。

03.443 群体遗传学 population genetics
又称“*种群遗传学*”。研究群体的遗传结构及其变化规律的遗传学分支学科。

03.444 互惠利他 reciprocal altruism
一个有机体给另一个有机体提供了好处，长期而言可以获得报答或补偿。

03.445 遗传漂变 genetic drift
基因频率的偶然改变，被隔离的极少数个体成为未来群体的基础，基因频率在该时刻发生显著变化。

03.446 基因原教旨主义 genic fundamentalism
将基因视为生命的本质属性，而其他一切生命现象不过是该属性所编码信息的展开。

03.447 群体选择 group selection
个体真正利他合作的群体比个体自私自利的群体更有适应优势的自然选择。

03.448 个体选择 individual selection
通过对有利个体差异和变异的保存以及对有害变异的毁灭，从而实现个体的自然选择。

03.449 亲缘选择 kin selection
生物体更乐于帮助与自己有亲缘关系的同类，并且亲缘关系越近，利他程度就越高的自然选择。

03.450 性选择 sexual selection
通过同性个体间的斗争而获得交配繁殖机会的自然选择。

03.451 选择单位 unit of selection
在一定选择层级上自然选择进行操作的对象。

03.452 生存竞争 struggle for existence
同种或异种生物个体相互竞争，来维持个体生存和种族繁衍的自然现象。

03.453 现代综合论 modern synthesis
综合了生物学各学科，特别是种群遗传学的成就，基于渐进化、自然选择和种群思想，同时符合当时已知的遗传学机制，且考虑到环境因素作用的进化理论。

03.454 扩展综合论 extended synthesis
主张引入新的理论特别是进化发育生物学理论及其新概念来对现代综合论进行补充和扩展。

03.455 分类学 taxonomy
研究活着的和已灭绝的动植物分类的学科。

03.456 近因说明 proximate explanation
当某个有待说明的现象出现时，若科学家的注意力是放在一系列环环相扣的因果链上，从而找出时空上先于并邻接且又造成该现象之发生的原因，此时科学家所给出的说明就是近因说明。

03.457 终极说明 ultimate explanation
当生物学家想要说明一个有意义的生物学事件、性状或是过程时，他们会把它看成一种适应，是经过随机变化、自然选择之后而有的适应环境的结果，即便生物学家对进化历史中的许多细节仍然不清楚，但他们把这样的适应现象看成自然选择作用下的历史产物的说明。

03.02.04 地 学 哲 学

03.458 地球科学 earth science

研究地球的学科。是地质学、地理学、海洋学、大气科学及其相关学科的总称。地球科学研究的对象是地球的整体。

03.459 地幔对流理论 theory of mantle convection

英国著名地质学家 A. 霍姆斯（A. Holmes）于 1928 年和 D. 格里格斯（D. Griggs）于 1939 年试图用地幔对流作为大陆漂移的驱动力。20 世纪 60 年代这一观点被地质学家广泛接受，并成为海底扩张、板块移动以及地幔柱形成的重要机制。地幔是由高温的热物质组成的。地幔内部存在密度和温度的差异，导致固态物质也可以发生流动。地幔对流是一个复杂的系统，它既是一种热传导方式，又是一种物质流的运动。

03.460 板块构造学 plate tectonics

关于全球构造形成和演化的学说。该学说认为，地球表层岩石分为若干个“刚性”板块，以板块间的洋中脊转换断层，沟-弧-盆体系、造山带、缝合带等为边界；“刚性”板块浮于上地幔软流层之上，进行大规模水平运动，在板块间发生离散、汇聚和走滑作用，导致大洋的扩张和大陆的裂解和碰撞，造山带闭合，并使板块边界发生地震、火山活动等。一般认为，板块运动的动力来自地幔对流和海底扩张作用。

03.461 水成论 neptunism

认为地球上的一切岩石都是在水中沉积形成的。1771 年法国人 A. G. 维尔纳（A. G. Werner）创立并认为地球初期，地壳全为原始海洋的掩覆，地表现有的岩石都是通过海洋沉淀、结晶形成的。

03.462 火成论 plutonism

英国 J. 赫顿（J. Hutton）1788 年提出。不否认水的沉淀、成岩作用，但是强调火山爆发和岩浆侵入的作用，并认为花岗岩类在地壳岩石中数量最多。

03.463 灾变论 catastrophism

又称“灾变说”。与均变论相对立的一种阐述地质作用和自然规律的学科。由 G. 居维叶（G. Cuvier）于 1821 年提出。认为在地球历史上发生过多次巨大的灾变事件，每经一次灾变，原有生物被毁灭，新的则被创造出来。

03.464 均变论 uniformitarianism

又称“渐变论”。认为现在正在进行着的改变地壳形态的地质作用，也同样以其基本相同的强度作用于地质历史的整个时期，以往的地质条件可以用今天可观察到的现象和作用力来加以解释的学说。经典的概念是：“今天是过去的钥匙。”但是这一学说并不表示变化是匀速的，也不排除局部的突变。

03.465 大陆漂移说 continental drift theory

关于全球构造形成、演化的假说。1912 年由德国学者魏格纳提出。认为地壳的硅铝层可以在硅镁层之上自由运动，运动的动力源自地球自转产生的向赤道的离极力和潮汐摩擦力。全球现有的大陆在古生代时曾经是一个统一的大陆，即泛大陆；中生代时泛大陆开始裂解漂移，逐渐到达现在的位置。

03.466 地质力学 geomechanics

李四光创立的地质学的一门分支学科。是地

质学与力学相结合的边缘科学，是用力学原理研究岩石圈变化和水泉运动过程与方式，进而探讨地壳构造和地壳运动规律及其起因的科学。

03.467　多旋回说　theory of polycycle

又称“多旋回构造说”“多旋回构造运动说”。1945 年由黄汲清提出。一种关于地壳演化规律的学说。一个地槽系从发生、发展到结束，不止经历一个而是若干个构造旋回。每个旋回都可以出现沉积、变质、变形、岩浆活动和成矿作用。每个旋回都使地槽系的一部分转化成褶皱带，最后一个旋回才使地槽全部转化成褶皱系。同时，在地槽形成褶皱系后，地壳仍由剧烈活动产生新的沉积和岩浆活动等。

03.468　地洼说　diwa theory

又称“地洼构造说”。1956 年由陈国达提出。一种大地构造及成矿学理论。初以阐明大陆地壳演化过程中继地槽区-地台区之后形成的第三构造单元这样的简单理论出现，其后形成从洋壳到陆壳包括岩石圈的演化和运动及其规律与力源机制在内的、具有全球性的一个新型综合大地构造及成矿学理论体系。

03.469　波浪[状]镶嵌构造说　wavy mosaic tectonics

一种阐明地壳构造格局及地壳运动规律的假说。1962 年张伯声提出“镶嵌的地壳”观点。认为，地壳内不同级别（大到全球构造，小到显微构造）的构造带或结构面分为多级地壳块体，块体又被夹在其间的构造带或结构面镶嵌起来，不同方向的地壳波浪交织成网。

03.470　断块构造说　fault-block tectonics

一种阐述地球岩石圈块断结构及其运动规律的假说。是中国主要的大地构造学说之一。由张文佑于 20 世纪 50 年代提出。认为岩石圈断裂分割成大小不等、深浅不一、厚度不同和发展历史各异的断块。由此构成岩石圈的多层、多级和多期发展的断块构造格局。

03.471　固定论　fixism

在地壳发展的历史上，地壳构造块体相互之间的相对位置不会发生大的相对位移，否认构造块体或单元之间存在水平方向大幅度相对运动的理论。其实质是“垂直运动主导地球的演化”。

03.472　活动论　mobilism

在地壳历史演变过程中，大陆和大洋、地块或构造单位，乃至相邻的地质体之间的相对位置都发生过巨大位移运动和显著变化的理论。其核心是强调地壳或岩石圈块体的运动以水平运动为主导。

03.473　地球膨胀说　expansion hypothesis of the earth

不同的学者为了解释地壳的拉伸构造现象，如全球裂谷系、盆岭构造乃至大陆漂移而提出的假说。这一假说以地球内部的膨胀为力的来源，以推动大陆构造运动。

03.474　地球冷缩说　contraction hypothesis of the earth

地球最初由灼热气体组成，从外向内逐步冷缩而变成熔融状态，在进一步冷却后，于地球外表形成固体的地壳的假说。地壳以下的熔融物质继续冷却收缩，但地壳为了保持平衡，于是就挤压成褶皱并产生山派，这个过程类似苹果的干缩情况。

03.475　地壳均衡说　theory of isostasy

1870 年，J. H. 普拉特（J. H. Pratt）在喜马拉雅山的印度一侧进行大地测量时，为了解释大的垂线偏差产生的原因而提出的关于地球构造状态的一种假说。认为在地球内部某一深度（补偿深度）存在一个垂向应力相等的面——均衡面，在均衡面上载荷的每一个单位横截面的直立柱体质量相等。

03.476　地球结构　earth structure
地球从内核到地球表层的组成。

03.477　地球系统　earth system
由岩石圈、大气圈、水圈、生物圈和人类社会组成的作为整体的地球。包括了自地核到地球外层空间的广阔范围，是一个复杂的巨系统。

03.478　矿产勘查哲学　philosophy of mineral exploration
矿产勘查是人类变革自然的一项社会实践和能动的认识运动，是一个反复“实践、认识、再实践、再认识”的过程。

03.479　勘查阶梯式发展　exploration ladder development
按照“去粗取精，去伪存真，由此及彼，由表及里”“循序渐进”的原则，将矿产勘查过程分为“普查—详查—勘探”三个阶段，并对这一过程反映出的“对于矿床情况认识运动的表现形式”总结为“阶梯式发展”。这一认识运动的形式也适用于某些其他领域。

03.480　人地关系　man-land relationship
人类与地球表层系统各圈层之间的关系。研究该关系对现今世界面临的人口、资源、环境和发展一系列重大问题具有重大意义。

03.481　人文地理学　human geography
地理科学分支科学之一。将人类与自然地理环境的各种要素相互联系起来进行系统研究的理论学科。该学科以人类为研究的主体。

03.482　地球系统科学　earth system science
地球系统指由大气圈、水圈、陆圈（岩石圈、地幔、地核）和生物圈（包括人类）组成的有机整体。地球系统科学就是研究组成地球系统的这些子系统之间相互联系、相互作用中运转的机制以及地球系统变化的规律和控制这些变化的机理，从而为全球环境变化预测建立科学基础，并为地球系统的科学管理提供依据。地球系统科学研究的空间范围从地心到地球外层空间，时间尺度从几百年到几百万年。

03.483　地质过程　geological process
自然界地质作用的过程。地质作用是重要的长期的相互叠加的，是不可逆的。

03.484　地质事件　geological event
地质历史时期稀有的实际发生的在短暂时间内完成而且影响广大的自然现象。在地层中留下能被识别的显著标志。从时间概念的角度来说是瞬时变革或较短暂的一段过程。可分为宇宙（地外）事件和地内事件，二者又包括各种次一级事件。

03.485　地学方法　geoscience method
地学研究的方法。如将今论古、模拟实验、辩证分析等。

03.486　矿产资源论　theory of mineral resources
对矿产资源的赋存、开发、保障程度的综合研究理论。

03.487　自然灾害　natural disaster
因自然的力量，如风、雨、地震、滑坡等对人类及其生存环境造成的破坏的统称。

03.488　地震科学　earthquake science
研究地震及其相关现象的学科。包括地震地质学、地震构造学、古地震学、考古地震学、地震调查和地震预测等。

03.489　将今论古　present is the key to the past
地质学研究的原则之一。其经典概念是“今

天是过去的钥匙”。因为发生在历史时期的地质作用过程已不复存在，可以用现在进行着的地质作用来加以解释。

03.490　就矿找矿　making ore search nearby
在某个已知矿山的周围，依据已知找矿线索而开始的一种找矿行为。是从“已知”到“未知”，“找”的过程是不断认识不断否定的过程。

03.491　数字地球　digital earth
将有关地球及相关信息按照地理坐标组织整理和展示的地球虚拟系统。包括信息的获取、处理和应用三个组成部分。

03.02.05　认知科学哲学

03.492　认知科学哲学　philosophy of cognitive science
涵盖与认知科学研究有关的所有哲学主题。包括认知学科的相关哲学议题，一般科学哲学议题在认知科学各领域的延伸，认知基本概念，以及认知诸领域的方向等。

03.493　变化视盲　change blindness
虽然有显著的变化发生于观察者的视觉场景中，但却没有被观察者注意到的一种视知觉现象。

03.494　无意视盲　inattentional blindness
又称“非注意视盲”。当观察者的注意力聚焦于视觉场景的某一个局部时，往往会错过出现在视野中的现象。

03.495　常识心理学　commonsense psychology
普通人在日常生活中用于解释、理解和预测他人（有时也包括自身）的心理活动和行为的理论。其基本概念包括信念和欲望等。

03.496　第三人称视角　third-person perspective
又称“第三人称权威(third-person authority)”。用第三人称代词“他”或“她”指明的、具有旁观者特性的视角。基于观察而间接地推测作为对象的他人的体验、情绪、思想和行动等。这种第三人称视角的观察或推论所做的判断具有一定的客观性。

03.497　第一人称视角　first-person perspective
又称“第一人称权威(first-person authority)”。用第一人称代词“我”所指明的、具有一定主观性的视角。直接地、不依赖于推理就能把握到的自身的体验、情绪、思想和行动等。从这一视角对自己当下发生的思想或体验所做的反思判断，相对于从第三人称视角所做的判断，具有优越的权威性。

03.498　动力系统假说　dynamical system hypothesis
主张运用动力系统理论来研究和理解认知现象的假说。认知的本性不是信息加工、表征和计算，而应当采用状态空间、吸引子、确定性混沌等动力学基本概念，以及含有时间因素的微分方程来刻画其内在演变过程及其与环境之间的相互作用。

03.499　读心术　mind-reading
常人所具备的“读懂”他人心理状态与活动的技能。对这种能力的解释主要有两种：人们对这一能力的运用是基于常识心理学的基本理论所做的推理，是为“理论观”；人们在理解和预测他人的心理和行为时，是以自身的心理结构与活动为原型来进行模拟，然后再推己及人，是为“模拟观”。

03.500　多重实现性　multiple realizability
主张一类心理状态（属性或事件）可被多种不同物理状态（属性或事件）所实现，即心灵可被多种不同类型的物理载体所实现的观点。

03.501　发生认识论　genetic epistemology
瑞士心理学家 J. 皮亚杰（J. Piaget）提出的一种研究认识（知识）的结构、发生、发展过程及其心理起源的学说。主张把建构主义与结构主义统一起来，将认识论作为目标和起点，采用发生学的方法，以儿童心智发展为基础，研究人类认识的发生和变化。其主要观点为知识起源于动作（活动），是主客体在交互作用中建构起来的。

03.502　弗洛伊德主义　Freudianism
由奥地利精神病学家 S. 弗洛伊德(S. Freud）创立。主要研究情绪障碍、变态行为、人格异常；探讨潜意识、情绪、动机、人格等更深层次的心理。其主要内容有潜意识理论、人格三结构说（本我、自我和超我）、性本能论、焦虑论、性欲论、梦论等。

03.503　副现象论　epiphenomenalism
主张心理属性随附于物理属性，并认为心理现象是脑的神经物理活动的副产品，对行为不具因果效力的观点。

03.504　概念　concept
以符号或词的形式对事物本质进行的描述。包括内涵和外延，是构成命题性思想的基本要素。

03.505　概念的理论　theory of concept
一种关于概念的内部结构及其学习机制的心理学理论，是一系列信念（或命题）构成的集合，而且这些信念之间具有推论关系。提出者 G. 墨菲(G. Murphy)和 D. 麦丁(D. Medin）主张，每个概念都是所谓的“理论建构”，是由其在理论中的角色来决定的。至于概念具有何种理论角色，则取决于其能够参与的各种理论推论。

03.506　感觉材料　sense-data
由感觉呈现到心灵和意识中的作为心理对象或私有心理实体的感觉质料。

03.507　感觉材料理论　sense-data theory
一种主张在知觉经验中意识到的直接对象是感觉材料而非一般物理对象的知觉理论。

03.508　感受质　qualia
心理状态特别是意识经验所具有的质性的、感受特性或主观性。最常用于描述感知性意识经验中的主观体验部分。

03.509　个人层级解释　personal level of explanation
心理学解释的一种倾向。主张存在个人层级解释和亚人层级解释的区分。个人层级解释是使用常识心理学观念，以个体的人与环境交互作用表现出的欲望、动机、目的与信念、行为之间的关系给出心理过程的解释。

03.510　行为主义　behaviorism
主张应当仅通过对客观可观察与可测量的行为事件的检验与分析，而非通过内省的方式研究心理现象的观点。

03.511　幻觉　hallucination
在没有现实刺激作用于感觉器官时出现的虚幻的知觉体验。可以发生在任何一种感觉形态中。

03.512　计算主义　computationalism
主张认知过程就是特定的计算装置的计算

过程。一种典型的形式是认知科学早期的心智的数字计算理论，认为认知状态是计算心理表征的计算关系；认知状态的改变都是计算心理表征的计算操作；计算的结构和表征都是数字化的。

03.513　技能知识　knowing-how
某个个体或群体知道如何运用默会知识，有效完成某项认知任务的实践技能。这种技能大多是与身体的感知运动系统相关的行动能力，如游泳或驾车的熟练技能，也包括某些道德和审美的能力。

03.514　僵尸论证　zombie argument
D. 查莫斯（D. Chalmers）给出的一种“可设想性论证”的思想实验。如果一种在物理行为层面和人类完全一样，但却没有意识经验或感受性的僵尸的存在是可设想的，那么就可以推论出僵尸的存在是可能的。因此只具有物理属性而不具有心理属性的事物是可能的。由此可以得出，任何实体物理主义无法对心智给出完整的理解。

03.515　觉知　awareness
对感觉经验和本体感受的主观觉察能力或意识状态。或者对直接知晓和觉察事件、对象、思想、情绪或感觉模式的能力或有意识的心理状态。

03.516　解释鸿沟　explanatory gap
J. 莱文（J. Levine）对物理知识无法说明主观意识体验的感受特性的一种反物理主义的知识论描述。无论我们掌握多少物理世界的知识，在概念上我们仍然无法解释某种复杂的大脑状态或计算过程，以及会让人感到某种特定的意识感受特性的原因，如疼痛。

03.517　可供性　affordance
J. J. 吉布森（J. J. Gibson）提出的描述动物根据其生物能力与当下所处环境而发生的行动交互关系。

03.518　可设想性论证　conceivability argument
笛卡儿在《第六沉思》中最早提出这类论证：由某情形是可设想的，推导出它也是可能存在的。D. 查莫斯（D. Chalmers）的僵尸论证是典型的可设想性论证。

03.519　联结主义　connectionism
主张大脑是由神经元联结网络组成的，人的行为可以由大脑的这种联结的层级架构来解释，人类的心智功能是从大脑的联结层级结构中整体实现出来的，而不是通过对内部信念和表征的规则性操纵以及抽象符号的计算实现的。

03.520　命题态度　propositional attitudes
具有表征内容的心理状态，反映了认知主体和某类抽象对象（心理内容）之间的特定关系。如信念、欲望和意图等。连接态度的命题必须是具有真值的对象。

03.521　命题知识　knowing-that
可用命题表达所知内容或对象的知识。

03.522　模拟论　simulation theory
与他心研究的理论相对的一种观点。认为人们并非借助一种自发的心理理论来理解他人的心理状态，而是以自己的心理状态为摹本，通过模拟的方式了解他人的心理状态。

03.523　默会知识　tacit knowledge
又称“意会知识”。由 M. 波兰尼（M. Polanyi）最早引入。指一类难以用命题系统或语言符号系统传递和理解的知识。G. 赖尔（G. Ryle）进一步将其定义为技能知识（knowing-how）。

03.524　内容内在论　content internalism
认为意向状态（信念、欲望、意图等）具有窄内容，而其内容完全取决于个体内部状态的理论。

03.525　内容外在论　content externalism
认为意向状态（信念、欲望、意图等）具有宽内容，而其内容部分地取决于个体所处的物理或社会环境的理论。

03.526　内隐记忆　implicit memory
对先前经验的无意识记忆。

03.527　能动性　agency
主体在意图的指引下采取行动的过程中体现出来的主观意识、意志和对行动的控制能力，以及可对行动负责任的能力。

03.528　嵌入认知　embedded cognition
认知过程依赖于有机体周围外在环境的特征。在认知活动中，有机体嵌入环境并能主动利用身体和环境中的资源简化认知任务，实现大脑、身体和世界更紧密的连接。

03.529　取消主义　eliminativism
丘奇兰德夫妇（P. M. Churchland & P. Churchland）、S. 斯蒂奇（S. Stich）、D. 丹尼特（D. Dennett）等认为，常识心理学的心灵观念是错误的，因为它所预设的某些心理状态（如信念、思想、欲望、感觉、疼痛等）就像前科学时期的燃素和以太一样，不具有科学实在性，必须从科学的心理学中消除。

03.530　取用意识　access consciousness
N. 布洛克（N. Block）从现象意识或意识经验中区别出来的一类意识。这类心理表征可被自由地运用于推理和行为的理性控制中。

03.531　人本主义心理学　humanistic psychology
又称“现象学心理学”。20 世纪 50～60 年代产生于美国的一种心理学思潮和革新运动。主要创建者有 A. 马斯洛（A. Maslow）、C. 罗杰斯（C. Rogers）、R. 梅（R. May）、J. 布根塔尔（J. Bugental）等。主张研究人的本性、潜能、经验、价值、创造力及自我实现，倡导以人为中心的心理疗法。

03.532　人格同一性　personal identity
用于解释某人为何能够成为自己的那些特性。某人会随着时间流逝、空间转移、相貌或性格改变等情况与之前的自己产生一些差异。然而，其具有的一些特性或人格，使得某人在上述物理与心理条件改变的情况下，还能够被认定为同一个人。

03.533　认知地图　cognitive map
认知主体在过去经验的基础上，产生于意识中的对某种现场情境的模拟式表象。一种对局部环境的综合表征，既包括事件的简单顺序，也包括方向、距离，甚至时间关系的信息。

03.534　认知架构　cognitive architecture
心智的构造与组织框架，即心智编码与储存信息的内在结构，及这些结构所执行的相关操作与其运作的约束条件。

03.535　认知科学　cognitive science
研究心灵和智能本质的学科。是哲学、心理学、人工智能、神经科学、语言学和人类学等多学科的交叉研究领域。核心假说是，思维能通过心灵的表征结构以及在这些结构上操作的计算程序来理解。

03.536　认知心理学　cognitive psychology
研究认知的心理学分支。研究范围包括感觉记忆、模式识别、注意、记忆力、学习、智能、心理图示、心理意象、认知地图、概念的认知活动，以及研究组织语言、知识和思想、推理、问题求解、决策制定的计算表征机制和信息处理机制。

03.537 认知主义 cognitivism
一种心智与行为研究的进路。主张以经验手段理解心理功能，认为心智活动与认知过程是用由离散的抽象符号组成的内部符号系统完成的信息处理过程。是功能主义与计算表征主义的结合。

03.538 涉身性 embodiment
又称“具身性”。对认知主体和认知过程属性的一种描述。主张认知主体不是一个纯粹的心智，而是嵌入物理环境的身体中的心智；认知过程是认知主体通过物理的身体与环境进行交互的过程。

03.539 身体图式 body schema
又称“身体意象”。在与环境交互的认知过程中，一系列以自己的身体为意向对象的意向状态。如知觉、心理表征及信念等的复合。

03.540 行动化认知 enactive cognition
主张认知通过行动中的有机体与其身处其中的环境的互动而产生，环境也是通过有机体与世界的互动选择性地构建出来的，有机体不是被动地接收来自环境的输入，而是环境中的行动者，并且通过在环境中的行动形塑了其经验。

03.541 生态心理学 ecological psychology
根据生物体本身的生态量度，考察其知觉能力与外部环境特征如何进行交互的知觉理论。生态心理学强调，研究知觉应该建立在动物与环境的交互行为这个领域之上，而非心理表征的加工与处理。

03.542 视觉双系统假说 two visual-systems hypothesis
认为灵长类动物脑中的视觉系统不是一个单一体，而是包括两个既相互独立又能交互作用的子系统的假说。包括腹侧通道和背侧通道。前者连接视觉皮质和颞下皮质，用于加工客体识别的信息；后者从视觉初皮质通达顶叶，用于加工以自我为中心的空间信息从而直接控制身体行动。

03.543 思维语言假说 language of thought hypothesis
福多（J. Fodor）于 1975 年提出。主张认知过程是由大脑的内部表征的因果序列构成的假说。人先天具有一种思维语言系统，系统内部有可用于表征的基本词汇表，可根据一种普遍的“语法”原则形成词项组合并具有可指涉事物的语义。这种类似于计算机的“机器语言”是人或某些动物在学习母语之前就用于思维的通用语言系统。

03.544 随附性 supervenience
两个属性集合之间的依赖关系。属性 a 的集合随附于属性 b 的集合，意味着在属性 b 方面没有差异的两个对象，在属性 a 方面也没有差异。英国突现论者 L. 摩根（L. Morgan）最早在哲学中使用“随附性”这一术语来描述突现属性与其基础属性之间的关系。

03.545 外显记忆 explicit memory
对先前经验的有意识记忆。

03.546 外显知识 explicit knowledge
可通过媒介被明确表述、记载、传递的知识。

03.547 无意识 unconsciousness
不知不觉、没有意识到的心理活动。包括觉醒状态时阈限下的思想和行为；睡眠、催眠状态时没有意识到的心理现象；病态或特殊精神状态时没有意识到的心理现象。

03.548 物理因果闭合 physical causal closure
万物的运行都遵循物理因果规律，物理事件的序列在因果作用下是闭合的，任一物理事件的因果历程仅包括物理事件及物理属性，任何物理的变化都是由物理的原因引起的。

03.549 析取论 disjunctivism
认为两个经验即使对于主体来说不可分辨，也有可能是两个不同种类的心理状态的理论。如真实知觉与幻觉。析取论者通常采取直接实在论，认为真实知觉是一种以独立于心智的对象为组成部分的关系状态。

03.550 现象意识 phenomenal consciousness
具有特定主观感受的经验主体的一种性质。如果主体在一经验中具有特定主观感受，则该主体对于该经验或其中的对象具有现象意识。

03.551 心理表征 mental representation
认知科学中心智的计算理论的基本概念。认知状态和认知过程在某种类型的信息载体，如大脑结构中的生成、变换和存储，是认知主体用以反映认知对象的认知加工的对象。广义的理解是具有语义属性的心理对象。

03.552 心理学个体主义 psychological individualism
一种认为个体的某些重要心理属性，如心理语义内容，是由其内部状态而非其所处的社会历史文化环境所决定的哲学观点。

03.553 心理学功能主义 psychological functionalism
主张心理状态仅仅是在一个特定物理系统中起因果作用的功能状态。某种特定类型的心理状态不依赖于心灵的内在构造，而是由系统中的输入、输出及内部组成部分的功能作用的方式决定的。

03.554 心理内容 mental content
心理表征（思想、信念、愿望等）所表征或关涉的对象。

03.555 心理意象 mental image
又称“表象”。认知主体对自身先前感觉经验的心理再现。

03.556 心理状态 mental state
感知、回忆、相信、欲求、期望、意图、情绪等人类个体经验的各种心理活动的状态。

03.557 心身同一论 identity theory of mind body
认为任一心理现象都等同于物理现象的心智理论。包括类型同一论和个例同一论两种主张。

03.558 心身问题 mind-body problem
由笛卡儿提出。其经典表述是：如果心和身是完全不同性质的东西，而心对身的作用是显而易见的，那么，一个非物理的对象如何能够作用于物理的对象而不违背现有的物理规律？

03.559 心物二元论 dualism of mind and matter
主张世界有心灵和物质两个独立本原的哲学学说。坚持心灵离开物质而独立存在，与一元论相对立。

03.560 心智 mind
又称“心灵”。与心理及智能活动相关的一切精神现象。如意识、知觉、思想、记忆、注意、意志、情绪、感受等。

03.561　心智的双加工理论　dual process theory of mind
主张认知过程由快的、无意识的、自动的和慢的、有意识的、受控的两组不同类型的加工过程复合而成的理论观点。

03.562　心智模块论　modularity theory of mind
由经典认知科学家福多（J. Fodor）提出。心智活动是由一系列遗传而来的、功能上独立的、专门化的模块加工而成的。在初级的认知活动中，主体接受外界信息并将其转化成某一特定的模块可加工的形式，这一模块对信息进行处理，然后将处理后的信息输出至通用的中央系统进行更高级的认知加工。

03.563　心智哲学　philosophy of mind
对心智的本质、心理事件、心理功能、心理属性、心理内容、意向性和意识的哲学研究。

03.564　信念-欲望论题　belief-desire thesis
一个关于意向的假说。主张对于任一意向行为，都有相应的信念-欲望对，因果地导致该意向行为并使其合理化。

03.565　信息加工理论　information processing theory
将认知看作对来自主体内部状态或外部环境中的信息的接收、编码、储存、提取、使用过程的认知研究范式与理论。

03.566　亚人层级解释　subpersonal level of explanation
以人的神经系统中的神经活动及信号处理过程或大脑的物理结构的功能对心理过程的一种说明。

03.567　延展认知　extended cognition
认知不是仅仅在人的大脑中完成的，认知过程不局限于有机体的脑和体肤，而是延展至外在环境中。A. 克拉克（A. Clark）和D. 查莫斯（D. Chalmers）提出。认知是由人与外在环境及外在物构成的动态耦合系统实现的。

03.568　异常一元论　anomalous monism
由D. 戴维森（D. Davidson）提出。旨在调和三个全然不相容的原理（互为因果作用原理、因果性的规律性原理、精神现象的异常论），断言一切事件都是物理的，即心理事件与物理事件同一，心理事件不可还原为物理事件，但它随附于物理事件，其因果效力由所随附的物理事件行使。

03.569　意识　consciousness
觉知到外部对象或内在自我的一种心理状态。包括知觉、体验、感受、觉醒的能力。

03.570　意识的高阶理论　higher order theories of consciousness
一种关于意识本质的学说。主张心理状态只有经比它高阶的知觉或思维的表征才是有意识的。

03.571　意识的难问题　hard problem of consciousness
D. 查莫斯（D. Chalmers）提出意识的易问题和难问题之分。易问题是可以还原为认知科学中大脑结构或计算功能而加以解决的问题；难问题是不能还原为这类问题的被称作“感受质”的主观经验的特质的问题。

03.572　意图　intention
在做某事之前出现于人的意识中的将要做此事的心理观念与计划，意向确定了行动的目的与类型。

03.573　意向性　intentionality
心灵表征或再现事物、属性或状态的能力，或心理活动关涉事物的指向性。很多心理活动是关涉外部世界的，意向性即是这种指向性或关涉性（aboutness）。F. C. 布伦塔诺（F. C. Brentano）将其定义为心理现象的特征之一，以区别于物理现象。

03.574　意向状态　intentional state
具有意向性的心理状态，即指向世界中的对象的心理状态。如相信、认为、判断、意见、意欲、愿望、恐惧等。

03.575　知觉　perception
处在外部环境的有机体，基于环境对感觉器官的刺激，形成的对环境特征的觉知过程。是有机体对外部环境信息的一种提取。

03.576　知觉恒常性　perceptual constancy
在距离、方位、光照等因素发生变化时，人和动物将事物感知为具有恒常的大小、形状、颜色等属性的现象。是人和动物在变化的知觉情境中对某些环境特征的稳定感知。

03.577　知觉内容　perceptual content
知觉经验将世界表征成的样子。通常用命题来表达。预设了知觉的表征论。

03.578　知识论证　knowledge argument
哲学家 F. 杰克逊（F. Jackson）等人提出的一个反驳物理主义的论证类型。试图指出所有相关的物理事实的知识并不能揭示经验的主观特征。例如，一直生活在黑白房间中的视觉科学家玛丽知道关于视知觉的一切物理知识，但当她走出房间看到外边彩色的世界时，仍然会获得新的事实——关于色彩的主观体验。

03.579　直觉　intuition
一种不经逻辑分析而认识、了解事物的无意识的思维方式。具有快速、冲动的特点。包括认知、情感和行为等成分。

03.580　直接实在论　direct realism
认为知觉主体是直接感知到外部世界中的对象的观点。

03.581　中文屋论证　Chinese room argument
由 J. 瑟尔（J. Searle）提出的反驳计算机也能思考的思想实验。想象一个被锁在房间中完全不懂中文的人，借助一部处理中文符号的英语指南，将屋中的中文符号向外输出，以回复输入屋内的用中文符号提出的问题。瑟尔认为，这种行为就像模拟人理解中文的计算机程序一样，只是机械地依照句法规则输出符号，并不理解中文符号所代表的语义。

03.582　自创生　autopoiesis
由 F. 瓦雷拉（F. Varela）等人提出。能够自我再生和自我维持的系统的内在属性。这样的自治系统能够自组织并且持续性地自我生成。瓦雷拉等人认为，心智是由在自然演化过程中人类有机体自治系统的自创生机制生成的。

03.583　自然化的现象学　naturalized phenomenology
通过经验科学的证据来加以理解甚至是进行适当调适的现象学。同时也对经验科学所做的基本理论假设进行现象学的考察。

03.584　自我觉知　self-awareness
主体对自己的心理状态或身体状态的觉知，并且在这种觉知中将自己与环境和他人区别开来。

03.585　自我意识　self-consciousness
主体对作为对象的自我的意识或觉知。

03.586　自我知识　self-knowledge
关于自己的感觉、思想和信念等心理状态的知识。一般通过主体内省的方式获得，也有部分理论认为通过向外观察思维所表征的世界状态而获知。

03.587　自由意志　free will

人们依照其拥有的条件去决定是否做一件事情的能力。它拥有对人自身的最高管理权限。在伦理学中，自由意志意味着个人在道义上要对自己的行为负责；在科学领域，自由意志意味着身体的动作，包括大脑在内，不全由物理因果所决定。

03.02.06　信息哲学

03.588　信息哲学　philosophy of information

面向信息与通信技术以及社会的信息化与智能化的发展的新兴哲学领域。旨在构建一个解读信息现象的整合性的哲学理论体系，探讨计算、信息、数据和智能等科技发展带来的哲学、伦理及社会问题。

03.589　编码　coding

信息从一种形式或格式转换为另一种形式的过程。即用预先规定的方法将文字、数字或其他对象编成数码，或将信息、数据转换为规定的电脉冲信号。它与解码过程相反。

03.590　本体论中性　ontological neutrality

一个命题或判断不依赖于其本体论预设。

03.591　本体论自然主义　ontological naturalism

认为自然的特性、自然事件和自然个体是唯一存在的特性、事件和个体，即那些可以被自然科学研究的对象才是唯一存在的。

03.592　比特　bit

由英文 bit 音译而来，是信息的度量单位。它用二进制数字中的位来表示，二进制数的一位所包含的信息就是 1 比特，它是信息量的最小单位。

03.593　并行处理　parallel processing

能同时执行多个计算的一种方法。目的是节省解决问题的时间。

03.594　并行分布式处理　parallel distributed processing

一种人工神经网络的方法。强调神经处理的并行性质和神经表征的分布式性质。

03.595　布尔逻辑　Boolean logic

一种用代数刻画逻辑关系的方法。变量为真值，主要操作为析取、合取以及否定。

03.596　布尔网络　Boolean networks

由一组离散的布尔变量组成的网络。每个布尔变量都由一个布尔函数赋值，每个节点布尔函数的输入都是相邻节点的变量值。

03.597　超数字宇宙　hyperdigital universe

认为宇宙是超限递归的，它的类非常大，其空间-时间可以被无限分割，它的物理量、时空、因果律全部由超限递归定义。

03.598　超文本　hypertext

一种非线性的、动态的信息显示和处理方式的文本。包含一系列离散的语义单元（节点），通过网络链接或超链接进行关联，并拥有一个交互的动态界面。

03.599　超限数字物理学　transfinite digital physics

认为宇宙（U）是超限递归的：存在一些递归的定义 R 和一些超限的 N 使得 $R(N)$是 U 的终极。

03.600　超证明　hyperproof
将逻辑从其当前的句式句法，拓展到信息处理的形式化，不仅能处理句式句法，还能处理各种形式的表象和图示的学习系统。

03.601　抽象层次　level of abstraction
在用信息表征世界或建模时，人们会根据探究目的而提取及观测相关的信息并加以研究，在此过程中，聚焦于研究对象的不同部分、不同特征、不同的可观测层面以及不同的可观测变量，而忽视其他方面的信息，构建出自然系统的不同模型。

03.602　串行处理　serial processing
多个任务、进程在处理器上按分配的时间片交替投入运行的过程。

03.603　大数据　big data
无法在一定时间内用常规软件工具进行捕捉、管理和处理的数据集合。是海量、高增长率和多样化的信息资产，在新处理模式中具有更强的决策力、洞察发现力和流程优化能力。

03.604　数字化　digitalization
将许多复杂多样的信息转换为一系列可以度量的数字、数据的过程。一般用二进制代码表示，以便能够被计算设备统一存储与处理。

03.605　戴维森-达米特纲领　Davidson-Dummett program
又称“形式语义学”。通过形式语义理论来解释语言与实在之间的关系，或者解释心灵与语言之间的关系。

03.606　顶层本体论　top-level ontology
又称“上位本体论”“基础本体论”。哲学本体论在信息科学中的一种应用。一种跨越不同论域的顶层抽象概念体系，通过该体系可实现跨论域的语义互操作性。

03.607　非单调逻辑　nonmonotonic logic
一种后承关系具有非单调性的数理逻辑分支。主要用于人工智能研究中的可废止推理，即可基于更多的前提来修正原来结论的推理方式。

03.608　封闭世界假设　closed world assumption
数理逻辑用于知识表示时，假定没有被断言为真的句子是假的，或体现为“失败即否定”原则，即假定未证明为真的句子是假的。

03.609　冯·诺依曼机　von Neumann machine
根据冯·诺依曼提出的原理制成，由存储器、运算器、控制器、输入设备和输出设备组成，采用二进制算法，内部程序顺序执行的计算机。

03.610　符号系统　symbol system
心灵的计算理论中两种主要研究范式中的一种。把心灵看作一种得到解释的自动的形式系统，系统中的离散项包括带有语义和形式性质的符号或表征，且根据规则被自动操作。

03.611　复杂性之梯　ladder of complexity
认为生命演化有一种内在的、永无止境的创造日益复杂的适应性结构的趋势。

03.612　概念化　conceptualization
在信息科学中，对为某些目的而选取的一部分世界而建立的抽象、简化的视图。

03.613　函数式程序设计　functional programming
一种将计算视为数学函数求值并避免可变状态和可变数据的编程范式。从而使对程序行为的理解和预测更为容易。

03.614　后承关系　consequence relation
逻辑的基本概念。它描述了在一个陈述逻辑地推导自另一个或多个陈述，且这个陈述有效时，陈述之间的关系。

03.615　回文问题　palindrome problem
可计算性理论中，列举字母表中全部回文集合的问题。该集合构成的回文语言属于语境无关语言。

03.616　环境信息　environmental information
自身携带有语义的信息。这种语义与信息接受者无关。典型的环境信息的例子包括树干上的年轮。

03.617　知识发现　knowledge discovery
从数据集中识别出有效、新颖、潜在有用并最终可理解的模式的非平凡分析挖掘过程。

03.618　极大性论题　maximality thesis
又称“M 论题（thesis M）”。机器可以生成的所有功能（根据限定的指令程序在限定的输入上工作），这些功能都可以通过图灵机计算。

03.619　计算机仿真　computer simulation
通过建立某一过程或某一系统的模式，来描述该过程或该系统，然后用一系列有目的、有条件的计算机仿真实验来刻画系统的特征，为决策者提供关于这一过程或系统的定量分析结果的定量分析方法。

03.620　建模　modeling
通过建立数学模型，系统而抽象地描述事物间因果关系或相互关系的过程。

03.621　架构　architecture
有关软件整体结构与组件的抽象描述。用于指导大型软件系统各个方面的设计。

03.622　界面　interface
介于用户与硬件而设计的彼此之间交互沟通的相关软件。目的在于使用户能够方便有效率地去操作硬件以达成双向交互，完成所希望借助硬件完成的工作。

03.623　句法处理　syntax processing
自动形式系统中对符号按照事先确定的句法规则进行的变换操作。

03.624　句法引擎　syntax engine
自动符号系统中用于对符号进行变换操作的装置或代码模块。

03.625　聚类　clustering
将物理或抽象对象的集合分成由类似的对象组成的多个类的过程。由聚类所生成的簇是一组数据对象的集合，这些对象与同一个簇中的对象彼此相似，与其他簇中的对象相异。

03.626　决策问题　decision problem
指在可计算理论与计算复杂性理论中，如何从决策空间中做出行动抉择的问题。其关键是能否通过有效的数学方法或算法对某一事物是否属于某一集合做出判定。

03.627　计算的科学哲学　computational philosophy of science
在科学哲学的研究中，将计算机工具和方法应用于科学发现、理论评价和理论理解等领域的思路。其采用的计算方法包括认知建模、工程型人工智能和计算理论。

03.628　科学推理的计算模型　computational modeling of scientific reasoning
用计算机建模方法模拟科学发现中的推理过程尤其是归纳推理过程，是用信息与计算的方法解决科学哲学传统问题的一种尝试。

03.629 可废止推理 defeasible reasoning
当推理是合理地可信的，但却不是演绎地有效的时，此时的推理就是可废止的。一个好的可废止推理其前提的真为其结论提供了支持，即使有可能前提为真而结论为假。

03.630 可计算数 computable number
指可用有限次、会结束的算法计算到任意精确度的实数。可计算数也被称为递归数、递归实数或可计算实数。

03.631 空间复杂性 space complexity
计算所需存储资源空间耗费量的估算。如果一个问题规模大小为 n，求解算法所需辅助存储空间为 n 的某个函数 $S(n)$，则称 $S(n)$为该算法的空间复杂性。

03.632 捆绑问题 binding problem
属性合取的表征问题。广泛存在于各种知识表征中，例如从复杂的感官输入中知觉到统一的整体，或者将物体、背景、情感的属性等组合为单一经验。

03.633 联结主义网络 connectionism network
人工智能联结主义范式下的网络模型。由相互联结的单元（或节点）所组成，单元之间采取并行分布式处理方式共同承担着所有的信息处理工作，以人工神经网络为主要代表。

03.634 量子计算机 quantum computer
一类遵循量子力学规律进行高速数学和逻辑运算、存储及处理量子信息的物理装置。其处理和计算的是量子信息，运行的是量子算法。

03.635 密码学 cryptography
专门用来研究编制密码、破译密码和密码变化客观规律的一门技术学科。

03.636 模拟计算机 analog computer
对电流、电压等连续变化的物理量直接进行运算的计算系统。

03.637 NP 完全问题 NP-complete problem
NP 问题中的一部分。其复杂性与整个类的复杂性相关联——这些问题中任何一个如果存在多项式时间的算法，那么所有 NP 问题都是多项式时间可解的。

03.638 内倾性收敛 introspective closure
形式化模型通常将内倾性和收敛原则视为认知代理（主体）的整体性质。

03.639 启发式认知建模 heuristics cognitive modeling
以计算机为工具，运用启发式方法来模仿人类从事科学发现的心理活动。

03.640 丘奇–图灵论题 Church-Turing thesis
自然数上的一个函数如果是可以根据一个算法进行人工计算的，那么也一定是在图灵机上可计算的。

03.641 缺省逻辑 default logic
一种通过缺省假设对推理进行形式化的非单调逻辑。即当缺乏足够的知识信息时，通过表示和使用缺省的信息进行猜测，是对人类常识推理形式化的重要手段。

03.642 确定性过程 deterministic process
不受随机因素影响的过程。它可理解为随机过程的反义词，也可理解为一类很特殊的随机过程，这类过程的样本函数概率为 1，是确定性函数。这种过程的过去能完全确定它的未来，预报的误差为 0。

03.643 确定性计算机 deterministic computer
与概率计算（probabilistic computer）相对的

传统计算机，遵循确定性的逻辑运算，对于相同的输入总是产生相同的输出。

03.644　人工神经网络　artificial neural network

由大量处理单元互联组成的非线性、自适应信息处理系统。它是在现代神经科学研究成果的基础上提出的，试图通过模拟大脑神经网络处理、记忆信息的方式进行信息处理。

03.645　强人工智能　strong artificial intelligence

一种可以实现任何人类认知能力的智能机器。可以真正推理和解决问题，并被认为具有知觉和自我意识。

03.646　人机交互　human-computer interaction, HCI

人与计算机之间使用某种对话语言，以一定的交互方式，为完成确定任务的信息交换过程。

03.647　认知建模　cognitive modeling

用计算机对认知过程进行建模的活动和方法。目的是理解和预测认知过程。

03.648　认知最佳　epistemic optimality

心灵哲学中一种用来解决信息与内容之间错误表征问题的观点。认为当且仅当一个被表征事物存在一个认知最优条件，且这些条件被满足时，获得的信息就正确地表征了事物的内容。

03.649　冗余　redundancy

信息的必要数学表示与实际物理表示之间的差异。一般是为了系统备用或提升系统性能。

03.650　赛博空间　cyberspace

通过计算机网络进行通信的信息化环境，其根源术语是“控制论”，用于描述与互联网和虚拟现实等数字技术相关事物的存在空间，是一个依靠计算机和网络技术呈现在多媒体中的数字化信息世界。

03.651　事实信息　factual information

与通信相关的语义信息中最重要的一类。可告知接收者有关其他事物的事实，一般为基于一阶谓词逻辑的真陈述。从知觉经验角度可将其形式化为“在条件 K 下，a 属 F（门铃声响）携带信息 b 是 G（按钮被按）”。

03.652　时间复杂性　time complexity

算法运行中消耗时间或操作重复执行次数与问题规模间的函数关系 $T(n)$，若满足 $\lim T(n)/f(n)=C$（C 为非零常数，$n\to\infty$），则 $f(n)$ 与 $T(n)$同数量级，记作 $T(n)=O(f(n))$，称 $O(f(n))$为算法的时间复杂性。

03.653　数据抽象　data abstraction

忽略现实世界的非本质细节，用抽象的数据模型来统一描述、表征实际事物的特性，即把实际事物抽象为数据模型的方法。分类、集聚与概括是三种最常用的数据抽象方法。

03.654　数据挖掘　data mining

通过算法搜索隐藏在海量数据中有价值信息的过程。从大数据中发现所需有用信息或知识的技术手段。研究方法包括统计分析、机器学习、关联规则挖掘、聚类分析等。

03.655　数据隐私　data privacy

隐藏在数据中，但又不愿被他人知晓的个人敏感信息。

03.656　数学的通信理论　mathematical theory of communication

C. 香农（C. Shannon）运用数学方法分析通信过程中信息的理论。对从物理学和哲学角度研究信息产生了深远影响，是信息论的奠基之作。

03.657　数字艺术　digital art

在创作过程当中将计算机、多媒体、虚拟现实等数字技术作为基本工具的艺术作品或艺术实践。发端于 20 世纪 70 年代，先后被冠以计算机艺术、多媒体艺术等，可归为新媒体艺术。

03.658　数字宇宙　digital universe

用数字的方法将宇宙中的各种物质及其活动按天球坐标装入计算机，从而使得宇宙中的各种图像信息和文字信息能在计算机网络中流通。数字宇宙能计算和推演某些宇宙过程，真正实现资源共享。

03.659　算法　algorithm

能够使目标计算机完成特定任务或目标的一系列自控制逻辑指令。

03.660　条件独立性　conditional independence

在概率论中，给定条件事件 A，当 A 发生时，A_1 发生与否与 A_2 发生与否是无关的。称事件 A_1、A_2 对于给定事件 A 为条件独立的。

03.661　调试程序　debugging program

在集成开发环境中判定被编译代码是否有执行错误的程序。

03.662　停机问题　halting problem

一个判定性问题：是否存在一个算法能够计算出其他所有算法在给定输入上会停机？图灵在 1936 年证明解决停机问题的通用算法是不存在的，即在图灵机上停机问题是不可判定问题。

03.663　同态系统　homomorphic system

在数字信号处理的应用中，经常遇到所处理的信号不是线性组合的，而是非线性组合的，处理这类非叠加性组合信号的系统即为同态系统。

03.664　统一信息论　unified theory of information

使信息得到统一理解的理论。分还原论和非还原论两类。前者欲从所有信息模式中提炼出基本概念及动力学，后者面向逻辑上相互依赖但不可相互还原的概念网络。其困难在于，各类信息何以相互关联，有无更基本的信息概念。

03.665　图灵测试　Turing test

图灵于 1950 年提出的一个关于判断机器是否能够思考的著名思想实验。测试某机器是否能表现出与人等价或无法区分的智能，测试的谈话仅限于使用唯一的文本管道。

03.666　“兔子”难题　“gavagai” puzzle

蒯因论述翻译的不确定性时举的例子。在一种语言的使用中，其使用者每当兔子出现时都会发出“兔子”这个词，对这种语言一无所知的人无法判定这个词对应其他语言中的哪个词，可能存在多种对应的翻译。

03.667　完全信息　complete information

在经济学与博弈论中，指参与者在经济和博弈行为中，完全了解并可共享全部市场或博弈规制（包括所有参与者采取的策略）以及其他参与者的收益等知识时所获得的完备而准确的信息。

03.668　误表征　misrepresentation

内容理论中一种被主体错误认知的表征。

03.669　下棋问题　chess problem

预设好棋盘条件，要求解题者提出计算方法的国际象棋问题。多用于编程训练。

03.670　相关分析　correlation analysis

对不同变量的数据之间的相关性的探究。

03.671　心灵的句法理论　syntactic theory of mind

该理论将心灵视为符号加工系统，解释心灵如何解析和处理符号的句法结构并因此具备符号处理能力。可以用计算机模型来解释心灵。

03.672　信念确立的整体论　holism of belief fixation

要得出或确立某个特定的信念，必须同时持有若干其他信念的理论。据此，某一实验数据，只有与其他理论约定、背景假设以及与之相关的逻辑和数据工具的假设一起，才能确证某个特定命题。

03.673　信息生命周期　information life cycle

信息或数据被收集、存储、加工和维护使用的整个过程。一般可分为信息的识别、信息的收集、信息的传递、信息的存储、信息的加工及信息的维护使用等阶段。

03.674　信息流　flow of information, information flow

信息沿着一定的信道传播，从产生、传递到接收的流动过程。在 F. I. 德雷斯克（F. I. Dretske）的知识的信息理论中，基于感知的经验知识被刻画为通过信息流传递信息内容的过程。

03.675　信息量理论　quantitative theory of information

通过对信息的量化来研究信息的理论。包括：基于统计概率的 R. A. 费希尔（R. A. Fisher）的信息论、基于熵的香农的信息论、基于复杂性的 A. N. 柯尔莫哥洛夫（A. N. Kolmogorov）的信息论和基于量子纠缠的量子信息论。

03.676　信息集　information set

一种博弈论概念。对于一个特定的参与者来说，到目前为止他已观察到的博弈中所有可能发生的行动的集合。反映了参与者对博弈状态或形式的了解。

03.677　信息空间　information space

又称“信息圈（info-sphere）”。由各种基于计算机通信技术的信息、数据的流动与交互而形成的作为信息的存在空间和人的信息化生存的场域。

03.678　信息论　information theory

起源于电子通信领域，将通信中的原始信息量化为物理量，为探究编码、存储、传输、解码、接收等信息传播过程提供了一种量化研究的方法。

03.679　形式学习理论　formal-learning theory

科学哲学界对于科学知识增长的一个理论模型。科学家依据关于研究对象的可用数据形成假说，获得新数据后评估、修正假说。一系列假说稳定在了一个准确的、揭示对象本质属性的理论上，这就是一个科学发现。

03.680　虚拟同一性　virtual identity

又称“虚拟的身份认同”。在网络、虚拟社区、网络社交媒体及虚拟现实等虚拟环境中，人有可能获得不同于其现实社会身份的虚拟的自我身份认同。它使自我认同具有某种流动性，但其限度及对现实身份认同的影响有待深入研究。

03.681　虚拟形而上学　virtual metaphysics

从虚拟现实的角度，在由计算机所生成的虚拟现实新世界中，重新阐述形而上学的各种概念和争论。包括理性主义、经验主义、实在论、唯心论、唯物论、唯名论、现象学、可能世界、随附性、空间和时间的争论等。

03.682　学习的哲学　philosophy of learning

可分为教育层面的学习的哲学和一般的学

习的哲学。前者主要是对学生学习活动中的主体心智、学习内容和学习环境的知识论和价值论研究。后者主要从心智哲学和认知科学与哲学的维度研究人和机器学习的一般过程。

03.683　心语　mentalese
一种不用词汇进行交流和概念处理的语言概念。

03.684　有限数字物理学　finite digital physics
认为宇宙可以用有限的信息来刻画：存在一些有限数 N，使得 $R(N)$ 包含所有的且只和我们宇宙有关的物理事实，即宇宙是有限递归的。

03.685　硬信息与软信息　hard and soft information
在信息和数据的管理与治理中，硬信息指那些可以客观地按照标准化的方式采集、存储和传输的信息与数据；软信息指那些与人的知识、意见和理解相关的难以标准化的信息与数据。两者的整合运用是恰当的实时决策的基础。

03.686　语符学　glossematics
关于意义如何生成、关于符号的哲学理论。有三个分支：语义学、语法学和语用学。

03.687　语义引擎　semantic engine
由丹尼尔·丹尼特（Daniel Dennett）提出的。用于指代语义遵从语法的自动形式系统。其是智能的充分必要条件。

03.688　语义信息　semantic information
语法上恰当排列的有意义的数据所组成的信息，其所携带的意义即信息的语义。

03.689　元数据　metadata
能够被机器识别的，并且能为其他数据提供定义和描述信息的一系列数据的集合。

03.690　远程呈现　telepresence
又称“遥观”。一种通过建立对现场的实时感知并进行某种有效操作，使人在现场之外就能感觉到其似乎出现在现场的信息技术。

03.691　哲学的计算机建模　philosophical computer modeling
将计算机建模用于哲学研究的一种重要的哲学研究手段。已在逻辑学、认识论、科学哲学（科学发现及评价）、心灵哲学、语言哲学、生物哲学（人工生命）、伦理学以及政治哲学等领域展现出广阔的发展前景。

03.692　指称透明性　referential transparency
出现在词或句子中某位置的单独词项，可用同义词替换而不影响包含它的词或句子的真值，而在函数化编程中指函数的输出仅取决于输入的自变量。

03.02.07　复杂系统科学哲学

03.693　复杂系统科学哲学　philosophy of complexity system
对复杂系统科学的本体论与方法论研究。

03.694　复杂系统　complex system
指系统的要素比较多、结构比较复杂、难以理解、难以分析、难以处理的各种系统的总括。通常具有多层次性、内在非线性相互作用、不可精确预测性等特征。

03.695　复杂系统理论　complex system theory
研究复杂系统的结构、功能、规律和演化机

制等的一些基本理论。在方法论上强调用整体论和还原论相结合的方法分析复杂系统中各组成部分之间相互作用所突现出的系统的整体特性。

03.696　适应性　adaptability
原指生物的一种特性。在复杂系统理论中，指系统有能力通过自身结构形式上的或行为方式上的改变以适应环境的一种特性。适应性体现为多样性变异、遗传性保存以及环境性的选择。

03.697　适应性进化　adaptive evolution
系统通过多样性变异、遗传性保存以及环境性的选择等方式达到新的形式或状态以适应环境，且对于系统的存在与发展而言，比旧的形式有所改进的过程。

03.698　行动者　agent
指那些能够被看成通过感受器来感知它的环境，并通过效应器作用于该环境的一切事物。行动具有自主性、反应性、目的定向性、历史延续性的特征。

03.699　基于行动者的建模　agent-based modeling
对自主行动者的行为规则和相互作用进行模拟的一种计算模型。这类模型可以重新建立和预测复杂系统的行为，关键特征在于行动者能够进行互动。

03.700　算法复杂性　algorithmic complexity
在一个标准通用的计算机上，通过模拟我们约定的标准语言，来描述一个系统所需的最短程序的长度。

03.701　非周期性　aperiodicity
在状态空间中，系统状态不是单调变化的，但又不是周期性的，通常把这种曲折起伏变化的状态称为非周期性。是描述混沌这类非线性动态系统的一种可能定态。

03.702　人工生命　artificial life
在计算机或其他虚拟世界中创造出数字生物或数字生命主体。其具有自然生命的关键特征，可以揭示现实世界中生命的本质与生命形式的多样性。

03.703　吸引子　attractor
相空间的一种特殊点集。在耗散动态系统中，假若状态随时间演化可无限趋近于某低维或有限吸收集上，则该吸收集称为吸引子。同一系统可能同时存在多个吸引子，在相空间中各有一定的吸引域。

03.704　别洛索夫-扎鲍廷斯基化学反应　Belousov-Zhabotinsky reaction, BZR
曾称“别洛多索夫-扎博京斯基反应”。能够呈现出化学振荡现象一个典型的自组织案例。1951 年别洛索夫（Belousov）发现含有溴酸盐、柠檬酸、硫酸和铈离子的溶液进行反应时，反应介质浓度呈现出周期性变化的性质。1961 年，扎鲍廷斯基（Zhabotinsky）在硫酸溶液中让丙二酸被溴酸氧化，进一步发现在不加搅拌的情况下可看到红蓝相间的空间构型以及红蓝相间的扩散波。

03.705　贝纳尔对流　Benard convection
法国物理学家 C. 贝纳尔（C. Benard）于 1990 年发现的一种流体的自组织现象。当由底部加热水平金属板上的流体薄层时，开始只有微观的热传导而宏观上保持静止，但当温度梯度超过某临界值时，流体会突然出现宏观可见的对流图案结构。当上表面为自由时，从上向下可见其形状为六角形格子；而上表面亦有平板约束时，从侧面观察则可见对流呈两两相背方向的旋转卷筒状。

03.706　布鲁塞尔模型　Brusselator

用来描述耗散结构系统演化和系统自组织行为的动力学模型。由 L. 普利高津（L. Prigogine）领导的比利时布鲁塞尔学派提出，通过数学上的一组非线性微分方程来模拟广泛的自组织行为。

03.707　分叉　bifurcation

自组织系统演化过程中的一种现象。系统演化过程中，系统参数的变化引起了相空间的拓扑结构的变化，从一种现实的状态进展到几种可能状态时，必定进展到某个关节点，从而在几种不同可能的稳态中加以选择。

03.708　黑箱　black box

比喻内部结构不明的系统。无法通过对其功能的分析进行认识，也无法通过对其要素特性和要素之间的联系推断系统特性。只能通过检查其对环境的输出以及这种输出对于输入的种种关系，即通过输入-输出关系来建立关于其行为的某些规律。

03.709　蝴蝶效应　butterfly effect

混沌系统中非线性因果关系的一种特征。用来说明初始条件微小的变化能够带来整个系统的长期的巨大的连锁反应。

03.710　下向因果关系　downward causation

描述系统高层级结构对它的次级结构起着原因作用的一种因果关系。最先由心理学家唐纳德·坎贝尔（Donald Campbell）提出。

03.711　上向因果关系　upward causation

复杂系统的结构层次之间存在的一种因果关系。在形成高层次系统后，低层次的元素及其协同相互作用依然对高层次的运作有某种决定作用。

03.712　元胞自动机　cellular automaton

又称“细胞自动机”。空间、时间和系统状态上都是离散的一类动态模型的总称。它由元胞、元胞空间、邻居及规则四个部分组成。在简单规则的支配下，元胞会迭代出从简单到复杂、从局域到全局的整个过程。

03.713　化学波　chemical wave

又称“化学钟”。化学反应系统中组分的组成在空间分布的花样随着时间变化的波动现象。

03.714　混沌　chaos

非线性动力系统在远离平衡态的条件下，经过多次分叉达到的一种运动状态。

03.715　分维　fractional dimension

分形理论中最重要的一个概念。它是对非光滑、非规则、破碎的等极其复杂的分形客体进行定量刻画的重要参数。它表征了分形体的复杂程度、粗糙程度。

03.716　协同进化　coevolution

源自生物学概念。指两个相互作用的物种在进化过程中形成的相互适应的共同进化的特性。在复杂系统理论中，指系统与系统之间、系统与环境之间在进化过程中相互适应的共同进化。

03.717　复杂适应系统　complex adaptive system

系统的要素之间以及要素与周围环境之间的相互非线性作用而导致的自身不断演变或进化的系统。其组织形式和行为方式会在演变或进化中发生改变，以适应外部的环境的变化。

03.718　复杂适应自组织调节系统　complex adaptive self-organizing regulatory system

复杂的自组织系统中具有自主性的个体，在系统内部或环境发生变化时，按照一定的自组织机制进行调节重组，使得整个系统重新适应环境。

03.719　远离平衡态的、耗散的、非线性动力学系统　far-from-equilibrium, dissipative, non-linear dynamic system
由于动力学系统过于复杂而具有的不确定性、远离平衡状态的特征，此时该系统只能通过非线性建模，才能获得新的有序结构即耗散结构。

03.720　复杂性　complexity
在本体论上，指事物的组分多元、结构复杂、功能多样等特性；在认识论上，指以传统理论或途径难以理解、难以分析以及难以处理的事物的特性。

03.721　计算复杂性　computational complexity
用图灵机的计算步骤来度量系统的复杂性。一个问题的计算复杂性就是将问题形式化之后，通过图灵机计算解决这个问题所需要的最少步骤数。一个系统的计算复杂性就是描述这个系统的最短的约定语言用图灵机来计量所需要的步数。

03.722　复杂网络　complex networks
对真实复杂系统的一种抽象。研究内容主要包括网络的几何性质、网络的形成机制、网络演化的统计规律、网络上的模型性质，以及网络的结构稳定性、网络的演化动力学机制等问题。

03.723　构型　configuration
对于宏观上或整体上重复持续出现的某种形式，不必每一次都重新由头至尾对它的组成与结构进行描述，用一个简略的高层次的名称来指称它，称为构型。它是系统的相互关系总和或结构的一个子集或一种具体形式。

03.724　连通性　connectivity
拓扑学中的基本概念。若 X 中除了空集和 X 本身外没有别的既开又闭的子集，则称拓扑空间 X 具有连通性。

03.725　集中[化]控制　centralized control
控制论中的概念。由组织系统内部的独立子系统进行施控的一种控制形式。施控的控制者系统也是组织系统中的一个组成部分，但在组成、结构与功能上是可以与系统的其他部分区分开来的。在集中化控制系统中，有关各个受控者及其相互关系的信息系统与外部环境的信息都汇入一个中心。控制中心根据控制目标对这些信息加以处理，然后制定并发出指令，直接作用于各个受控者。

03.726　分布式控制　distributed control
又称“分散式控制”。从神经网络的研究中发展起来的一种非线性的控制方式。控制功能不是由一个控制子系统来实现的，而是由系统的各个组成部分协同地按一定概率分布发出控制信号加以实现的。

03.727　控制论　cybernetics
一门研究控制系统的结构、局限和发展的跨学科理论。该理论最初被界定为“关于在动物和机器中进行控制和通信的科学”，后泛指运用技术对任何系统进行控制。控制论把通信概念和控制概念联系在一起，并把研究对象由实体性转为关系性，为系统科学与复杂性探索提供了新的科学理论和科学方法。

03.728　系统论　system theory
一门研究现实系统或可能系统的一般规律和性质的理论。是研究系统的一般模式、结构和规律的学问。它研究各种系统的共同特征，用数学方法定量地描述其功能，寻求并确立适用于一切系统的原理、原则和数学模型，是具有逻辑和数学性质的科学。

03.729　感知控制论　control theory of perception

将工程控制论和理论生物学的研究有机结合起来的控制理论。是对系统论和控制论的一个发展。它着重对已经形成的多层次控制系统的基本控制原理，特别是对人类认知系统的控制结构和功能进行精细分析，认为控制机制是生命的本质，也是复杂系统的本质。

03.730　批判性系统思维　critical systems thinking

一种复杂系统管理思维方法。起源于 20 世纪 70 年代初软系统方法论对硬系统方法论的反思。这种方法的经典之作，有 W. 乌尔里克（W. Ulrich）提出的批判系统启发法，以及由以 M. 杰克逊（M. Jackson）为代表的系统管理学派与后现代思想家们提出的多元主义系统思维方法。

03.731　系统的多样性　diversity of systems

系统由于外部与内部的原因而表现出不同的形式和多种功能，并不断地发生着变化的特性。

03.732　耗散结构论　dissipative structure theory

研究耗散结构的形成、稳定、演化及其他性质的一门自组织理论。指出一个开放系统在达到远离平衡态的非线性区域时，一旦系统中某个参量的变化达到一定的阈值，通过涨落，系统可能发生突变，即非平衡相变，由原来的无序的混乱状态转变到一种时间、空间或功能有序的新的状态，它需要不断与外界交换物质和能量才能维持和保持一定的稳定性。

03.733　动力学系统　dynamical system

又称“动力系统”“动态系统”。状态按照确定性规律演化的系统。该研究起源于经典力学，美国数学家 G. D. 伯克霍夫（G. D. Birkhoff）继承、发展了法国数学家 J. H. 庞加莱（J. H. Poincare）关于天体力学和微分方程的研究，提出了动力学系统的概念。现代控制理论和其他学科的要求，促进了动力学系统理论的发展，其对象也由经典动力学中的物体推广到一般的系统。

03.734　混沌边缘　edge of chaos

介于有序和混沌之间的一个狭窄的颇有助于突现新行为模式的过渡区域。人工生命的创始人 C. 兰顿（C. Langton）在进行计算机模拟时发现，当参数 λ 等于 0.273 时，恰好出现了“复杂”状态，他将之称为“混沌边缘”。

03.735　突现　emergence

又称“涌现”。在复杂系统演变与发展过程中，在宏观层次上突然出现的在结构和性能方面的质变的特性或现象。美国圣菲研究所提出，复杂性实际上就是一门关于“突现”的科学。

03.736　广义进化论　general evolutionism

达尔文进化论在哲学、生物学、心理学、物理学等领域的应用。各个领域的专家在推广工作中达成一个共识：达尔文进化论中的变异与继承、自然选择、适者生存这些规律也是开放的复杂系统的普遍规律和基本原理。

03.737　负反馈　negative feedback

控制论中的核心概念之一。在反馈过程中，目标值与输出值的偏差导致偏差缩小的一种控制方式。

03.738　远离平衡态　far-from-equilibrium

相对于平衡态和近平衡态而言的一种系统状态。属于热力学非平衡态中的一类，相应的过程为非线性不可逆过程，是系统内可测的物理性质极不均匀的状态。

03.739　费根鲍姆常数　Feigenbaum constant
又称“混沌常数”。美国物理学家M. J. 费根鲍姆（M. J. Feigenbaum）在计算逻辑斯谛方程（二阶微分方程）出现倍周期分叉时发现，周期倍增分叉发生时的参数之间差率 δ 会趋向于一个常数 4.669 201 609…，这个 δ 是一个普适常数，后来被称为费根鲍姆常数。

03.740　适应性地形　adaptive landscape
由所有可能的基因型以及它们相应的适应度或适应性组成的一种三维景观。该概念来源于生物学，最先由生物学家 S. 赖特（S. Wright）于 1932 年提出，将基因型（genotype）看成二维平面，其适应度（适应性）作为第三个坐标建立一个三维坐标系。不同的基因型有着不同的适应性，由此形成类似“山峰”与“山谷”的三维景观。

03.741　涨落　fluctuation
随机发生的若干组分之间的相关变动。其出现没有确定的地点、时间和方向。从平衡与非平衡的角度看，涨落就是系统的一种不平衡性。涨落是系统中普遍存在的一种现象，其实质揭示了同一性之中总是存在差异性。涨落的表现形式是多种多样的，其对系统的作用具有两重性。

03.742　功能分析　functional analysis
一种系统分析方法。是将所要研究的现象放在一个更大的系统整体中进行研究，考察它在这个整体中以及在整体的其他事物中的地位、作用和功能的方法。

03.743　一般系统论　general systems theory
美籍奥地利生物学家 L. V. 贝塔朗菲（L. V. Bertalanffy）提出的关于任意系统的一般理论与方法。其主要任务是从整体出发研究系统整体和组成系统整体各要素的相互关系，从本质上说明其结构、功能、行为和动态。该理论突出了系统的整体性、有机性、层次性、动态性和有序性等观点。

03.744　遗传算法　genetic algorithm
J. 霍兰德（J. Holland）于 1975 年首次提出的对生物遗传和自然选择进行计算机模拟的一种进化计算算法。它包含四个基本步骤：形成初始染色体群；将适应函数或目标函数运用于染色体群中的每个染色体串中，求得它们各自的适应度的值；重复根据随机选择、交换、突变的规则进行运算，以产生新的染色体群从而代替原来的染色体群，称为一世代；转向第二个步骤，进行第二世代运算，如此循环往复，直至求出最后解。

03.745　内稳态　homeostasis
生物系统通过内在的调节机制控制自身的体内环境使其保持一定的动态平衡，即不管外部环境如何变化，系统的体内环境总保持相对稳定的状态。它是进化发展过程中形成的一种更进步的机制，或多或少能够减少生物对外界条件的依赖性。

03.746　超循环　hypercycle
化学反应的一种循环模式。其中每一种物质都为下一种物质的生成提供催化作用，低层次的循环经过循环联系把自催化连接起来又组成了更高层次的循环。

03.747　基于个体的模型　individual-based models
为了模拟群体成员间非线性局域相互作用生成全局模式而建立的计算模型。与基于个体（individual）的模型和基于行动者（agent）的模型含义相近，但与后者相比，基于个体的模型更倾向于社会系统（社会学中的功能主义）的模型。

03.748　初值敏感性　initial conditions sensitivity

系统的初始条件能够敏感地影响系统的演化行为或演化结果。在离散动力学系统中，系统的非线性相互作用产生混沌吸引子，只要初始条件发生微小的干扰与变化，系统行为的分叉会呈指数增长，也会造成迭代结果的显著的变化。

03.749　内在随机性　inner randomness

又称"确定性随机性"。混沌系统的状态一旦进入奇怪吸引子，其不规则性原则上与随机运动无法区分，但这种随机性是由确定性系统自身内部非线性因素产生的，与外部条件无关。

03.750　非线性的相互作用　nonlinear inter-reaction

组成系统的元素之间存在的相互作用不能用线性函数进行描述，不满足叠加原理，元素之间的关系、元素与结构之间的关系不成比例。

03.751　逻辑斯谛方程　logistic equation

动物种群数或人口数每一年的增长仅依赖于前一年的个体数，即 $X_{t+1}=\mu（1-X_t）$。其中，t 是离散时间；X 是一代中的个体数；$X_t\in[0,1]$为状态变量；$\mu\in[0,4]$为控制参量，表示每个时间间隔增长的倍数。

03.752　机制说明　mechanistic explanation

又称"机制解释"。通过某种方式或途径，对动力系统元素之间的作用的关系及其功能进行描述，分析动力系统的工作原理、相互作用产生的原因以及产生的过程。

03.753　元系统　metasystem

由被控制的系统 S 与控制者系统 C' 组成的新系统 S'，即 $S'=C'*S$。这里 S 通常有一种方法复制自己，就像细胞可以进行分裂复制产生更多同样的细胞一样，所以 S 是一个系统的类，由 n 个系统（$S_1, S_2, \cdots, S_n$）组成，C' 代表一种控制机制。

03.754　元系统跃迁　metasystem transitions

被控制的系统 S 转变到新系统 S' 的过程。即 $S\to S'$，或 $S\to[S'=C'*(S_1+S_2+\cdots+S_n)]$，这被称为结构上的跃迁。其行为方式的跃迁为 $A'=A$ 的控制，这被称为功能上的跃迁。这里的跃迁范围是原系统 S，整合的测度就是数量 n。

03.755　系统科学方法论　methodology of systems science

这些方法可以研究自然界和人类社会各类系统的共同特性，探索系统的生成、演化和涌现的普遍规律。强调对系统的整体性把握，主张整体论与还原论相结合的在整体关照下的还原的科学研究方法，以此认识和把握系统的整体性特征。

03.756　负熵　negative entropy

系统的熵的减少。是熵函数的负向变化量。熵代表的是系统的无序，而负熵表示的则是有序，是系统有序化的量度。当一个系统的负熵能够抵消该系统的熵的增加时，该系统就能保持相对有序的结构，反之，系统将走向无序。

03.757　非线性动力学　nonlinear dynamics

研究系统的非线性现象、非线性动力学系统各类运动状态的定性和定量变化规律，尤其是系统的长时间演化行为中的复杂性的一门学科。主要内容有混沌、分形、分叉、非线性振子等。

03.758　小世界网络　small world network

相对于同等规模节点的随机网络，具有较短的平均路径长度和较大的聚类系数特征的网络模型。20世纪末很多科学家发现，在自然、社会和技术网络中，大都具有高度的集群性、不均衡的度分布以及存在中心节点结构的特性。这些特性统称为小世界特性。

03.759　运筹学　operations research

20世纪30年代初发展起来的一门学科。主要研究目的是在决策时为管理人员提供科学依据，是实现有效管理、正确决策和现代化管理的重要方法之一。该学科应用于数学和形式科学的跨领域研究，旨在寻找复杂问题中的最优或近似最优的解答，常用于解决现实生活中的复杂问题。

03.760　序参量　order parameter

协同学中描述系统宏观有序度或宏观模式的参量。是子系统之间自发协同合作的产物、表征和度量，支配子系统的行为，引导子系统运动方式，主宰整个系统整体演化过程。

03.761　役使原理　slaving principle

又称"支配原理""伺服原理"。协同学的基本原理之一。是对序参量形成后支配与规定子系统的行为、主宰系统的相变并促使系统向有序状态演化的过程的理论阐述，在哲学上称为从宏观到微观的下向因果关系。

03.762　多元主义系统方法论　pluralist systems method

一种复杂系统管理方法论。指从多元角度批判看待各种系统方法的方法论。该方法论由以M. C.杰克逊（M. C. Jackson）为代表的英国赫尔大学（University of Hull）系统管理学派和后现代思想家们提出，主张不同的系统方法之间的互补性，而并非相互排斥，鼓励创造性与多样性，强调多元性。

03.763　红皇后原理　Red Queen principle

1973年由范·瓦伦（van Valen）提出。认为一个进化的系统仅仅为了适应与之共同进化的另一个系统，则该系统不断发展自己是完全必要的。该原理的生物学依据在于，物种之间通常是相互关联地进化或协同进化以达到相互适应。

03.764　跨学科研究方法　method of cross-discipline

以分门别类的研究为基础，在某一专业领域的专门研究的基础上尽可能熟悉相关学科的概念、方法、定律与实验，并在不同专业人员之间进行合作研究与共同讨论，进而跨专业地提出假说，由相关学科做出科学实验验证的一种系统方法。

03.765　自组织　self-organization

复杂系统理论中的一个概念。指通过低层次客体的局域的相互作用而形成的高层次的结构、功能有序模式的自发过程。它是在不需要外界环境的干预和内部控制者的指令下进行的。

03.766　自组织临界性　self-organized criticality

关于具有时空自由度的复杂动力学系统的时空演化特征的一个概念。指系统能够自发演化到自组织系统的临界状态，达到这样的状态以后，系统的时空动力学行为不再具有特征时间和特征空间尺度，因而表现出覆盖整个系统的具有幂律分布特征的时空关联。

03.767　对称性破缺　symmetry breaking

一个跨物理学、生物学、社会学与系统论等学科的概念。可狭义地理解为对称元素的丧失，也可广义地理解为原来具有较高对称性的系统出现不对称因素，其对称程度自发降低的现象。

03.768　状态空间　state space

控制系统工程中的一个名词。指该系统全部可能状态的集合。一般而言，状态空间可以视为一个以状态变量为坐标轴的空间，因此系统的状态可以表示为此空间中的一个向量。

03.769　协同学　synergetics

研究子系统之间是如何在一定条件下通过非线性相互作用产生协同现象和相干效应，使系统形成具有一定功能的自组织结构，从而在宏观上产生时间结构、空间结构或者时空结构，出现新的有序状态的学科。由物理学家赫尔曼·哈肯（Hermann Haken）创立。

03.770　系统方法　system approach

从系统的观点出发，始终着重从整体与部分之间、整体与外部环境之间、部分与部分之间的相互作用和相互制约的关系中考察对象，从而达到最佳处理问题的方法。系统方法将分析和综合有机地结合并运用数学语言，定量、精确地描述研究对象的运动状态和规律。

03.771　系统工程　systems engineering

以最优化方法求得系统整体的最优的综合化的组织、管理、技术和方法的总称。为了更好地实现系统的目的，对系统的组成要素、组织结构、信息流、控制机构等进行分析研究，运用各种组织管理技术，使系统的整体与部分之间协调和相互配合，实现总体的最优运行。

03.772　软系统工程方法　soft systems engineering methods

一项运用系统思考解决非系统问题的定性研究技术。主要用以解决那些包含有大量社会的、政治的以及人为因素的问题。由 P. 切克兰德（P. Checkland）在 20 世纪 80 年代初提出。

03.773　硬系统工程方法　hard systems engineering methods

运筹学、系统分析、系统工程等系统方法的总称。主要讨论大型的工程系统、复杂系统、人机系统的系统分析、系统设计和系统管理的问题。

03.774　系统综合　systems synthesis

把研究、创造和发明对象看作系统综合整体，并对这一系统综合整体及其要素、层次、结构、功能、联系方式、发展趋势等进行辩证综合的考察，以取得创造性成果的一种方法。

03.775　系统运动　systems movement

20 世纪上半叶以来，系统研究及其实践、系统理论及其应用、系统科学及其内容结构的形成和发展过程。系统运动可以被看成来自不同学科如数学、哲学、自然科学、社会科学、工程学和其他领域的研究者的一个松散的联合运动。

03.776　系统科学　systems science

以系统为研究对象、以系统思想为中心的一类新兴的学科群。是 20 世纪初叶以来发展最快的一大类横断性、综合性科学。是研究系统的类型、性质和运动规律的科学。

03.777　系统哲学　systems philosophy

一种新的哲学分支。以系统这种新的科学范式为思想和世界观重新定位，旨在利用系统概念建构一种新哲学的学科。最初由美国著名系统论专家欧文·拉兹洛（Ervin Laszlo）提出，他在 1972 年发表的《系统哲学引论》中把系统哲学称为一种新的自然哲学。

03.778　必要层级定律　law of requisite hierarchy

通信与控制中的基本定律之一。该定律由系

统层级理论推出，A. 奥林（A. Aulin）将系统层级理论应用在控制论上，总结为必要的层级定律：调节和控制能力的缺乏，可以在一定程度上用增加组织层级来补偿。

03.779　必要变异度定律　law of requisite variety

又称“必要多样性定律”。控制论的基本定律之一。指只能用控制信号的变异度来减少（消除）受控对象的变异度。无论对被控对象进行前馈或反馈的控制，控制的能力均受到控制器行动的变异度以及从控制器到被控对象的信道容量的限制。控制器行动的变异度越大，它就越能抵偿需要控制的干扰。

03.780　不可预测性　unpredictability

当系统进入混沌状态后，系统内具有的自发产生随机性、无规则性与不可重复性，使得预测未来状态是不可能的。

03.781　必要的多样性　requisite variety

W. R. 阿什比（W. R. Ashby）从控制论的观点发现必要的多样性（变异度）定律。认为调节系统必须有足够的多样性，监控外在环境并给操作系统发出适应的信息来对抗环境的干扰，使操作系统维持稳定的输出。

03.782　活系统模型　viable system model

又称“生存系统模型”。组织控制论中的核心理论。是指在特殊环境下能够生存和成活的系统。该模型由英国组织控制论专家斯塔福德·比尔（Stafford Beer）在 1972 年提出，将对企业的管理过程类比为人的大脑对身体的控制过程，运用控制论的法则来维持组织的稳定，以及使组织能够应对外部环境的变化而保持活力。

03.783　有序之窗　window of order

非线性动力学中的重要概念。它指出现在逻辑斯谛函数吸引子混沌区域中的许多貌似空白的区域。混沌区中有无数有序之窗，就如同在每一瀑布层叠中有无数分叉一样，而每一有序之窗中的吸引子都有一个特征性的周期。

03.784　齐普夫定律　Zipf's law

又称“省力法则”。语言学家 G. K. 齐普夫（G. K. Zipf）于 1949 年提出的实验定律。它可以表述为：在自然语言的语料库里，一个单词出现的频率与它在频率表里的排名成反比。

03.02.08　社会科学哲学

03.785　社会科学哲学 philosophy of social science

哲学学科的重要分支。对社会科学的理论和实践进行科学哲学的特别是方法论上的重构，以此寻求对社会科学研究作出规范性评价的合理依据。

03.786　行动的理由　reasons of action

是支持或驳斥行动者的行动或意图的根据，与所支持或驳斥的行动之间是合理性的联系，这区别于导致行动的原因。

03.787　集体意向性　collective intentionality

借鉴于心灵哲学的一种意向性概念。强调集体或社会行动的意向性不同于个人行动的意向性，要求符合“我们在做”而不只是“我在做”的模式。

03.788　批判实在论　critical realism

一种研究世界、人类行为者以及二者之间相互作用的实在论学说。主张社会整体性存在的本体论地位，以实现人类自由解放作为社会科学的认识旨趣。

03.789　批判理论　critical theory

国外马克思主义特别是法兰克福学派的学说。认为压迫性的意识形态产生于扭曲的因果关系，而实现从压迫下的解放意味着对权力关系作出因果解释，破除意识形态的合理性外观。主要代表人物有 M. 霍克海默（M. Horkheimer）、T. W. 阿多尔诺（T. W. Adorno）和 J. 哈贝马斯（J. Habermas）。

03.790　文化相对主义　cultural relativism

主张每一种文化都是独特的思想行为系统，反对不同文化之间有高低优劣之分，认为它们相互之间不可比较。任何对行为的解释都必须回到该行为所发生的社会和语境。

03.791　决策论　decision theory

用数量方法刻画理性个体如何作出最优决策的学科。其基本方法论来自经济学上的理性选择理论，其基本假设是人类社会的一切非经济行为原则上也都可以用理性选择的方法来解释。

03.792　经济决定论　economical determinism

一种对历史唯物主义的庸俗解释。强调生产方式单向地决定社会的上层建筑与意识形态，忽视上层建筑对经济基础的反作用。

03.793　种族中心主义　ethnocentrism

将本族群的语言、文化、社会传统价值等因素作为评判各种文化、习俗的单一标准。认为本族具有优越性，在思想甚至其他方面应居于主导地位的倾向。

03.794　常人方法学　ethnomethodology

又称“常人方法论”。由美国社会学家哈罗德·加芬克尔（Harold Garfinke）针对科学方法所提出的社会学方法。着重于从日常谈话入手理解人与人之间的社会互动。

03.795　事实与价值的二元论　dualism between fact and value

由休谟提出。事实是关于“是怎样”的描述性对象，价值是关于“应该怎么样”的规范性对象，两者之间不能相互还原。

03.796　博弈论　game theory

用成本-收益分析和预期效用的计算来研究决策主体之间互动行为的学科。其中决策主体具有理性思考的能力，并力图选取预期效用最大化的方案。

03.797　精神科学　geisteswissenschaften

在德语思想传统中区别于自然科学的一切人文学科的统称。包括哲学、历史学、文献学、语言学、戏剧研究、文学、神学和法学等，通常被认为是诠释学方法论而非实证科学方法论适用的对象。

03.798　诠释学　hermeneutics

又称“释义学”。文本诠释的方法论理论。特别是关于圣经文本、哲学经典文献等与现代社会产生了相当长时间距离的文本的解释，强调诠释者对文本意义的主动建构，理解的产生建立在诠释者与文本作者之间的“视域融合”之上。

03.799　诠释学循环　hermeneutic circle

被解释的文本整体与部分之间意义互为依赖、互为前提。为了正确地理解一个文本，诠释者必须具备对文本整体的“前理解”，这不是要摆脱整体与部分之间的意义依赖，而恰恰是要以正确的方式进入这个循环。

03.800　历史决定论　historical determinism

主张某些基本因素决定了或应该决定一切历史走向，因而历史是因循某种客观规律发展的事件序列，并有其不可避免的趋势方向。

03.801　经济人　homo economicus
经济学理论通常采取的共同假设。把经济行为的参与者都看作仅仅追求理性自利的个体，追求主观预期效用的最大化。

03.802　理想型　ideal type
由德国社会理论家 M. 韦伯（M. Weber）提出。主张社会科学就是构造抽象的假设性概念，抓住研究对象的典型性，以此为参考系刻画实际对象与此的一致性与差异，是一种区别于自然科学的方法论。

03.803　意识形态　ideology
个人、组织或社会具有的某些规范性信念的系统整体。包含有意识的与无意识的观念，通常表达在世界观和本体论等信念中。

03.804　主体间性　intersubjectivity
哲学、心理学、社会学和人类学中用于表达人们之间心理关联的概念。通常用来与唯我论的个体经验相对立，强调人们内在的社会属性。

03.805　方法论个体主义　methodological individualism
主张社会整体性存在只能由个体的行动所构成的观点。因而社会现象必须最终立足于个体的行为与心理特征来解释。

03.806　方法论整体主义　methodological holism
坚持从社会整体性存在的角度来理解个人行动的方法论立场。认为整体性存在不能还原为个人的特征，社会整体在解释上优先于个体层面。

03.807　现代性　modernity
从启蒙运动开始确立的一整套社会结构以及与之相匹配的生活方式和思维方式。这种社会结构体现在每个个体为自己的选择负责，传统的权威与共同体认同被瓦解并趋向于原子化，理性、科学与产业的进步推动社会变革。

03.808　民族性　national character
以文化认同为基础的共同体成员之间共有的思维方式、情感和行为特点。具有历史的延续性，体现在公众意见和社会风俗中，能够深刻影响社会规范的形成与发展。

03.809　帕累托最优　Pareto optimality
指在没有使任何人境况变化的前提下，使得至少一个人变得更好。或者，不可能再改善某些人的境况，而不使任何其他人受损。

03.810　人类学哲学　philosophy of anthropology
对人类学方法论、内部实践进行理性批判和评价其解释机制的分支科学哲学。目前大多集中于讨论人类学作为一门学科之本质与价值，界定其内部主要流派及其核心观点，以及人类学研究之一般概念等。

03.811　经济学哲学　philosophy of economics
一门研究经济学发展的本质、规律及其基本方法论问题的分支科学哲学。是经济学与哲学相结合的交叉学科。

03.812　教育哲学　philosophy of education
一门研究和评价教育理论、教育实践及教育模式的哲学学科。分析和解释教育之本质、作用、目的、方法、价值等基本问题。

03.813　政治哲学　political philosophy
研究政治现象的内在本性和政治活动的相关准则等规范性问题的哲学分支。试图从哲学层面审视公正、民主、自由、国家、公民、权利、义务等政治观念及其实践。

03.814　社会哲学　social philosophy
对社会理论的基本问题进行哲学分析的分支学科。对人类的社会交往、社会关系以及社会团体活动等所进行的一般性的哲学阐释。

03.815　实践理性　practical reason
决定如何行动的推理。与纯粹认识论维度的理论理性相对立，强调要以行动改变世界，而要实现行动者的意图就必须考虑实践情境的具体差异，而不能仅考虑普遍的理论原则。这种推理的结论就是行动本身。

03.816　理性选择理论　rational choice theory
主张社会行为是每一个个体经过理性选择后的加和结果的理论。这里的合理性意味着基于经济人假设的预期效用最大化原则。

03.817　社会建构论　social constructivism
主张知识来自社会实践中群体行动者之间的互动和协商的观点。强调社会中实现的知识客观性并非“物的客观性”，而是主体间性。

03.818　社会认识论　social epistemology
通过社会互动来为集体知识提供理性证成的认识论观点。也指从社会维度对知识和信息的评价，或更简单地理解为社会互动的维度可以提供认知辩护。

03.819　功能主义　functionalism
把社会看作一个复杂系统，认为社会的各个组分具有不同的功能，如同有机体那样相互配合，保持社会的凝聚力和稳定性。这一观点肇始于赫伯特·斯宾塞（Herbert Spencer），而美国社会学家塔尔科特·帕森斯（Talcott Parsons）是集大成者。

03.820　社会机制　social mechanism
科学哲学中的机制概念与基于机制的科学说明在社会科学中的直接应用。主张社会中存在着一系列被组织起来的实体和活动，有规律地产生特定的结果，通过确定生成现象的机制就能够说明这一现象。

03.821　社会实在　social reality
个体之间的社会互动而形成的现象，超越于个人的动机与行动。通常包含共同体所接受的社会规范、相对确定的规律和社会标准等，即任何能够影响个人行为选择的社会整体性存在。

03.822　社会生物学　sociobiology
对人类社会行动的生物学基础（尤其是基因）作出的系统研究。立足于人类社会行为的生物学决定论的假设，试图从动物行为模式、进化论解释等方面对人类的社会现象作出迥异于一般社会理论的理解。

03.823　理解　understanding
从 19 世纪德国哲学中产生的概念（德语词 verstehen）。主张社会现象的具有不同于自然科学定律解释的诠释学意义，强调对社会行动的理解区别于对自然物的解释，因为这要求从行动者视角作出对行动的意义理解。

03.824　价值中立　value free
由德国社会学家韦伯提出。主张社会科学理论并不蕴含任何具体的价值判断，不试图为任何特定的社会经济政策辩护，在相互冲突的多元价值目标之间保持中立。

03.825　价值关联　value-related
由德国社会学家韦伯提出的社会科学方法论要求。主张任何对人类行动及其意义的研究都必须表明所研究的价值原则会导出哪些后果。呈现价值后果的关联是建构社会科学理论的必要内容，但并不作任何价值判断。

03.826 社会突现论 social emergentism

主张社会的整体性存在大于个人行动层面的组分相加，认为社会整体的特征无法用微观的个人心理和行为特征来说明，因为这种整体层面的特征是当无数个人行动以有序方式组织时产生的不可还原的崭新性质。

04. 技术哲学

04.01 一般技术哲学

04.001 保障 security

又称“安全”“安全性”。人类在创造人工自然的过程中，对采取、加工和控制活动提供支持、保护和服务的过程及结果。在技术上主要涉及信息的交流（通信）和物质的流通（输运）等领域。

04.002 采取 take

人类从天然资源中获得生产和生活原料的过程和结果。包括采集、开采、采掘、索取等，具有不确定性、经验性、非线性等特点。

04.003 创造 creation

人们为实现某种目的并使用某种手段而把以前没有的事物创立或者制造出来的过程及其结果。具体包括发明、创建和创作等活动。

04.004 持存物 bestand, standing-reserve

现代技术解蔽包括人在内的现实事物的在场方式，使其物质化、功能化、定置化，完全丧失其自主性。

04.005 电气化 electrization

人们在生产和生活中普遍使用电力的社会现象。有助于实现自动化，从而提高生产效率，使生活更加便利。

04.006 发明 invention

对产品、方法或者其改进所提出的新的技术方案。

04.007 仿真 simulation

利用模型复现实际系统中发生的本质过程，并通过对系统模型的实验，研究存在的或设计中的系统。

04.008 工巧 exquisite

创制的人工物中显示出的高超的技艺。反映工匠在目的性和有效性、审美和艺术性等方面的卓越追求。

04.009 工艺 craft, technology

生产制造活动所遵循的步骤、程序和方法等。遵循的原则包括：技术上的先进可靠和经济上的合理等。

04.010 工具 instrument, tool

能使目标对象发生改变的物质实体，实现特定目的、完成特定任务、发挥特定功能的物质手段和方法。

04.011 工具价值 instrumental value

抽象对象和物理对象的外在价值或作为达到目的的手段的价值。

04.012　工具理性　instrumental rationality, instrumental reason

又称“技术理性”。人类为达到其短期目标而采用的应对手段的理性。以工具崇拜和技术主义为生存目标的价值观，是主体以人造物活动及其有效性为目的的思维活动过程及所形成的技术知识的总和。

04.013　工业革命　industrial revolution

又称“产业革命”。由技术原理的根本变革引发工业生产领域的革命性变化。

04.014　功能　function

某种事物或物质系统所发挥的特定作用或效果，或完成特定任务达到预期目的的效果。

04.015　规范　norm

特定领域的技术活动所遵守的规则、标准。具有标准性、恒定性和普适性等特点。

04.016　规则　rule

人们在技术实践中为保证其行为的正当、合理和有效而遵守的规矩、程序和章程。它指导技术活动的可靠进行和技术目的的顺利完成。

04.017　核恐惧　nuclear fears

对制造和使用核武器以及利用具有巨大杀伤力的核能所产生的惧怕心理。

04.018　加工　processing

人类对其采取的天然自然资源进行改造和制作的过程及结果。包括初加工、精加工等，规定了采取的方向和现实性、规模大小、方式和手段。

04.019　解蔽　demasking

揭示被隐蔽的事物的过程及其方法。

04.020　技术　technology

人类为了满足社会需要而依靠自然规律和自然界的物质、能量和信息，创造、控制、应用和改进人工自然系统的手段和方法。是技术哲学研究的基本内容。

04.021　技能　skill

运用知识和经验执行一定活动的能力，或者通过学习而习得的体能和能力。

04.022　技法　technique

发明创造活动所采用的技巧和方法。具有规范性、标准性、基础性和通用性等特点。

04.023　技艺　technique

人们利用通过亲历或经验所掌握的技能手艺完成各类加工制作的目的性活动。它可以通过学习得到培养，属于难言性技术知识。

04.024　具象　concretization

人们在技术发明中对有待制造产品的外观形象、功能形式或工艺的直观性理解和把握。

04.025　机器　machine

由具有特定性能的器件按照某种原理和法则组合而成的、具有某种结构的、能够完成更复杂任务，用以代替人的劳动，进行能量变换、信息处理的技术体系。

04.026　机器人　robot

靠自身动力和控制能力实现各种功能的可编程的和多功能的操作机，是具有拟人功能的机械电子装置。

04.027　巨机器　megamachine

以单一技术为主要特征的巨型机械体系。如大型强子对撞机等。

04.028　聚焦物　focus thing

技术人工物的一种表现形式。使技术与人维

持在一种完美融合的状态。

04.029　机械化　mechanization
运用工业能源驱动各种机械设备高效进行生产活动的产业状态。21世纪后与高新技术结合，呈现柔性化、敏捷化、智能化和信息化等特点。

04.030　价值合理性　value rationality
人不计较其行为后果而只注重其行为能否实现社会的公平、正义、忠诚、荣誉等。

04.031　交往理性　communicative rationality
在以语言为媒介的交往过程中，交往者能够相互交流、相互理解和相互信任，并由此保持的社会一体化、有序化和合理化。

04.032　控制　controlling，control
人类将采取和加工相结合并通过它们创造人工自然的过程及结果。它分为定常性控制和随机性控制。

04.033　目的合理性　intention rationality
又称"工具合理性"。实现某种目的的工具、手段的合理性，是可以达到预期目的，可经验实证的合理性。

04.034　人工智能　artificial intelligence
研究机器人、语言识别、图像识别、自然语言处理和专家系统等的技术科学。

04.035　使用　use
人们根据器物的性能和用途，不损毁其形式或者不变更其性质，利用它实现其目的的过程。

04.036　设备　equipment
又称"装置"。人们在生产中长期且反复使用的具有实物形态和功能的物质资料的总称。它具有集成性、精确性、复杂性等特点。

04.037　赛博格　cyborg
在人的身体上安装各种可控机器，使人获得或者增强身体的某些功能，形成人机杂糅状态的存在物。如在人体内装有假肢、假牙以及植入心脏起搏器或者某种芯片。

04.038　《天工开物》　Heavenly Creations
明朝科学家宋应星撰著的世界上第一部关于农业技术和手工业生产技术的综合性著作。

04.039　网络　network
由节点和连线构成且使其信息相互联系，代表信息传输、接收、共享的虚拟系统。它借助文字阅读、图片查看、影音播放、下载传输、游戏聊天等，形成了不同于现实世界的虚拟世界。

04.040　物化　materialization，reification
在资本主义生产劳动中，人丧失了其主体地位，进而使人和人的关系被物与物的关系所掩盖的过程及其结果。它是劳动异化或技术异化的产物。

04.041　虚拟现实　virtual reality
又称"虚拟实在"。创建和体验虚拟世界的计算机仿真系统。它利用计算机生成一种模拟环境，是一种多源信息融合的交互式的三维动态视景和实体行为的系统仿真，使用户沉浸到该环境中。

04.042　意向　intention
技术设计者或使用者针对技术人工物的结构和功能所产生的某种目的预测或行为意图。它以技术人工物作为中介，调节人与世界的关系。

04.043 智能 intelligence
人类对客观事物进行合理分析、判断、推理及有目的的行动、有效地处理周围环境事宜的综合能力。在高技术领域，它特指机器所具有的逻辑判断、自动控制功能和根据环境信息调节运动动作的性能。

04.044 座架 gestell，enframing
存在者存在于敞开域中并逼索和强求其存在的框架模式。它使现代人成为其“持存物”并支配着技术的本质。

04.045 产业技术 industrial technology
由多种技术构成的体系化技术。包括产业主导技术（如钢铁冶炼技术）和产业共性技术（如高炉构造与砌筑技术、鼓风技术）。

04.046 操作技术 operating techniques
通过学习而形成的合乎法则的操作活动方式。包括计算机操作技术、医疗护理操作技术、加工操作技术、基因操作技术等。

04.047 单一技术 mono technics
又称“权利主义技术”“巨机器”。伴随着权力集中而产生的高度集中，以科学智力和定量化生产为前提，以发展经济、丰富物质财富、发展军事、强化当权者权力和统治为目的，丧失人的生活乐趣，违背人的愿望的技术。

04.048 高技术 high technology
以前沿科学理论为基础、具有知识密集型特征、对经济和社会发展具有重大意义的新兴技术群。它具有高效益、高智力、高投入、高竞争、高风险和高势能等特点。

04.049 工业技术 industry technology
把工业原料加工成产品的生产技术（体现为工艺、手段和方法等）。包括采掘技术、材料技术、机械制造技术、交通运输技术、建筑技术、动力技术等。

04.050 工程技术 engineering technology
又称“生产技术”。应用科学理论或技术原理进行工业生产，以达到改造自然目的的手段和方法。具有实用性、可行性、经济性和综合性等特点。

04.051 汇聚技术 converging technology
又称“会聚技术”“融合技术”。把纳米科学和技术、生物技术、信息技术、认知科学汇聚在一起，旨在提升人类自身能力的技术。

04.052 机器学习 machine learning
一门涉及概率论、统计学、算法复杂度理论、计算机科学的多领域交叉学科。研究计算机如何模拟人类的学习行为，以获取新的知识或技能，重新组织已有知识结构使之不断改善自身的性能。

04.053 机械艺术 mechanical art
在机器的设计、制造和操作过程中充分考虑审美因素，提高操作者和使用者的审美效果，更好地实现机器与人和谐的艺术追求。

04.054 机械技术 machinery technology
又称“生产加工技术”。在传统机械制造工艺的基础上，将计算机技术、传感技术、信息技术、自动化技术、新材料技术和现代管理技术手段等相结合创造出的新技术。具有实用性、高效率、低能耗等特点。

04.055 教育技术 education technology
人类创造、使用、管理适当的技术性的过程和资源。以促进学习和提高绩效的研究与符合伦理道德的实践。

04.056 经验技术 experience technology
根据生产、生活中的实践经验而总结、归纳、创造或发明的手段及方法、技能、技巧等。具有模仿性、地域性、单生性等特点。

04.057　具体技术　concrete technology
具有特殊结构、性能的工艺、手段或方法。具有对象化较强、专业性较强等特点。

04.058　开放技术　open technology
与高校或培训机构联合培养技术人才的手段和方法。具有联合开放、资源共享等特点。

04.059　克隆技术　clone technology
通过复制和转移体细胞的遗传信息进行的生物无性繁殖技术。包括器官性克隆技术和生殖性克隆技术。前者有助于修复生物体残缺器官，后者被用于动植物，有助于保护濒危物种。

04.060　民生技术　livelihood technology
以维护民众的生存和发展为宗旨，注重与民众的日常生活密切相连的技术。既包括直接民用化的科学技术，也包括军用科技民用化的科学技术。

04.061　民主技术　democratic technology
人类理性为追求民主价值，在特定条件下，经过长期实践形成和发展起来的民主操作体系。

04.062　纳米技术　nanotechnology
研究在 1～100nm 范围内材料的性质和应用并以此控制和制造它的技术。

04.063　脑成像技术　brain imaging technology
运用 CT 扫描、磁共振成像、血管造影等手段，研究脑特定区域与其功能之间的关系，对受神经疾病影响的脑区进行定位以及发明新方法治疗脑部疾病的技术。

04.064　社会技术　sociotechnical
人们在社会实践中积累起来的处理社会问题和社会事务的理论、经验、技能和方法的总和。具有应用主体与应用对象的复杂性、双重标准性、规范性和综合性等特点。

04.065　生产工学　production engineering
利用基本的生产功能，有效支援生产活动的技术和手段。包括开发、设计、生产流程、生产场所、工艺标准等要素。

04.066　生物技术　biotechnology
以现代生命科学为基础，按照预先设计改造生物体或加工生物原料，为人类生产出所需产品或达到某种目的的技术体系。包括基因工程技术、细胞工程技术、酶工程技术和发酵工程技术等。

04.067　适用技术　appropriate technology
一种从本国、本地区的实际情况出发，把技术目标、经济目标、社会目标和环境目标整合起来进行技术选择的理论，而不是一种固定的技术实体。作为持续协调发展的中介系统，具有时变性、区域性、高效性、相对性、生态性、人文性等特征。

04.068　手工技术　handwork technology
又称“工匠技术”。以经验为基础的制作工艺品、改造自然界的手段和方法。分为雕塑、印染、刺绣、编织，以及制作陶器、服饰、首饰以及木版年画、剪纸、风筝、皮影、木偶、绢花、灯彩、彩扎狮头、面具、民间玩具的传统工艺。

04.069　网络技术　network technique
把分布在世界不同地域的计算机与外部设备，通过相应的传输介质和通信设备相互连接起来，在网络管理软件、网络操作系统以及网络通信协议的协调和管理下，实现彼此之间的相互通信，最终实现信息传递和资源共享的技术。

04.070 新技术 new technology
在一定时间和空间范围内，第一次出现的技术，或虽是原来已经有过而又经过改造使其在某方面有所突破或显著改善的技术。

04.071 心理技术 psychology technique
以研究心理学为目的，综合运用现代技术手段，并使成果实践化，为心理学发展和社会发展服务的手段和方法。具有工具性（可操作）和社会性（有目的和效果）等特点。

04.072 信息技术 information technology
利用计算机、网络和现代通信手段获取信息、传递信息、存储信息、处理信息、显示信息和分配信息的技术。包括获取信息的感测与识别技术、传递信息的通信与存储技术、处理及再生信息的计算与智能技术、施用信息的控制与显示技术、面向实际系统集成的信息系统工程。

04.073 一般技术 general technology
以科学理论为指导，以生产实践为基础，将科学知识转化为认识与改造自然、变革社会并获得物质生活资料的物质、精神、信息手段的总和（包括工具、经验、工艺、信息等）。

04.074 政治技术 political technology
人类理性为处理社会组织方式和秩序方式而在特定条件下经过长期实践形成和发展起来的知识和操作程序。

04.075 自然技术 natural technology
以自然科学为基础，为了创建人工自然界，满足人类发展需要而采取的各种方法和手段的总和。分为实验技术、专业技术、工程技术、生产技术等。

04.076 专制技术 autocracy technology
旨在压缩社会其他人群的权利和利益，消灭所有对专有权利的挑战，维持稳定和现状，阻碍社会变化和发展的一种管理和控制人的手段和方法。

04.077 中间技术 intermediate technology
发展中国家在实现工业化过程中所采用的一种使技术进步和增加就业相统一的技术。它具有规模小、投资少、技术简易便于推广、与生态系统相容等特点。

04.078 综合技术 polytechnics
又称“生命技术”。直接以人的生活和自我完善为目的的技术。目的不是征服自然或外在世界，而是改造人的内心或内在世界并与人性相一致。

04.079 作为意识形态的技术 technology as ideology
被用来作为统治人的工具并以此被政治化的，使其获得意识形态性质的技术。执行了意识形态的功能。

04.080 技术圈 technosphere，technological sphere
在地球上由技术创造所形成的由工业、农业、交通、通信、城市和乡村等构成的系统。与生物圈（各种生物组成的系统）相互作用，形成“社会-自然”系统。

04.081 技术贸易 technology trade
按照双方达成的条件，对生产中的技术知识及生产设备等技术进行买卖的经济活动。

04.082 技术壁垒 technical barrier
国际贸易中对产品粘贴合格标志的认证活动（包括强制性认证和非强制性认证）。是对进口商品所设置的一种技术性障碍。

04.083　技术垄断　technical monopoly
技术所有者对自己所拥有的专利技术或专有技术进行封锁、垄断，以实现独家生产与经营，从中获取高额利润的手段。

04.084　技术分类　technical classification
按照一定标准把各种技术区别开来，并揭示其种属关系的方法和结果。

04.085　技术体系　technological system
又称“技术系统”。技术的诸要素之间或各种技术之间相互联系而形成的具有特定结构和功能的整体。

04.086　技术专家　technologist
在某一技术领域具有专长，或能提供特定知识或技术的人。

04.087　技术合作　technical cooperation
个人之间、企业之间或国家之间为实现特定技术目标，在技术研究与实践领域按照合同或协议所展开的配合和协作。包括技术情报和技术经验的交流、技术专利的转让、共同勘察和设计、互派专家交流等活动。

04.088　技术交流　technical exchange
在技术研究和开发等方面互通信息、相互学习、互通有无的活动。包括交换技术情报、参观学习、技术表演、科技展览、科技会议等。

04.089　技术选择　technological choice
决策者为了实现一定的经济、技术和社会目标，考虑系统内外客观因素的制约，对各种技术路线、技术方针、技术措施和技术方案进行分析比较，选取最佳方案的过程。

04.090　技术手段　technological means
人们在实践过程中为了实现其自身的目的而利用的各种方法（程序、规则、技巧）和工具的总和。

04.091　技术目的　technological objective
人们根据自身的需要，借助技术的中介作用预先设想的技术目标和结果。反映了人对客观事物的实践关系，并贯穿于实践过程的始终。

04.092　技术原理　technical principle
以科学原理为基础认识技术对象的存在及其运动所形成的具有普遍意义的基本技术规律。

04.093　技术创新　technological innovation
作为创新主体的企业在创新环境条件下，通过一定的中介而使创新客体转换形态，实现市场价值的一种实践活动。包括新设想的产生、研究、开发、商业化、扩散等。

04.094　技术水平　technological level
技术研发项目的创新性和技术攻关的难度。

04.095　技术战略　strategy of technology
又称“技术发展战略”。技术发展的全局性、长远性的方针和规划。包括制定技术发展方针政策、选择重点技术发展领域等。

04.096　技术政策　technology policy
社会管理系统为指导、控制技术活动而确定的基本准则。体现国家、地区或部门对技术发展和技术应用的态度，对技术实践有重要影响。

04.097　技术转移　transfer of technology
国家、地区或部门之间，通过技术输出和输入的活动，将某种先进技术移植于不同地点或领域，从而使技术水平差距缩小的过程。包括以知识形态表现的技术知识、技术情报的交流，工艺的移植，技巧经验、操作能力的推广；以实物形态表现的机器设备、新材料的引进；以及通过工程技术人员的流动来扩散技术成果和传播技术信息等。

04.098 技术引进 technology import
从别的国家或地区有计划、分步骤地输入先进技术成果，并使之得到移植应用的过程。

04.099 技术决策 technological decision
对技术发展目标以及达到目标的途径和步骤等技术方案做出选择和确定。在狭义上指对多个可供采纳的技术目标及方案的选择，在广义上包括提出问题、搜集资料、确定技术目标、拟出技术方案、制订评价标准、分析评估、定案，以及检查、监督执行方案或试验情况和及时修整技术目标、方案等全过程。

04.100 技术情报 technological information
在技术研究与开发过程中所获得的技术成果与资料及其相关的经济情报、市场情报等。可应用于技术决策、技术发明和技术实践，具有效用性或使用价值。

04.101 技术劳动 technical labour
以技术的开发、设计、实施和使用为核心的人类的劳动。

04.102 技术结构 technological structure
技术内部各种构成要素的组织形态和彼此之间的连接方式。

04.103 技术过程 technical process
人们在生产劳动中利用某些技术手段把原材料加工为消费品或生产资料的过程。在广义上指规划、开发、设计、运输和销售等。

04.104 技术形态 technological form
技术的存在样态。包括经验形态的技术、实体形态的技术、知识形态的技术等。

04.105 技术装备 technical equipment
又称“技术装置”“技术设备”。生产和工程活动中使用的技术性的物质手段。其与以信息、知识和技能为基础的软件结合，在人类改造自然中发挥重要作用。

04.106 技术工具 technological tool
人类为了达到自身的目的，创造出的有效物质手段。

04.107 技术世界 technological world
人类为实现自身目的依靠科学技术的创造而建构起来的人工世界。

04.108 技术环境 technological environment
人们在技术活动过程中所受影响的外部条件和因素的综合。包括自然环境、社会环境和文化环境等。

04.109 技术方法 technical method
人们从事技术活动所采取的各种手段、途径及行为方式的总和。

04.110 技术发明 technical invention
应用自然规律解决技术领域中特有问题而提出创新性方案、措施的过程和成果。

04.111 技术改造 technological transformation
采用已被应用的、较为成熟的先进技术取代原用陈旧技术的活动。

04.112 技术主体 technical subject
具备一定知识经验和能力的、参与技术发明创造与使用过程的个人或群体。包括个体主体与群体主体。

04.113 技术客体 technical object
又称“技术对象”。人们为了达到自己的

目的利用一定的手段或工具加工和改造的对象。

04.114　技术价值　technological value
技术满足主体的某种需要。包括技术的自然价值、经济价值、社会价值、文化价值、生态价值等。

04.115　技术伦理　technological ethics
约束和调节技术行为的道德规范和价值观念的总称。

04.116　技术知识　technological knowledge
人们在改造和控制自然的实践过程中形成的技术原理、技术规则、技能的总称。

04.117　技术认知　technological cognitive
认知主体研究和解决技术问题，获取技术知识从而提升其实践能力的过程及其结果。

04.118　技术实践　technological practice
人类为实现其自身目的从事技术发明和创造的物质实践活动。

04.119　技术规范　technical specification
从人与自然的关系方面，通过示范、模仿、改进等环节以及推广和评价（包括可行性评价和效益评价）等路径，调控人类行为规范的总称。

04.120　技术问题　technical problem
人们在技术实践中通过一系列技术认知操作，形成相应的解决方案并给予解决的与技术相关的诸多问题的总称。

04.121　技术设计　technical design
在已批准的技术任务书的基础上，对产品的零部件结构、尺寸及其技术条件以及产品结构的合理性、工艺性、经济性、可靠性等进行的设计。

04.122　技术试验　technical test
人们为实现某种目的所进行的尝试、检验、优化等探索性实践活动。

04.123　技术检测　technical detection, detection of technology
利用各种物理化学手段，选择合适的方法和装置，将生产、科研、生活中的有关信息通过检查与测量的方法赋予定性或定量结果的过程。

04.124　技术预测　technology forecasting
以科学技术的过去和现状及其发展规律、自然资源条件、社会经济政治和文化教育等制约因素为依据，对技术发展的前景和后果做出推断的方法和结论。

04.125　技术评估　technology assessment
对技术的性能、水平和经济效益及技术对环境、生态乃至整个社会、经济、政治、文化和心理等可能产生的广泛影响进行全面系统分析的方法。

04.126　技术思维　technological thinking, technical thinking
在技术活动中，思维主体通过接受、存储并处理信息的方式，运用现代技术知识、技能、技术思想和方法等对各种技术信息进行加工进而达到技术目的的过程及其结果。

04.127　技术构思　technological design
从技术原理出发判断一个技术方案的可行性的过程。是技术设计的重要前提。

04.128　技术规则　technical rule, technical regulations
规范和调整技术行为的规范和原则，在现代社会中被内化为控制决策制定和组织结构，规范社会运行的潜在规则。

04.129 技术理论 theory of technology, technology theory
人们以科学理论为基础，研究技术的生成、存在和演化规律所形成的知识体系。

04.130 技术符号 technical symbol
技术主体在技术活动中创建的源于对象性存在的符号系统。

04.131 技术逻辑 technical logic
运用逻辑理论研究各种技术系统特别是自动化机器（如计算机、自动翻译机等）结构及其运行规律的一种应用逻辑。

04.132 技术代码 technical code
在技术设计中，技术的自身因素以及镶嵌于其中并成为其内在组成部分的一定的社会道德、政治、美学和文化等限制性因素的总和。

04.133 技术自主 technology autonomous
技术按其自身的逻辑规律自主发展并决定和支配着人的思维与社会状况。

04.134 技术素养 technological literacy
人类生存所需要的基本技术知识和能力。

04.135 技术革命 technological revolution
改变社会生产技术基础的整个技术体系的根本性变革。某一技术领域或某一技术系统中出现的足以促成技术发展产生飞跃或质变的重大突破。

04.136 技术革新 technological improvement
以技术发明为前提，在原有技术基础上做出局部性技术变革。表现为某种技术要素的完善，或者技术要素之间关系的优化。

04.137 技术悖论 technology paradox
技术自身的不合理性和矛盾性。主要体现在技术既为人类服务又控制甚至奴役人类。

04.138 技术异化 alienation of technology
技术应用过程中的负价值实现。使原本用来实现其正向价值、用来为人类服务的技术，发展成为异己的敌对的力量，给人类自身带来危害，使人产生焦虑恐慌、不尊重生命、漠视和平、盲目崇拜机械等心理。

04.139 技术功能 technology function
技术在被应用过程中对社会的政治、经济、文化等所发挥的作用、效能。

04.140 技术意向 technological intentionality
技术朝向现实特定层面的定向性，或是技术人工物具有特定的导向性、倾向，是在使用人工物的过程中所形成的不同的行为模式。

04.141 技术霸权 hegemony of technology
国家、行业或者企业持续利用自身拥有的技术优势以保有和扩大其经济利益，通过垄断各行业的标准体系，保持自己在各行业中的技术垄断优势，阻止先进技术扩散，从而攫取大量垄断利益的行为。

04.142 技术合理性 technological rationality
依据科学合理的理性观和价值标准反思、评价和规范具体技术实践活动及其结果的价值和效应。

04.143 技术密集型 technology-intensive
又称“知识密集型”。对技术要求很高，需要投入的复杂劳动很多，产品附加价值很高，而能源和材料消耗相对较少的技术。即自动化和机械化程度较高的技术。

04.144 技术恐惧症 technophobia
面对先进技术或者复杂设备特别是计算机而产生的厌恶或者恐惧的消极心理体验。具体表现为身心不适，产生心理焦虑、烦躁，厌恶、拒绝或反对新技术。

04.145　技术价值负载　technology value-laden
认为技术内含着一定的好坏、善恶以及对错之类的价值判断的技术价值论。

04.146　技术价值中立　technology value neutrality
又称“技术中立论”。认为技术作为工具和手段，在政治、伦理和文化上没有好坏、善恶以及对错之分，不包含任何价值判断的理论。

04.147　技术发展模式　model of technological development
技术发展的结构和规律。它包括技术发展的宏观规律和技术理论成长的微观过程。

04.148　技术发展动力　force of technological development
技术的发展所依赖的推动力量。根本动力是社会需要，直接动力是技术目的和技术手段之间的矛盾。

04.149　技术学　technology
以技术整体作为研究对象，专门研究技术的特点、本质、作用及其发生、发展规律的学科。

04.150　技术史　history of technology
人类利用自然规律，使创造和控制人工自然系统的手段和方法不断完善的过程。分为通史、断代史、国别史和专业史；它是技术哲学研究的基础。

04.151　技术论　theory of technology
运用史论相结合的方法，把技术作为一个整体，从哲学、经济学、社会学、工程技术、科技管理与决策等多方面多层次进行综合性的探讨，探索技术发展规律的理论体系。包括技术哲学，技术社会学，技术方法论，科学、技术与社会等内容。

04.152　勒德主义　Ludditism
对新技术和新事物的一种盲目冲动性反抗。始自 19 世纪英国手工业工人发动捣毁机器的运动，该运动以虚构的内德·勒德（Ned Ludd）将军或勒德王命名。

04.153　反核主义　anti-nuclear activism
反对不正当应用核能，鼓励探索替代核能的社会思潮。早期倡导者之一是爱因斯坦，国际组织有国际防止核战争医生组织、核裁军运动、地球之友、绿色和平运动等。

04.154　反技术主义　anti-technologicism
怀疑和反对技术进步，主张技术是产生社会危机的根源，必须审视技术导致的社会问题，甚至摧毁、根除技术，回到没有技术的前工业社会中的理论。

04.155　技术乐观主义　technological optimism
认为技术进步为社会发展的决定因素和根本动力。

04.156　技术悲观主义　technological pessimism
又称“反技术主义”。认为技术是独立存在的，技术的发展及其社会后果不受社会条件的制约，技术的发展直接主宰社会命运，必然给人类带来灾难。

04.157　技术浪漫主义　technical romanticism
关心技术发展中的人之天性，为人类的前途与命运指出新方向的理论。

04.158　技术现实主义　technorealism
在技术化时代，要冷静、合理地看待技术，避免技术乌托邦或技术敌托邦的极端理论。

04.159　反技术统治论　anti-technocracy
20世纪后期形成的崇尚人本主义，批判崇尚理性、忽视人性的技术统治论。

04.160　技术激进主义　technology radicalism
以革命方式重建全新的技术体系，从根本上改变现存技术体系结构的理论观点与行动。

04.161　技术至上主义　technolatrialism
technologic supremacy
把技术作为人的智慧和能力的标识，相信技术能够解决人类社会一切问题的理论。

04.162　技术救世主义　salvationism of technology
认为技术是独立自主的，技术的发展及其社会后果不受社会条件的制约，技术进步会无可怀疑地给人类带来幸福美好的生活。

04.163　技术主义　technicism
极端崇拜技术，把技术的作用完全理想化，忽视技术悖论，试图通过技术而获得最大经济利益。

04.164　技术立国　national strategy of technology
以先进的技术为基础，促进工业发展，促进国家繁荣的国家战略。它是日本于20世纪80年代提出的。

04.165　专家治国论　technocracy
又称“技术统治论”“技治主义”“技术治国论”。技术专家统治或管理社会的理论。技术专家的权力源于生产领域技术的要求。

04.166　媒介决定论　media determinism
新媒介技术对社会、组织、群体和/或个体领域具有决定性影响的理论。

04.167　技术本体论　ontology of technology
探究技术的本原或实质的哲学理论。寻求技术的本质，追问“技术是什么”以及“技术与非技术的区别是什么”等问题。

04.168　技术认识论　epistemology of technology
探究技术知识、技术发明、技术变迁的解释，创造人工物过程中设计的逻辑，技术问题的来源及类型，技术传统，技术设计的层级结构，技术思维等的理论。

04.169　技术知识论　theory of technical knowledge
研究技术知识的分类与逻辑构成、技术知识的难言性、技术知识的评价与检验、技术知识在社会时空中的传播和评价、技术知识进化的时空结构等的理论。

04.170　技术方法论　technical methodology
研究技术方法的对象、性质、种类、层次、发展以及技术的一般方法和具体方法之间的内在联系等的理论。

04.171　技术价值论　axiology of technology
主张技术负荷价值，技术功能的认知、评价、选择的理论。

04.172　技术过程论　process theory of technology
主张技术是一个由诸多要素构成的、有内在联系的动态系统，是作为过程的技术的理论。

04.173　技术决定论　determinism of technology
主张技术是自主的，不会因其他社会因素的制约而变更，社会制度的性质、社会活动的秩序和人类生活的质量，都单向地、唯一地决定于技术的发展，受技术的控制的理论。

04.174　自主技术论　theory of autonomous technology

否定技术是工具或手段，主张技术具有自主发展的逻辑，不受社会诸多因素影响的理论。

04.175　技术建构论　social construction of technology

又称“技术的社会建构”。主张技术是组织变迁的决定性因素，不同的技术将不同类型的要求施加在组织身上，组织结构的变迁来源于特定生产技术改变的理论。

04.176　技术中立论　technology neutrality theory

主张技术在本质上是中性的，技术为人类的选择与行动创造了新的可能性，但也使得这些可能性的处置处于一种不确定的状态。技术产生什么影响、服务于什么目的，这些都不是技术本身所固有的，而取决于人用技术来做什么。技术本身与技术的应用要分开。与技术价值负载论相对立。

04.177　技术自主论　technology of autonomous theory

又称“自主技术论”。现代技术已经脱离控制或者其发展独立于人类的任何意图或计划。强调技术社会逐渐削弱人的自主性的消极方面。

04.178　技术手段论　instrumentalism of technology, technological instrumentalism

主张技术没有自己的目的，只存在于实现人类的目的的理论。技术完全处于人类控制之下，人类历史由人形塑而成，而不是技术。人类决定他们使用什么技术以及如何使用技术。

04.179　技术环境论　technical environment theory

依据生态系统理论研究技术与其环境的相互作用及其机制，以此研究技术转移和提高企业经济效益的理论。

04.180　器官投影说　organ-projection theory

人是制造器物的尺度；工具的源泉和本原的技术建立在人的器官基础之上；人体的外形和功能是创造技术的外形和功能的尺度。

04.181　实用主义技术观　pragmatism technology view

又称“实用主义技术哲学”。以实用主义哲学传统作为理论背景，讨论技术本体论、技术价值论、技术方法论，形成具有实用主义特色的技术观。

04.182　交往行动理论　theory of communicative action

将交往视为社会和批判理论的一个有机组成部分，并试图为其提供一种规范性基础的理论。

04.183　技术的经验转向　empirical turn of technology

打开技术“黑箱”，把技术及其效果的哲学分析建立在对技术充分的经验描述基础之上，以此走出经典技术哲学的困境。

04.184　技术美学　technological aesthetics

研究物质生产和器物文化中有关美学问题的应用美学学科。研究运用美学原则改善生产环境、生产条件等，研究劳动生产中与美学问题密切相关的艺术设计问题等。

04.185　技术伦理学　ethics of technology

探讨技术发展带来的社会问题的学科。探讨人类的技术活动所引起的社会与自然的变化，协调技术与自然和社会的关系，调节人类技术活动的行为规范和道德准则，促进技术与自然及社会持续健康发展。

04.186 技术人类学 technological anthropology
以人类学理论为指导，运用田野调查和民族志方法，研究技术与社会的相互作用及其机制的学科。

04.187 技术哲学 philosophy of technology
从总体上研究技术和技术发展的普遍规律的学问。具体研究技术的本质和特征，分析技术的组成要素及其联系方式，揭示技术进步的内在机制，探究技术发明、技术创新的方法论以及技术在社会生产力中的地位和作用问题等。

04.188 发明哲学 philosophy of invention
研究发明的概念与类型、本质与方法、机制与模式、性质与价值问题等的学问。

04.189 社会技术哲学 philosophy of social technology
研究社会技术存在、社会技术认识、社会技术系统、社会技术方法、社会技术工程、社会技术活动、社会技术创作、社会技术预测等问题，揭示人与自然世界、人与人文世界、人与社会世界的关系的学问。

04.190 古典技术哲学 classical philosophy of technology
古代和近代哲学家关于技术概念、技术本质、技术构成以及技术作用等方面的研究及其成果。

04.191 现代技术哲学 modern philosophy of technology
研究技术与工程设计自身独特的认识论、方法论和价值论问题的学问。包括工程主义技术哲学、人文主义技术哲学和实用主义的技术哲学等。

04.192 现象学技术哲学 phenomenological philosophy of technology
运用现象学方法探究技术与人类生存的基本关系，分析人与技术的关系，考察人类经验与知觉的变化过程，确立技术人造物在技术与人类世界关系中的调节功能的学问。

04.193 分析技术哲学 analytical philosophy of technology
运用分析哲学的方法，研究技术人工物的本体论特征、技术人工物的物理和意向的二重性、技术人工物的结构与功能关系以及技术人工物的系统模型等问题的学问。

04.194 工程主义技术哲学 engineering philosophy of technology
研究技术的本质及其活动规律，揭示技术的发生、发展的内在规律的学问。

04.195 人文主义技术哲学 humanities philosophy of technology
用人文的观点解读技术在社会中的意义，批判技术的工具性对人的生存构成的威胁，主张人是技术的创造者，技术是人的从属物，技术应该处于人的控制之下的观点。

04.196 存在主义技术哲学 existentialist philosophy of technology
认为现代技术的本质是“座架”，将其对象性存在加以展现或解蔽，人成为受其控制或摆布的“持存物”，并将人置于一种危险的境地。

04.197 女性主义技术哲学 feminist philosophy of technology
从女性主义立场出发，以“性别分析”为核心对“性别化的技术”以及“技术化的性别”进行透视与反思的学问。

04.198 奥格本学派 Ogburn school
形成于 20 世纪 20 年代，以美国社会学家 W. F. 奥格本（W. F. Ogburn）及其《社会变迁：关于文化和先天的本质》中的主张为核心形成的学派。从社会学的角度探索发明产生的原因以及发明的社会影响。

04.199　日本技术论　Japanese technology studies

形成于20世纪30年代，从政治经济学的角度研究技术的本质及其在生产力中的地位和作用并由此引发了争论，形成了以户坂润为代表的“体系说”（技术是劳动手段的体系）、以武谷三男为代表的“应用说”（技术是对客观规律的应用）等技术哲学理论。

04.200　苏俄技术哲学　Soviet Union and Russia philosophy of technology

前苏联和俄罗斯技术哲学的总称。前者开展工程的技术哲学研究，提出专家治国论思想，后者对技术进行综合系统的、跨学科的分析。

04.02　环 境 哲 学

04.201　生态平衡　ecological equilibrium

在自然界生态系统内部生物各个种群之间、生物种群和环境之间，通过能量流动、物质循环和信息传递等相互作用，而达到的一种整体生态系统内部有机物和无机物之间的和谐、适应、统一的平衡状态。也强调在自然界生态系统处于平衡时，生态圈系统内部各生物种群、生命要素之间会呈现一定的比例关系，当这种稳定关系暂时被打破时，会在一段时间内自动恢复到均衡和谐。1949年美国学者威廉·福格特在《生存之路》一书中较早地提出了这一概念。

04.202　生态健康　ecological health

整体生态系统处于一个和谐安全的状态。能够维持其整体生态系统结构及不同生态子系统的稳定性、循环性和完整性，并且能为自然界大生态圈的完整美好稳定创造条件，不仅提供满足人类健康生存基本需求的物质条件，也体现为对非人动植物生命的和谐持存和生物多样性的保障。

04.203　生态危机　ecological crisis

区域及全球社会生态环境问题急剧恶化所造成的威胁人类生存和发展的严重状况。是源于水、土、气等领域的污染及对森林乱砍滥伐、无度排放二氧化碳和海洋污染所造成的地球生境脆弱乃至整体生态系统失衡的困境。

04.204　生态主义　ecologism

以注重生态系统整体和谐稳定为首要价值及以人类尊重自然生态规律为行为规范的思想范式。是秉持生态环保观念和自然价值的社会有识之士在20世纪60～70年代倡导的、寻求解决区域及全球生态环境问题的观念架构及思想方案而生成的理论体系。

04.205　生态社会主义　ecological socialism

兴起于20世纪下半叶，致力把工人阶级力量与生态环境保护运动相融合，在以公有制为主体的社会经济可持续发展中致力于生态文明建设进程，体现人民群众在绿色发展进程中的共同富裕，是在人与自然和谐共生的现代化进程中反对资本主义制度不正义性及反生态性的思想观念。其代表人物有大卫·佩珀、詹姆斯·奥康纳、约翰·贝拉米·福斯特等。

04.206　绿色资本主义　green capitalism

兴起于20世纪下半叶，注重绿色发展的资

本主义模式。作为一种兼顾经济成本与生态效益的工业发展模式，将可获利性、可操作性和可持续性的商业原则系统整合到其观念基础上，目的在于为资本主义社会的环境问题提供生态修复的解决方案。

04.207　生态整体主义　ecological holism

把生态系统的整体利益作为最高价值而不是把人类的利益作为最高价值，把是否有利于维持和保护生态系统的完整、和谐、稳定、平衡和持续存在作为衡量一切事物的根本尺度，作为评判人类生活方式、科技进步、经济增长和社会发展的终极标准。形成于20世纪上半叶，主要代表人物是美国环境哲学家A. 利奥波德（A. Leopold）和H. 罗尔斯顿（H. Rolston）。

04.208　环境权利　environmental right

社会共同体成员在其生存和发展的进程中享有清洁生态环境以及平等拥有水、土和气等人类环境资源的人权。其于20世纪60年代出现，1972年联合国第一次人类环境会议上通过的《人类环境宣言》对环境权利在全球范围内予以了正式承认。从语义分析的角度来看，其有两层含义：一是环境的权利，二是主体对环境所享有的权利。

04.209　生态正义　ecological justice

在20世纪80年代以来的全球生态危机背景下，人们反思人与自然之间矛盾关系的观念，更新、探寻人与自然协调发展的解决途径时所提炼的正义理论的一种模式。侧重于指个人或社会集团的行为符合生态平衡原理、符合保护生物多样性原则、符合人类命运共同体保护自然界的愿望和人类命运共同体意识、符合“只有一个地球”的全球共同利益，特别是符合为子孙万代保护自然生态环境的可持续发展观。

04.210　代际正义　intergenerational justice

既要满足当代人的发展需要，也要满足子孙后代的生存和发展需要（不可对后代人满足需要的能力构成危害）的正义实现模式。即当代人与后代人公平地享有地球资源与生态环境的分配正义理念在不同代际的落实。其实质是地球上的有限资源在不同代际间的合理分配与补偿问题。

04.211　物质主义　materialism

以财富占有和物质享受作为人生价值的唯一标准、在行动及理念上沉迷于对单向度物质需求与过度欲望之实现的价值取向，导致忽视精神追求与理想信念的生活方式，是一种将金钱、物质与财富的获取作为人生追求的思想体系。

04.212　后物质主义　post materialism

来源于对物质主义的超越，在注重人类基本物质需要满足的前提下，重新对物质及其存在、物质需要和物质生活方式进行深度反思的理论体系。它是一个由个体或社会主体所带动的使他们从基本物质需要中升华并释放出来持续转化的理念革命，并企望于一个注重人道主义与精神文化力量的社会氛围以及一个更加清洁健康的居住环境的系统塑造的思想集成。20世纪70年代，罗纳德·英格尔哈特（Ronald Inglehart）在其著作《宁静革命——后物质主义价值变迁》中较早地提出这一概念。

04.213　消费主义　consumerism

社会个体把消费当成人生的唯一价值目标与生命行为的重要取向。这种膨胀消费的行动不是为了社会生活实际需求的满足，而是不断追求被制造出来、被刺激起来的个人物质享受欲望的满足的一种奢侈拜金的片面生活方式。法国哲学家让·鲍德里亚（Jean Baudrillard）在1970年出版的《消费社会》

一书中较早提出了这一概念。

04.214 绿色现代化 green modernization

又称"生态现代化"。以发挥生态赋能环境之优势推进现代化的进程。实现社会经济发展和生态环境保护的双赢，体现了一种新的绿色发展理念。重在把生态环境的优化及建设看成低碳发展之义、绿色发展之举，不以牺牲生态环境为代价来换取一时的发展，走可持续发展之路，加快推进发展模式由先污染后治理型向生态和谐型转变。

04.215 绿色现代性 green modernity

在全球自然资源和人类生存环境恶化的生态危机时代推进绿色现代化的根本特征，在人与自然和谐共生的理念下引领经济、政治、文化、社会联动发展实现现代性的可持续发展范式。作为现代性的升级版，在理念上摆脱了物质主义、拜金主义与消费主义的操控，是进入生态文明建设新时期的第三代的现代性。

04.216 绿色消费 green consumption

国际消费者联盟于1963年正式提出的概念。指消费者以崇尚自然、保护生态和避免环境破坏为目的，以有益人类健康、满足自然界生态平衡需要为基本内涵，有意识地选择符合人的健康和环境保护标准的绿色产品或服务的消费行为和方式。

04.217 环境美德伦理 environmental virtue ethics

以美德作为环境伦理的核心理念和着力点，是基于环境保护之行为者的道德品质而非某个具体行动来研究环境问题的伦理。聚焦于环境视域中的讲究人类德性素养及其养成的伦理，是人类个体及其群体在保护生态环境行动中所展示的德性品质、优良态度以及探讨环境之幸福生活由何而来的美德伦理。

04.218 环境美德 environmental virtue

社会生活中的主体在生态环境保护行为中所展现的卓越品质。是道德主体在生态环境保护行为中所展示的一种积极主动的道德反应及其内在品格，是通过内化于心的道德禀赋致力于保护生态环境的内在心性，是在对待人与自然界及环境之关系方面所表现出的与自然界友好相处以及和谐共生的德性品格。

04.219 环境美学 environmental aesthetics

将环境作为审美对象，主要研究人类生存环境的审美要求、环境美感和环境对于人的生理心理产生作用的学科。1966年，罗纳德·赫伯恩（Ronald Hepburn）发表《当代美学和对自然美的忽视》一文，试图探求出自然审美之道，被视为环境美学兴起的标志。西方代表学者还有柏林特、卡尔松、瑟帕玛等。

04.220 经济主义 economism

社会单向度陷入资本过度操控以至于沉迷增长逻辑而非生态逻辑后的一种发展观和价值观。价值观念片面强调经济增长，忽视资源环境承载力和人类幸福的精神性而强调经济至上的偏激向度。它是在经济主导的旗帜下引起人与自然界之关系的异化而可能引发生态环境危机的理论范式。

04.221 生态文化 ecological culture

以生态系统观念作为最高价值标准和指导思想的文化体系。罗马俱乐部创始人 A. 佩切伊（A. Peccei）较早提出这一概念。有狭义与广义之分，狭义是指以生态价值观为理论指导、构建人与自然和谐共生的地球生命共同体并实现永续发展的绿色文化。广义是指人类在社会生活和生产实践中创造的与生态文明建设紧密相关的物质、制度与精神范畴的文化产物。

04.222　非物质经济　immaterial economy

在 20 世纪末生态文明建设进入新的历史阶段对物质主义之观念系统反思的产物。强调非物质在社会经济生活中的重要性及作用，在现代社会经济运行进程中合理协调物质文明与精神文明的关系，满足全社会对精神价值的生产和文化消费需要的经济，也是平衡物质资源开发利用达到生态系统承载的最大限度，而适时转向精神文明生产的一种可持续性发展的新经济形态。

04.223　生态神学　ecological theology

20 世纪 60 年代产生在基督教传统中探寻生态智慧以及反思基督教会在生态问题上所持观点的一种神学理论。它力图把生态主义观念与基督教神学做一种融合。它提倡在基督教神学理论体系中克服“人类中心主义”所造成的人与自然失衡现象，辩证地看待上帝、自然和人类之间的关系，以更新对人与非人动植物生命的理解，重塑生态系统中有机物和无机物相融合统一的生态环境伦理思想。于尔根·莫尔特曼（Jürgen Moltmann）、约翰·科布（John Cobb）为其理论代表。

04.224　生态纪　Ecozoic Era

地球经历了古生代、中生代和新生代之后可能出现的地球时代新纪元。即人类在敬畏自然、顺应自然和保护自然的前提下，为应对地球生命系统崩溃之严峻挑战的努力，以期获得一种美好、稳定与可持续的生存方式和发展方式所倡导的人类与非人动植物生命以共生共存、相互塑造及共同受益的方式构建宇宙生命共同体的新纪元。西方著名生态思想家托马斯·贝里（Thomas Berry）在 1999 年出版的《伟大的事业》一书中系统地论述了该思想。

04.225　内在价值　intrinsic value

自然界中人类和各种非人动植物生命及无机界事物本身所固有的价值。它的价值体现是来源于自身的，而不是体现于其他生命及事物的存在价值的，即这种价值是内在的、只反映地球物种生命及宇宙事物本身的属性和内在特征的价值。与外在价值相对，20 世纪 20 年代英国哲学家 G. E. 摩尔（G. E. Moore）较早明确地提出这一概念。

04.226　固有价值　inherent value

不同环境哲学家对此提出了不同的含义，其中最主要的含义分别是汤姆·里根（Tom Regan）和保罗·泰勒（Paul Taylor）提出的。在里根看来，固有价值是生命个体具有的欲望、感知、筹划等能力所体现的价值，这种价值使得该生命能够被视为生命主体，因而具有道德地位。泰勒使用固有价值与内在价值相区分，认为固有价值主要不是由生命个体内在或本质上具有的某种能力或属性所体现的价值，而是指生命个体具有的善良状态。如果道德行为者持有“生物中心自然观”，他们就有义务保存和促进这种善良状态。

04.227　道德行为者　moral agent

能够在不同主体的相互关系中道德地或体现道德感地行动，能够承担起伦理义务和道德责任，也能够为自己的行为负责的人。

04.228　道德顾客　moral patient

道德行为者做出道德行为的对象。或许不能如道德行为者那样承担起义务和责任，但是其某些状态可能受到道德行为者的影响而获得价值提升或遭受利益损害。

04.229　自然美　beauty of nature

自然事物或自然界呈现的美，如动物植物、山川日月、森林原野、清泉碧湖等带给人们直观的、愉悦的审美体验。但这种审美体验不局限于感性直觉的层面，往往与人文、艺术、志趣、情操等交织在一起。与“艺术美”相对。

04.230　艺术美　beauty of art

一方面是指人工物或经过人工改造的自然物所呈现的美，是通过人工的形式所呈现的美；另一方面虽然也可以指自然物所直接呈现的某种特定的美，但是这种美必须在特定的文化、传统、习俗的教育熏陶下才能为人所感知。与“自然美”相对。

04.231　生态智慧　ecological wisdom

在理解生态系统的整体性、复杂性的基础上，洞悉人与自然和睦相处、和谐共生的客观需要，提出遵循自然规律、规范和调整人对自然的活动，寻求在复杂多变的生态关系中如何得以健康生存和和谐发展的生态思想。

04.232　生态哲学　ecophilosophy

狭义上可称为生态学哲学，是科学哲学的一个分支。研究对象是生态学中的认识论、方法论、存在论等问题。广义上与环境哲学的研究范围基本一致，都聚焦于与当前地球环境和自然生态危机相关的哲学问题。但是在方法论上更强调运用基本的生态学知识，尤其是生命普遍联系、相互塑造的生态观点，对相关生态环境问题进行全面反思和改造。

04.233　自然的面纱　veil of nature

古希腊哲学家赫拉克利特（Heraclitus）认为“自然爱隐藏”。这句箴言在西方思想中逐步演化为“自然的面纱”观念，有时也被称为“伊西斯的面纱”或“自然秘密的面纱”。对此箴言的解读有很多种，最基本的含义包括两个方面：其一，自然倾向于隐藏自己，也即真正的自然或自然的奥秘并非直接显露出来，而是隐藏在现象背后；其二，人类没有能力或不应该试图去直接地认识自然。

04.234　人类中心主义　anthropocentrism

又称“人类中心论”“含强人类中心主义”“弱人类中心主义”。以人类利益作为价值原点和道德评价的依据，把人类作为唯一价值判断主体的学说。在人与自然的关系中，人是唯一具有内在价值的自然存在物。人类为了自身的利益而利用自然，也为了自身的利益而保护自然。

04.235　非人类中心主义　non-anthropocentrism

又称“非人类中心论”。以自然的利益、权利和内在价值为价值原点和道德评价的依据，把自然的利益作为人类行为的终极目的和根本尺度的学说。非人类中心主义把道德义务和伦理关怀的范围从人类依次扩展到了动物、植物、无机物和整个自然界，分为生态中心论、生命/生物中心论等。

04.236　生物中心主义　biocentrism

又称“生物中心论”。主张把道德关怀扩大至野生的动物和植物，也即关怀所有的生命，用对生命的敬畏和爱护来体现对大自然的尊重态度。代表人物有保罗·泰勒（Paul Taylor）、罗宾·阿提菲尔德（Robin Attfield）等。

04.237　生态中心主义　eco-centrism

又称“生态中心论”。受现代生态学启发，认为道德关怀应包括作为整体的生态系统、非人动植物、自然过程以及其他自然物。代表性观点有A. 利奥波德（A. Leopold）的大地伦理、H. 罗尔斯顿（H. Rolston）的自然价值论和A. 奈斯（A. Naess）的深层生态学。

04.238　深层生态学　deep ecology

强调运用生态世界观对现代文明进行整体式的理性反思。不追求系统性哲学建构，其主要理论目标是为各种生态智慧的产生和发展扫清理论障碍并提供一套基本方法论原则，其中较重要的原则有：个人的自我和生态的大我相统一、生物平等的生存权和繁衍权。与“浅层生态学”相对。

04.239　社会生态学　social ecology

对生态问题进行社会学考察的一门科学。研究人类社会与环境的相互关系与作用规律以及如何从人类社会生态范畴着手解决人与自然关系问题。代表人物有默里·布克钦（Murray Bookchin）。

04.240　生态女性主义　eco-feminism

最早由法国女性主义者弗朗西丝娃·德·奥波妮（Francoise d'Eaubonne）在1974年《女性主义·毁灭》一文中提出。是妇女解放运动和生态运动相结合的产物。从性别角度切入生态问题，认为生态危机是男权文化的产物，女性被压迫与自然退化之间存在某种关系，只有解放女性才能真正解放自然，是生态哲学的重要流派之一。

04.241　动物解放论　animal liberation

又称"动物权利论（animal rights）"。认为人类道德思考的对象是感觉而不是理性，具有感觉的动物同样具有感受痛苦的能力，因而也具有权益，这些权益的受损导致痛苦，人类应当把道德应用的范围扩展到所有的动物，尊重动物的生命与生存权利。

04.242　大地伦理　land ethic

由美国环境保护主义理论家奥尔多·利奥波德所创立的一种整体主义生态伦理学理论。基本原则为：当一个事物有助于保护生物共同体的和谐、稳定和美丽的时候，它就是正确的，当它走向反面时，就是错误的。

04.243　生态马克思主义　ecological Marxism

20世纪70年代全球绿色运动下的一种思潮。将生态学与马克思主义相结合，批判资本主义是人与自然关系的异化及其危机的根源，提出建立生态社会主义社会取代资本主义社会，是当代国外马克思主义的主要流派之一。

04.244　环境实用主义　environmental pragmatism

环境实用主义将实用主义的概念、原则应用于环境哲学，以"参与者"的立场进行环境伦理学的理论建构并探索实际参与环境议题的方式，主张价值或道德多元主义，削减理论争论在环境伦理学中的地位，直面现实环境政策与环境问题。代表人物有布莱恩·诺顿（Bryan Norton）。

04.245　生态现象学　ecological phenomenology

以人类自身为本体，以生命经验为媒介，以现象学为方法，引导人们真实体验生态系统的善和美，尝试为转变人们的实践观念寻找新途径的一种新的生态哲学形态，将现象学和生态学结合来探讨人与自然的关系问题。代表人物为U. 梅勒（U. Melle）、戴维·伍德（David Wood）。

04.246　救生艇伦理学　lifeboat ethics

又称"生命之舟伦理学"。20世纪60年代由加勒特·哈丁（Garret Hardin）提出。将国家比作救生艇，能够乘坐救生艇的成员有限，救生艇上的人们要想过上好生活，必须用道德约束个人活动，避免人口盲目增加，而穷国人口增加破坏地球生态，富国不应救穷国下沉的"救生艇"的环境伦理理论。

04.247　生态位　niche

一个种群在生态系统中在时间、空间上所占据的位置及其与相关种群之间的功能关系。表示生态系统中每种生物生存所必需的生境最小阈值。

04.248　环境正义　environmental justice

20世纪80年代在美国兴起的一种旨在促进环境善物与抵消环境恶物进行公平处置的环境运动。其主张当代人之间、当代人与后代人之间在环境权利享有和环境不利后果承担方面应受到同等公正的对待。

04.249　种际正义　inter-species justice
合理处理人类与其他物种之间道德关系的伦理原则。其核心议题是尊重人类与其他物种的自然差异，坚持差异能力和差异责任对等原则，通过规范和约束人类自身行为来实现人与自然和谐共生的伦理主张。

04.250　温室效应　greenhouse effect
太阳短波辐射透过大气到达地面，地面受热后放出的大量长波热辐射线被大气中的二氧化碳等物质吸收，其所积聚的大气中的二氧化碳类似一层厚玻璃，使地球像一个栽培植物的大温室，并形成影响气候与自然界的连锁反应。

04.251　碳排放　carbon emission
由于二氧化碳是温室气体的主要成分，因而人们用碳排放来代称温室气体排放。温室气体排放数量多，会把太阳光反射的热量吸收在大气层中，使温度逐渐上升；过量的碳排放是导致全球气候变暖、产生温室效应的直接因素，会带来极端恶劣天气、加速海平面上升等严重后果。

04.252　代内公平　intra-generational equity
在当代人之间所确立的一种公正合理关系的伦理原则。强调同一代人不论国籍、种族、性别、文化、受教育水平、社会阶层，公正合理公平地享有环境权益和承担环境变化所可能带来的不利后果。

04.253　代际公平　intergenerational equity
作为代内正义这一伦理原则的延伸，指当代人与后代人享有公正平等的生存和发展权益。当代人在享有生存、发展等合法权益的同时不得损害后代人的基本权益。为了后代人的环境权益，当代人有责任保护好地球环境，并将地球可持续地交给后代人。

04.03　农 业 哲 学

04.254　农业哲学　philosophy of agriculture
关于农业和农业科学技术的本质特征和一般发展规律的哲学学问。作为自然辩证法学科的一个分支，研究内容包括辩证的农业观、农业科学观和农业技术观以及农业科学技术研究的认识论和方法论等。

04.255　农业技术哲学　philosophy of agricultural technology
从总体上研究农业技术及其发展的一般规律的学问。探讨农业技术的本质、特点、功能和社会价值观，以及农业技术研究的方法论、农业技术发展的社会条件。

04.256　农业　agriculture
人类最古老和最基本的物质生产部门。利用农业生物的生活机能，通过劳动人工调控其生长繁殖及其所处的环境条件，从而取得社会所需要的食物和其他物质资料的生产部门。广义的农业包括种植业、畜牧业、林业、渔业以及农村副业。

04.257　农业再生产　agricultural reproduction
构成一定生产关系的人通过自己的劳动实现农业生物的滋生繁衍以获得所必需的各种农产品的不断反复和不断更新的过程。其基本特点是农业的经济再生产过程和自然再生产过程的相互交织。分为维持原有规模的简单再生产与扩大原有规模的扩大再生产。

04.258　农业科学　agricultural science
关于发展农业生产的自然规律和经济规律的知识体系。综合地应用众多的基础科学知识，探索农业生物的生长繁殖、生产条件以及二者之间的相互关系，属于应用科学。

04.259　农业技术　agricultural technique

农业生产的手段、方法和技能的综合体系。

04.260　农业推广　agricultural extension

通过宣传、教育、培训、示范、指导以及咨询服务等形式，向民众传授农业技术、管理方法等新成果的活动。狭义的农业推广着重对农事活动的指导，中心任务是技术的普及应用。广义的农业推广强调教育过程，重视信息和咨询服务，旨在全面服务“三农”。

04.261　农业起源　origin of agriculture

关于农业发生年代、地域和方式方法等相关问题的研究。

04.262　原始农业　primitive agriculture

农业最早的发展阶段。新石器时代，人类从依靠采集渔猎为生向种植和养殖的相对定居生活过渡，主要使用石器等生产工具从事简单的农事活动。

04.263　古代农业　ancient agriculture

使用铁木农具，利用人力、畜力和自然肥料，主要凭借世代积累的直接经验从事生产活动的农业。由原始农业发展而来，历经漫长时期。在中国常被称为传统农业。

04.264　近代农业　primary stage of modern agriculture

由手工工具和畜力农具向半机械化、机械化农业机器转变，由依靠直接经验开始向应用近代科学技术转变，由自给自足生产向商品化生产转变的农业阶段。古代农业向现代农业转变的过渡阶段。

04.265　现代农业　modern agriculture

用现代科学技术武装的，用现代工业装备的，用现代组织管理方法经营的高投入、高产出、高商品率的农业。20世纪中叶，西方工业发达国家先后完成了向现代农业阶段的转变，其内涵随着现代文明的进步而演变。

04.266　常规现代农业　conventional modern agriculture

又称“石油农业”。20世纪中叶前后，西方工业发达国家率先形成的，广泛使用和大量消耗化石能源的农业机械和农用化学品的，高度工业化的农业模式。农业生产效率和农产品产量大大提高，但逐渐显现出在能源资源、生态环境等方面的诸多弊端。

04.267　替代农业　alternative agriculture

在寻求替代具有弊端的常规现代农业的新途径的探索中兴起的，旨在保护农业生态环境和提高农产品质量的各种农业模式的统称。国外替代农业包括自然农业、有机农业、生物动力农业、生态农业等。

04.268　自然农业　natural agriculture

又称“自然农法”。替代农业的一种农业模式。顺应自然过程，主要依赖自然力进行物质生产的农业方式。它禁用农业化学品，用有机肥料培肥土壤，用生物方法、物理方法和农业措施等防治病虫草害，主张少耕作或不耕作。

04.269　有机农业　organic agriculture

替代农业的一种农业模式。一种完全不用或基本不用农药、化肥、生长调节剂、饲料添加剂等化工产品，依靠农业生态系统本身的物质循环，采用可持续性农业技术的农业生产制度。

04.270　生物动力农业　biodynamic agriculture

替代农业的一种农业模式。合理配置作物的种植业、混合饲养畜禽的养殖业和农畜产品初级加工相结合而形成的一个自给自足、充分循环的农业。

04.271　生态农业　ecological agriculture
替代农业的一种农业模式。生态上能自我维持，低投入，经济上有活力，在环境、伦理和审美方面可接受的小型农业。

04.272　后现代农业　post-modern agriculture
体现后现代主义的农业观，“超越”常规现代农业，建立在伦理和环境的可持续发展理论上的一种农业发展模式。

04.273　中国生态农业　Chinese ecological agriculture
规避常规现代农业的弊端，弥补国外替代农业的不足，依据生态经济学和系统工程原理，由现代科技成果和传统农业有效经验建立起来的，用现代管理手段进行集约化经营，以获取较高的经济效益、生态效益和社会效益的现代化的可持续农业。

04.274　可持续农业　sustainable agriculture
合理利用和维护自然资源，保护和改善生态环境，确保达到并持续满足当代人和今后世世代代人们对农产品的需求，技术上适当可行、经济上有活力、能被社会广泛接受的农业。

04.275　农业资源　agricultural resources
农业生产活动所利用的自然资源和社会资源。自然资源包括土地资源、生物资源、气候资源和水资源等自然物；社会资源包括人力资源、信息资源、物质技术资源和资金等社会经济条件。

04.276　农业生物　agricultural organism
可用于或有助于农业生产和农产品加工的一类自然资源。包括植物、动物和微生物。

04.277　农业环境　agricultural environment
农业生物赖以生存、发育和繁殖的客观物质条件。包括农田土壤、农业用水、空气、日光、温度等自然条件和调节、制约农业生产的生物因素。广义还包括农业的社会环境条件。

04.278　农业生态系统　agriculture ecosystem
在一定时空内，相互联系、相互作用的农业生物与环境诸多要素，在人类生产活动调控下形成的人工生态系统。

04.279　农业类型　agricultural type
一定历史时期内的自然环境和社会经济条件作用下形成的由农业结构组合、农业经营强度和方式及不同生产水平构成的相对稳定的农业生产形态。反映农业分布差异特征的农业生产地域综合体。

04.280　农业结构　agricultural structure
农业各组成部分的构成方式。狭义的农业结构为农业生产结构，即种植业、林业、畜牧业、渔业等各生产部门以及各部门内部生产种类的构成比例和组合方式。广义的农业结构指农业的经济结构、技术结构和生态结构立体交织的复合体。

04.281　农村产业结构　rural industrial structure
农村经济区域内，一、二、三产业三类产业部门的构成和比例关系。第一产业主要是农业；第二产业包括农村工业、采掘业等；第三产业包括多种农村流通服务业。通常用各业的产值和劳动力数量所占的比重来反映。

04.282　农业综合生产力　agricultural comprehensive productivity
一个国家或地区一定时期内农业发展所拥有的全部实力和对外影响力的合力。组成要素包括资源与环境条件、物质装备投入、农业经济水平、科技水平、文化和农业教育普及、经营管理水平以及农业政策调控能力等。

04.283　中国传统农学思想　Chinese traditional agronomy thinking
中国古代农业发展阶段形成的内涵丰富而深刻的农学思想。其特点是把农业生产中天、地、人三者看成彼此联结的有机整体，强调人的调控制驭，注重分析各生产因素间的辩证关系。

04.284　天地人三才说　view of relationship of heaven,earth and human
中国传统农学思想。关于农业生产中天、地、人诸因素的作用和它们的变化与关系的认识。

04.285　时土物三宜说　view of appropriateness of climate,soil and crops
中国传统农学思想。因时制宜、因地制宜、因物制宜的“三宜”原则。强调农业生产要根据气候（天时）、土壤（地宜）的变化和农作物生长发育（物性）的规律，采取相应的措施。

04.286　地力常新壮说　theory on everlasting of soil fertility
中国传统农学思想。辩证的土壤肥力观。强调不断改良土壤和增施肥料就能培肥地力，使瘠土变肥土，使肥土更肥。

04.287　农学阴阳论　theory of Yin-Yang agronomy
中国传统农学思想。以阴阳学说为分析工具，以阴阳转化阐释农业生产和技术的原理的一种传统农学理论。

04.288　风土论　on acclimatization
中国传统农学思想。作物生长与自然环境条件的关系的认识。

04.289　农业文化遗产　agricultural heritage
农村与其所处环境长期协同进化和动态适应下所形成的独特的土地利用系统和农业景观。广义的农业文化遗产泛指历史时期人类农事活动发明创造、积累传承的，具有历史、科学及人文价值的物质与非物质文化的综合体系。

04.290　农业区划　agricultural regionalization
农业生产空间分布的一种分类方法。依据自然地域分异规律和农业发展历史规律，在一定地区范围内划分出不同类型、不同等级的农业区域。

04.291　种植制度　cropping system
一个地区或生产单位的作物布局（作物种类、比例和配置地点）、熟制（复种或休闲）和种植方式（单作、间作、混作、套作、轮作和连作）的总称。

04.292　农业综合防治　integrated pest control in agriculture
根据病、虫、草害的发生规律，协调运用植物检疫、农业防治、生物防治、物理防治、化学防治等适当防治技术的植物保护措施体系。

04.293　农业防治　agricultural method of pest control
通过耕作栽培措施或利用抗病、抗虫作物品种防治有害生物的方法。

04.294　生物防治　biological control, biological pest control
利用生物活体或其代谢产物控制有害生物种群数量或减轻其危害的植物保护方法。

04.295　物理防治　physical control, physical pest control
利用光、电、声、温度、放射能等物理技术控制有害生物的生长、发育、繁殖等，以防治植物病虫害的方法。

04.296　生物农药　biological pesticide
利用生物资源开发的农药。利用生物活体或其代谢产物对有害生物进行防治的一类农药。

04.297 农业工程 agricultural engineering
改善农业生产手段、生态环境、农村生活设施的综合性工程技术及其原理。一般指各种农业工程技术。

04.298 农业系统工程 agricultural system engineering
应用系统工程的理论和技术，对农业系统进行系统分析和综合平衡，为选择最优的规划、设计、研究和调控提供定量、定性依据的工程技术。

04.299 农业现代化 agricultural modernization
利用现代科学技术、现代工业装备和现代科学管理方法改造农业的过程。其内涵和目标随着科学技术、经济和社会的发展而变化。

04.300 立体农业 multi-storied agriculture
在一定区域范围内，多种互利共生的农业生物种群优化组合配置，在空间、时间和功能上多层次综合利用的高效的农业模式。

04.301 农林复合系统 agroforestry
又称“复合农林业”。在同一土地利用单元中，人为地把多年生木本植物与其他栽培植物和（或）养殖动物在空间上或按一定时序有机地结合在一起，形成的具有多种群、多层次、多产品、多效益特点的人工生态系统。

04.302 循环农业 circular agriculture
通过对农业生态经济系统的设计和管理，实现物质能量资源的多层次、多级化的循环利用的农业生产方式。其产业目标包括农业系统的自然资源利用效率最大化、农业系统的外部资源投入最低化、可再生资源高效循环化、有害生物和污染物可控制化。

04.303 设施农业 facility agriculture
人工调控环境条件下的农业生产方式。通过一定的生产设施、设备和装置，营造农业生物生长的适宜环境，使农业生产摆脱或减少不利自然条件的影响，达到高产、优质和高效。

04.304 工厂化农业 factory farming
在人工控制的环境条件下，采用工业化的生产方式进行农业生产。一种综合运用现代技术、现代化设备和科学管理方法发展起来的全年连续作业、集约高效的农业经营方式。

04.305 绿色革命 green revolution
又称“第一次绿色革命”。20 世纪 60 年代，将国际玉米小麦改良中心、国际水稻研究所分别育成的小麦、水稻新品种推广到一些发展中国家，是具有明显增产作用的技术变革活动。后来扩大到整个选育、推广高产作物新品种的技术变革活动。

04.306 第二次绿色革命 second green revolution
对第一次绿色革命局限性的应对方略。运用以基因工程为核心的现代生物技术等新技术，培育既高产又富含营养的动植物新品种以及功能菌种，促使农业生产方式发生革命性变化，在促进农业生产及食品增长的同时，确保环境可持续发展。

04.307 蓝色革命 blue revolution
海洋渔业由海洋生物的单纯捕捞向农牧化生产的转变。用科学方法人工调控海洋生物的繁殖、生长到收获的全过程。

04.308 高技术农业 high tech agriculture
以现代生物技术、信息技术等高新技术为主要技术支撑的农业。

04.309 农业生物技术 agricultural biological technology
一切与农业生产密切相关的生物研究、生物生产、生物利用、生物避害与除害等技术的总称。现代农业生物技术是应用现代生物技术改良农业生物的生产性状，培育农业生物新品种，生产生物农药、兽药与疫苗等的综合性技术体系。

04.310　转基因作物　transgenic crop

含有外源基因的作物。利用基因工程技术将特定的外源基因导入受体作物基因组中，能得以表达并稳定遗传，以期获得具有高产、优质、抗虫、抗病、抗逆、抗除草剂等新性状的作物。

04.311　转基因动物　transgenic animal

含有外源基因的动物。通过基因工程技术将特定的外源基因导入、整合到受体动物基因组中，能得以表达并稳定遗传，从而产生的具有新性状的一类动物。

04.312　农业信息技术　agricultural information technology

利用现代信息技术对农业科研、生产、经营、管理、决策及市场流通等过程中的自然、经济和社会信息进行收集、存储、传递、处理和分析，为农业研究者、生产者、经营者和管理者提供资料查询、技术咨询、辅助决策和自动调控等多项服务的技术体系。

04.313　农业信息化　agricultural informatization

在农业领域全面应用现代信息技术，使之渗透到农业资源环境、技术进步、生产发展、经营管理、市场流通以及农村消费等各个环节的全过程。

04.314　精确农业　precision agriculture

又称“精准农作”。利用智能化技术和自动控制技术等技术体系实施的精准的农事作业。用地理信息系统、全球定位系统、卫星遥感系统等技术采集作物及其各种环境因素实际存在的空间和时间上的差异性信息，用模拟系统、专家系统、决策支持系统等技术进行信息处理及生成决策，最后用智能控制系统的装备实施精准施肥、精准灌溉、精准植保、精准收获等农事操作。

04.315　农业专家系统　agricultural expert system

又称“智能化农业专家系统”。具有农业专家的大量农业知识与经验的计算机农业应用系统。应用人工智能的专家系统技术，模拟农业专家的智能，通过推理和判断，为有关农业问题提供咨询与决策。

04.316　物理农业技术　physical agricultural technology

利用电、磁、声、光、热、核等物理技术调控农业生物的生长发育及其生活环境，达到高产、优质、高效目的的一类农业技术。

04.317　核农学　nuclear agriculture

研究核技术在农业科学研究和农业生产中的应用及其基础理论的交叉学科。主要研究辐射育种、昆虫辐射不育治虫、辐射食品保藏、农用同位素示踪和核分析技术等。

04.318　磁农业技术　magnetic agricultural technology

一种物理农业技术。适当强度的磁场及磁化水等磁技术在农业上的应用。包括用磁场处理作物种子，用磁化水浸种、育秧、养鱼等。

04.319　航天育种　space breeding

又称“太空育种”。利用返回式航天器等飞行器所能达到的空间环境，对其携带的植物种子施加诱变作用，使其发生变异，再返回地面选育、培育新品种的作物育种技术。

04.320　农业技术进步　agricultural technological progress

用先进的农业技术代替落后的农业技术的过程。狭义的农业技术进步是农业生产技术的进步。广义的农业技术进步还包括农业政策和经营等农业管理技术的进步、对农业生产者教育培训等农业服务技术的进步等。

04.321 农业技术创新 agricultural technological innovation

新的农业技术成果的应用所引发的农业生产要素的优化组合的过程。包括农业新技术的研究开发、试验、推广、生产应用和扩散等一系列的活动。

04.322 农业技术异化 alienation of agricultural technology

农业技术应用过程中出现负面效应，使原本用来实现其正向价值造福于人类的农业技术，反而以一种异己的敌对力量，给人类自身带来危害的现象。

04.323 农业科技战略 agricultural science and technology strategy

又称“农业科技发展战略”。一个国家或地区农业科技领域中重大的、长远的并决定全局的谋划。依据一定时期内农业现代化的科技需求、农业科技发展态势及经济社会环境的战略分析而制定，主要内容包括战略目标、战略方针、战略重点、战略措施等。

04.324 农业发展战略 agricultural development strategy

一定时期内一个国家或地区农业发展的长期规划。是具有全局性、决定性、长远性、稳定性的谋划和对策。包括战略目标、战略重点、战略方案、战略对策、战略实施等内容。

04.325 蓝色农业 blue agriculture

又称“海洋农业”。海洋水生生物的农牧化生产。海洋水生生物的人工养殖，包括海洋种植业和海洋养殖业。

04.326 白色农业 white agriculture

又称“微生物农业”。应用发酵工程、酶工程等生物工程技术开发利用微生物资源，实现微生物资源产业化，生产优质微生物产品的工业型农业。其产品包括食品、饲料、肥料、农药、兽药等。

04.327 观光农业 sightseeing agriculture

适于旅游、休闲活动的农业发展模式。开发利用农业资源环境、农业景观、农业设施、农业生产、农业产品以及农耕文化等，为游客提供休闲、度假、体验、采购等服务的农业经营形态。

04.328 高产优质高效农业 high yield, high quality and high efficiency agriculture

又称“两高一优农业”。单位资源产出多、产品质量好、综合效益佳，高产、优质、高效三者整体协调，经济效益、社会效益、生态效益相统一的现代化农业。

04.04 军事技术哲学

04.329 军事技术 military technology

以军事应用为目的的科学、技术科学和应用技术的统称。包括武器装备研制、生产、使用、维修与管理过程中所涉及的基础科学知识、技术基础理论、基础技术、应用技术，以及军事工程技术、军事系统工程技术及武器装备的操作和使用技能等。

04.330 国防科技 defense technology

直接应用于国防建设的科学、技术、工程等的总称。包括基础理论，武器装备的研制、试验生产、使用、维修技术，国防工程技术，以及军事系统工程等内容。

04.331 军事技术革命 military technology revolution

军事技术发展中具有飞跃性质、足以使军事效能呈数量级提高、引导或促使军事力量发生质变的重大变革。

04.332 军事技术思想 military technology thought

对军事技术、军事技术实践、军事技术发展，以及军事技术对经济、政治、社会、文化等的影响的理性认识。

04.333 军事技术哲学 military technology philosophy

从哲学角度对军事技术进行总体考察和把握的学问。主要研究军事技术的特点、本质和发展规律，军事技术在社会和军事活动中的地位和作用，人的本性和军事技术活动的本质，以及军事技术对文明进程、社会发展和人类生存状态的作用和影响等问题。

04.334 民用技术 civil technology

服务于非国防、非军事目的的技术。发展民用技术的核心是促进经济发展，满足不同层次的公民生产和生活的需要，发展民用技术是人类造福于自身的积极举动。

04.335 军民两用技术 dual-use technology

现实地或潜在地兼具军用和民用价值的技术。具有支持军用技术和民用技术发展的共同的技术基础，可为国防生产商实现商业运营，或为实现商业技术的军事用途创造机会。

04.336 国防基础技术 basic defense technology

国防科技的重要组成部分，对国防科技发展和武器装备创新发展具有基础性支撑和前瞻性引领作用的技术群。一般可分为围绕武器装备发展需求开展的前沿探索性基础技术研究、解决新概念实用可能性的前瞻性应用研究以及提供初步实用技术方案的预先技术研究三个部分。

04.337 军事技术的双重属性 dual nature of military technology

军事技术兼具自然属性和社会属性。自然属性指军事技术是人类把自然科学认识应用于军事实践，使之物化或对象化的结果，其产生和发展总是受到自然规律的制约，遵循自然的必然性。社会属性指军事技术不能独立于人类社会而存在，总是以一定的社会条件为其产生和发展的前提，受到社会规律的支配，并与社会发生复杂的相互作用。军事技术的双重属性决定着它服从于双重规律，而这些规律的作用又往往交织在一起，使军事技术在自然规律和社会规律的交叉作用下产生和发展。

04.338 军事技术的先行发展规律 law of advance development of military technology

军事技术发展的一条基本规律。在技术起源和应用上，与其他科学和技术部门相比，历史上的技术发明更多地要么首先在军事部门作出，要么首先应用于军事领域，计量研究表明重大发明最多的是军事技术，其次才是民用工业技术和日常生活技术、科学实验技术。

04.339 军事技术的社会转移 social transfer of military technology

以民用化为目的，有组织地在不同主体之间传递军事技术的活动。主要包括：①在军事部门与民用部门之间的转移，即军事技术的社会化过程；②国家和政府为扩大社会军事技术收益的有目的、有计划、有组织的活动；③军事技术从军用转到民用的过程中，技术的内容、形式发生的相应变更。

04.340　军事技术的攻防矛盾运动规律　law of offensive and defensive contradictions in military technology

进攻与防御是军事技术内部最根本的对立手段，攻防矛盾运动是军事技术发展的根本规律。攻防矛盾决定了军事技术的产生和发展是一个复杂的演化过程，也决定了军事技术发展的不同领域、不同阶段具有不同的表现形式。

04.341　军事技术的衍生效应　spin-off of military technology

将研发军事技术而获得的知识、经验、技能、实物等成果应用于民用领域而产生的经济收益。包括将所获得的军事技术成果直接应用于民用领域，或以之为基础进行创新而改进生产工艺、降低生产成本、提高生产效率、优化产品和服务的质量，以及创造出新的产品、服务及产业等。

04.342　军事技术扩散　proliferation of military technology

国家、单位或个人以有偿或无偿、公开或秘密的方式，将军事技术成果或武器装备产品扩散到别的国家、单位、个人的一种现象。当前，军事技术扩散主要通过军事技术援助、国际军火贸易等形式进行。当然不是所有的军事技术都能得到扩散，其中有些军事技术禁止向外扩散。如按照国际惯例，禁止扩散核生化等大规模杀伤性武器的技术。一个国家为了安全或保持某个军事领域的领先地位，在一定时期内也禁止某些尖端军事技术和武器装备向外扩散。

04.343　军事技术异化　alienation of military technology

军事技术和武器装备的使用超出了人类预想的范围，人类使用军事技术的目的是为国防服务，但军事技术和武器装备的发展可能存在失控的风险，给人类带来巨大灾难，甚至于成为一种异己的、敌对的力量，危害社会、反制人类。

04.344　军事装备　military equipment

用于实施、支援和保障包括作战行动和其他军事活动的武器、武器系统及与之配套的其他军事技术器材，以及军需保障的装备的统称。

04.345　武器　weapon

又称“兵器”。直接用于杀伤敌有生力量和破坏敌装备、设施的器械与装置。

04.346　高技术武器装备　high-tech weaponry

具备前沿或尖端技术特征的武器装备。往往具有其他武器装备难以比拟的技战术性能。

04.347　武器装备信息化　informatization of weaponry

运用信息技术使武器装备在预警探测、情报侦察、精确制导、火力打击、指挥控制、通信联络、战场管理、后勤保障等方面实现信息采集、融合、处理、传输、显示、利用的网络化、自动化和实时化。

04.348　武器装备体系　weaponry system

为发挥最佳的整体作战效能，而由功能上相互联系、性能上相互补充的各种武器装备系统按一定结构综合集成的更高层次的武器装备系统。

04.349　国防科研　national defense research

为了国防目的而进行的科学研究、技术发明、工程创新等活动。包括创造发明新的军用技术和武器装备。

04.350　国防预研　national defense pre-research

为研制新型武器装备、改进现有武器装备性能等而先期进行的国防科学研究和技术开发活动。包括应用基础研究、应用研究和先期技术开发。

04.351 型号研究 model research
新型军事装备研究、设计、试制和仿制，及现役装备改进改型的国防科研活动。通常由军方提出技战术性能要求，军方与国防科技工业部门共同组织实施。

04.352 武器装备研制 weaponry development
研究制造新型武器装备、不断完善武器装备体系的活动。一般分为论证、方案、工程研制和定型等阶段。论证阶段的主要任务是进行武器装备主要战术技术指标论证。方案阶段的主要任务是进行武器装备的方案论证、设计与模样研制，以及拟订大型试验的初步方案。工程研制阶段的主要任务是初样、试样（试验装置）研制的试验，并进行各种可能的定型工作。定型阶段的主要任务是鉴定试验和设计定型、工艺定型或生产定型。方案阶段、工程研制阶段和定型阶段的研制工作，均可通过签订阶段合同进行。

04.353 国防科技工程 defense technology engineering
国防科技领域的重大工程项目，科学、技术、工程一体化的复杂系统工程。具有国家意志性、科技攻关性、系统集成性、高度复杂性、高度风险性、军民融合性等诸多特性。典型的国防科技工程如美国的“曼哈顿工程”和中国的“两弹一星”工程。

04.354 国防科技创新 innovation of defense technology
又称“军事技术创新”。对直接应用于国防建设领域的自然科学及工程技术的创新。包括相关理论研究、技术开发、工程实践和武器装备与军用器材等的研制与改进，以及对现有国防技术装备非常规的、富有创造性的运用。

04.355 国防科技创新体系 innovation system of defense technology
对国防科技知识的增长、变革、流动和创造性应用的制度安排。由参与国防科研生产与人才培养的高等院校、科研院所、军工企业等创新实体，政府部门等领导实体，标准制定与推广、信息流通、技术中介、知识产权服务等服务支撑实体，以及相关方针、政策、法规、体制和机制所组成的结构体系。

04.356 国防科技发展战略 development strategy of defense technology
为发展国防科学技术而制定的重大方针、政策、措施和实施办法的总称。

04.357 瓶颈技术 technical bottleneck
制约系统发展或系统效能发挥，又难以甚至无法绕开或替代的技术或技术环节。

04.358 共性技术 generic technology
建立在科学新进展基础上，研发成果可在整个或多个产业领域通用的技术。是连接基础科学与商业应用的关键“桥梁”，需进一步进行商业应用性开发才能实现社会和经济效益。

04.359 战略高技术 strategic high technology
建立在综合性科学研究基础上，处于当代高科技前沿，居于国际科技和经济竞争的制高点，对探索自然界未知世界、发展生产力、促进社会文明、推动新产业革命和新军事变革具有战略性影响，起先导和巨大推动作用的技术群。

04.360 研制风险 research and development risk
在规定的性能、费用和进度等约束条件下，

不能实现研制计划的预期目标的可能性。

04.361　技术袭击　technology attack
又称“技术突袭”。以出乎对手意料的技术成果或压倒性技术优势突袭对手，夺取战争主动权、军事和国家竞争优势的行为。

04.362　近距离武器　short-range weapon
又称“近程武器”。不脱离人的肢体，通过钩、刺、劈、击打等方式杀伤敌人的冷兵器。分为戈、矛、戟等长兵器和刀、剑等短兵器。

04.363　远距离武器　long-range weapon
又称“远程武器”。利用物体惯性，在空中独立飞行一段距离后杀伤敌方有生力量或破坏敌方设备设施的冷兵器。包括弓、弩、抛石机等。

04.364　点杀伤武器　weapon of point destruction
有效毁伤半径较小的武器。主要用于杀伤单个目标，如弓箭、步枪等。

04.365　面杀伤武器　weapon of area destruction
有效毁伤半径较大的武器。主要用于杀伤一个区域内的群目标，如火炮、炸弹等。

04.366　冷兵器　cold weapon
主要依靠人力、畜力、机械力的作用进行作战的兵器。

04.367　热兵器　hot weapon
又称“火器”。利用火药燃烧产生的化学能进行作战的兵器。

04.368　常规武器　conventional weapon
以化学能及其转化的动能毁伤目标，附带伤害和附带破坏相对较小的武器。

04.369　特定常规武器　certain conventional weapon
具有过分伤害力或滥杀滥伤作用的常规武器。

04.370　核武器　nuclear weapon
战略威慑力量的重要组成部分。利用自持进行的原子核裂变或聚变反应，瞬时释放巨大能量，产生爆炸，具有大规模杀伤破坏作用的武器。狭义的核武器是由核战斗部及其承载壳体组成的核弹。广义的核武器通常指由核弹、投掷/发射系统、指挥控制、通信和作战支持系统等组成的、具有作战能力的核武器系统。

04.371　化学武器　chemical weapon
一种大规模杀伤性武器。以毒剂的毒害作用杀伤有生力量和毁伤动植物的武器。包括毒剂和毒剂前体、化学弹药和施放装置等。

04.372　生物武器　biological weapon
一种大规模杀伤性武器。利用生物战剂的致病作用杀伤有生力量和毁伤动植物的武器。包括生物战剂、生物弹药和施放装置等。

04.373　大规模杀伤性武器　weapon of mass destruction
又称“大规模毁灭性武器”。相对于常规武器而言，杀伤范围和破坏规模巨大的武器。包括核武器、生物武器、化学武器等。

04.374　非致命武器　non-lethal weapon
又称“失能武器”。利用声光、电磁、化学、生物等技术手段，使人员或武器装备暂时或部分丧失作战能力的武器。

04.375　改变环境的技术　environmental modification technique
通过蓄意操纵自然过程改变地球或外层空间的动态、组成或结构的技术。

04.376　战斗力　warfighting capability

武装力量遂行作战任务和非战争军事行动的能力。由人、武器装备和人与武器装备的结合等基本要素构成。其强弱取决于人员和武器装备的数量和质量、体制编制的科学化程度、组织指挥和管理的水平、各种保障的能力、军事理论和训练状况等。

04.377　战斗力生成模式　generating mode of warfighting capability

人、武器和编制体制等基本要素的性质及其相互关系，以及获取和发挥军队作战能力的标准样式、运行机制和一般方法。

04.378　打击力　attacking ability

又称“攻击力”。某一军事系统在一定时期内对敌方人员和装备能够造成的杀伤破坏程度。在军事技术中占据关键位置，这与战争的基本目的“打击敌人，保护自己”以及“进攻是最好的防御”是一致的。

04.379　防御力　defense ability

某一军事系统对外来打击力的抗拒程度。是军事技术中仅次于打击力的第二个重要因素。

04.380　机动力　mobility

以人员或物品为载体的军事系统在三维空间移动的能力。通常通过速度反映出来，表征的是军事力量的运输、投送能力。

04.381　信息力　information ability

军事系统之间或军事系统内部各要素之间以通信工具为手段进行联络协调或获取信息的能力。信息力在己方军事系统或要素之间表现为联络、协调的程度；在针对对方军事系统或要素之时，表现为获取信息的能力。

04.382　材料对抗　material confrontation

军事对抗的一种表现形式。早期军事对抗主要体现为材料对抗，在材料技术上占有优势的一方通常具有军事优势。早期军事较量在手段上的突破，主要体现在新材料的发明上。

04.383　能量对抗　energy confrontation

军事对抗的一种表现形式。火药的发明为军事对抗注入了新的活力，靠材料取胜的局面被打破，人类的军事行动随之围绕能源较量而展开，直至发明核武器。

04.384　信息对抗　information confrontation

军事对抗的一种表现形式。在能源对抗停滞不前时，计算机与通信技术的结合打破了靠能源取胜的局面，人类的军事较量自此围绕信息而展开。

04.385　体能对抗　physical confrontation

军事对抗中军事人员较量的一种表现形式。材料对抗时代，由于材料的杀伤力主要依赖于人的作用力大小，因此对抗双方军事人员的较量主要体现为体能的较量。

04.386　技能对抗　weapon’s skill confrontation

军事对抗中军事人员较量的一种表现形式。能量对抗时代，能量杀伤力的发挥依赖于人的战斗技能，对抗双方军事人员的较量主要体现为技能的较量。

04.387　智能对抗　intelligent confrontation

军事对抗中军事人员较量的一种表现形式。信息对抗时代，信息的杀伤力主要依赖于人的智慧，充分发挥人和机器各自特长的综合人机智能系统日趋成为决定战争胜负的关键因素，智能居于现代战争较量的中心。

04.388　自然中心战　nature-centric warfare

围绕着自然要素而展开的材料对抗时代的战争。作战手段为材料对抗，武器装备的材料，如青铜、铁等在自然界就天然存在；作战动力为人类体能，具有天生的、遗传的成分；作战行动受到自然条件的严格制约。

04.389　机器中心战　machine-centric warfare
围绕着机器而展开的能量对抗时代的战争。军事力量的能力以近现代机器大工业为前提，并在陆、海、空、天、电各个作战领域大规模运用机器的力量，摆脱了自然条件的束缚。

04.390　网络中心战　network centric warfare
运用计算机网络将侦察探测、指挥控制和火力打击系统集合成信息网络体系，使各级作战人员在共享战场信息条件下进行的作战。

04.391　信息化战争　informationization warfare
信息时代的基本战争形态，交战双方或一方以大量应用电子信息技术而形成的信息化武器装备为基础，信息化军队为主要作战力量，信息技术与信息化武器装备为主要作战手段，信息攻防为主要作战方式进行的战争。

04.392　物理战　physics warfare
就战争与科学的关系而言，迄今为止，物理学的发展及其成果在军事领域的广泛应用，促使武器装备、作战技能、作战空间、战场环境等不断演进，推动战争思想、战争理论、战争体制的发展与变革，引导着战争模式演进，所有的战争均主要围绕物理维度而进行，此即物理战。

04.393　信息战　information operation
又称“信息作战”。围绕信息空间及其支撑设备进行的攻防对抗，在保护和维持己方信息系统的完好、保持其相关作战能力，并防止敌方对其进行利用、瘫痪和破坏的同时，设法利用、瘫痪和破坏敌方信息系统，削弱或消灭敌方相关作战能力的各种行动。

04.394　网络战　network warfare
又称“网络对抗”。在信息网络空间，为破坏敌方网络系统和网络信息，削弱或瘫痪其使用效能，或通过上述手段操控、影响敌方物理设备或物理设施，进而杀伤、消灭、破坏、摧毁敌方有生力量或战争资源，保护己方网络系统和网络信息而实施的相关行动。

04.395　网电空间战　cyber war
以体系破坏为首要目的，主要在网电空间内进行或主要通过网电空间实现军事目标或军事效果，包括支持全球信息栅格运行和防御的计算机网络作战和行动。

04.396　太空战　space warfare
又称“空间战”“天战”。敌对双方围绕外层空间进行的军事对抗活动。包括外层空间的相互攻防行动，外层空间同空中、地面或海上之间的相互攻防行动。

04.397　物理域　physical domain
又称“物理区域”。传统战争的作战空间。目前主要包含陆、海、空、天、电、网，由作战平台、军事设施和其他军事构件等物理对象构成。

04.398　认知域　cognitive domain
军事实践活动参与者的思想领域；知觉、感知、理解、思维、信仰和价值观等无形因素存在和变化的领域；战场态势感知、作战判断、作战决策、意志、士气、凝聚力，以及公众舆论等发生的领域。

04.399　唯武器论　weaponism
主张战争胜负最终决定于武器优劣的机械论观点。甚至认为武器是决定战争胜负的主要的或唯一的因素。

04.400　战争伦理　ethics of war
关于战争和武装冲突的伦理原则和伦理规范。狭义的战争伦理是关于战争或武装冲突的开始与结束，战争期间交战国之间、交战国与中立国或非交战国之间关系的原则和规则。广义的战争伦理除包括上面提及的内容外，还包括维护和平、禁止侵略和侵略战争的原则和规则，以及制裁和惩处与灭绝种族、危害人类、战争罪行等的原则和规则。

04.401　武器装备伦理　ethics of weaponry

关于武器装备及其相关技术、原材料、运载或贮存工具与设施等的研制、试验、生产、部署、装备、拥有、使用、利用（如核威慑）、控制、扩散、租借、转让及销毁（包括对上述诸行为的限制或禁止）等的伦理原则与伦理规范，以及相关国际法规定。

04.402　军备竞赛　arms race

相互对立的国家、国家集团或拥有武装力量的其他行为体，为保证自身安全或谋求军事优势、争夺地区乃至世界主导权，而在军备方面进行的、相对激烈的动态互反馈竞争。

04.403　空间碎片　space debris

又称“空间垃圾”“太空垃圾”“太空碎片”。外层空间中废弃的人造物体及其衍生物。包括工作寿命结束的航天器，废弃的运载火箭末级，航天发射运行过程中的抛弃物、脱落物、泄漏物，以及人造物体爆炸、碎裂或碰撞产生的碎片等。

04.404　外空军事化　militarization of outer space

随着对外空军事利用的不断发展而可能导致的外空军备竞赛甚至军事对抗。外空军事化的内容包括两个层面：首先它是指为军事目的而对人造地球卫星的利用的增加，以支持和增强部署于地球（包括陆地、海洋和大气层）的武器系统和地面部队的效能；其次是指外空武器的发展，既包括发展部署于外空的武器系统，以打击或摧毁对方在陆地、海洋大气层以及外空中的目标，或损害其正常功能，又包括发展部署于地球的武器系统，以打击或摧毁对方的外空物体或损害其正常功能。

04.405　国际军火贸易　international arms trade

又称“国际武器贸易”。国际军事和国际贸易的特殊组成部分。武器、弹药、装备、军需用品等军事物资，及军事技术、军工生产及相关服务等的国家间或国家集团间的交易和流通活动，以及国家、国家集团或其他行为体在国际市场上向其他拥有武装力量的实体出售相关产品和服务的行为。此类活动和行为可以是合法的（如经政府或军队批准或允许）、半合法的（如政府或军队默许）以及非法的（如走私）。

04.406　核扩散　nuclear proliferation, proliferation of nuclear weapon

包括横向扩散和纵向扩散。横向扩散是指无核武器的国家、恐怖组织或其他行为体通过转让、自行研发等方式获得核武器、核武器控制权、其他核爆炸装置、其他核爆炸装置控制权或核武器技术等的活动，以及无核武器国家在不满足防止将核能从和平用途转用于核武器或其他核爆炸装置的各种保障措施的约束的情况下，获得和平核活动中的原料或特殊裂变物质，及特别为处理、使用或生产特殊裂变物质而设计或配备的设备或材料。纵向扩散是指已经拥有某种核武器的国家改进、升级这种核武器或者增加这种核武器。

04.407　核裁军　nuclear disarmament

对拥有核武器的国家部署的和非部署的核弹头，以及导弹发射井、陆基洲际弹道导弹运载工具、轰炸机和潜水艇等核武器的发射系统和运载工具的数量、性能、类型、组成和结构的裁减和限制。包括减少核武器数量、销毁某些类型或裁减下来的核武器、限制指定类型核武器质量的改进或禁止现代化的改造，以及某些国家对所拥有的核武器的清除。

04.408　武器禁运　arms embargo
国家或国际组织限制或禁止向有关国家、政治集团或其他政治行为体输出武器装备、军事技术和相关服务的政策及行为。

04.409　军备控制　arms control
对武器及其相关设施、相关活动或者相关人员进行的约束。狭义的指限制某些武器的发展、部署和使用等；广义的则包括狭义的军备控制、不扩散和裁军中的裁减武器装备的数量，在应用中，广义的也常包括裁减军事人员。

04.410　均势　balance of power
相互对立的国家或国家集团彼此之间的力量对比处于相对平衡、没有任何一方占有优势地位的状态。

04.411　毁伤　damage
又称"损伤"。对敌方作战力量和其他目标造成的软硬杀伤或破坏作用。

04.412　意外核战争　unintentional nuclear war
又称"非故意核战争"。在核武器使用决策者筹划之外，由于核武器预警系统误报、指挥控制系统或人工智能系统的故障等技术原因或不明核事故，或核武器操作人员、下级指挥人员未经授权或无意中使用核武器而发生的核战争。

04.413　比例原则　principle of proportionality, proportionality
又称"相称性"。交战正义中关于包括武器装备在内的作战方法和手段使用的一条伦理原则。有两种不同的表述：①作战行为应该综合衡量与之相关的善和恶，尽可能追求善的最大化和恶的最小化；②作战方法和手段的使用应与预期的、具体的和直接军事目标成比例，即作战行为的破坏性效果不能同追求的目标不相称。

05. 工 程 哲 学

05.01　工程哲学概论

05.001　科学-技术-工程三元论　science-technology-engineering trichotomy
关于科学、技术和工程的性质及其相互关系的一种理论认识。认为科学、技术和工程是三类既有本质区别又有密切联系的人类活动。科学活动的核心是发现，技术活动的核心是发明，工程活动的核心是造物。

05.002　我造物故我在　I create therefore I am
与"我思故我在"相对照的工程哲学箴言。认为人不但是思维主体，更是创造人工物以改变世界的实践主体，离开了造物活动，人类就不可能生存与发展。

05.003　工程本体论　engineering ontology
对工程本根或本体的认识和研究。强调工程相对于科学和技术的独立地位与基础地位，强调工程是直接生产力，是人类生存与发展的根本基础。

05.004　工程演化论　theory of engineering evolution
对工程演化现象进行研究的理论领域。强调

从动态的、历史的、演化的观点看待工程活动，以揭示长时段中工程演化的过程、机制、特征及规律性。

05.005　工程知识论　theory of engineering knowledge
以工程知识为研究对象的理论领域。研究工程知识的来源、本性、特征、内容、类型、功能、结构、系统集成、创造、共享、传播、演化等问题。

05.006　工程方法论　engineering methodology
以工程方法为研究对象的理论领域。主要探讨工程方法的性质、特征、意义、功能和作用等，旨在把握其共性特征、发展规律和应用原则，可分为特定工程方法论、行业性工程方法论、一般性工程方法论三个层次。

05.007　工程价值论　theory of engineering value
以工程的价值及其评价为对象的认识与研究。主张工程活动是依循主体尺度与客体尺度来变革物质世界并通过价值评价来实现价值创造的过程。

05.008　工程观　views of engineering
对工程活动的基本观点和基本认识。包括工程系统观、工程伦理观、工程生态观、工程文化观等。

05.009　工程系统观　systematic view of engineering
以系统的观点认识、分析和把握工程。把工程看作一种包括各种技术要素与非技术要素的动态系统，揭示其整体性、集成性、层次性、开放性、动态性等。

05.010　工程社会观　social view of engineering
关于工程与社会互动关系的基本观点和基本认识。主要涉及工程的社会情境、条件、建构过程及社会影响。

05.011　工程生态观　ecological view of engineering
关于工程与生态互动关系的基本观点和基本认识。是人与自然关系在工程实践中的体现，其核心是生态平衡取向的“绿色工程观”。

05.012　人工物　artifact
通过人类工程活动形成而非天然形成的产品或产物。

05.013　人工物世界　world of artifacts
由各种各样的人工物所组成的人类生存环境的总称。

05.014　工程实践　engineering practice
又称“*工程活动*”。基于有关知识和经验，将物质、能量、信息加以转换，从而为人类提供有用的人工物或人工系统的实践过程。

05.015　工程理念　engineering idea
关于工程活动的整体性认识。是指导工程活动全过程的统领性观念。

05.016　工程意识　engineering consciousness
从工程视角看待人类活动并用工程方法来解决问题的意识。

05.017　工程精神　engineering spirit
遵循相关程序和标准，力求创造性地谋划并高质量地完成工程任务的精神气质。

05.018　工匠精神　artisan spirit
在工程活动中精雕细琢、精益求精，无止境地追求完美的职业精神。

05.019　工程制度　engineering institution
围绕工程活动形成的一系列行为规范、规章、条例和法律等的总和。

05.020　工程价值　engineering value
工程活动创造出来的各类价值的总和。包括工程的经济价值、社会价值、政治价值、文化价值、生态价值、科学价值等。

05.021　工程异化　engineering alienation
工程活动或人工物背离预期目标或功能而造成的各类伤害、毁坏乃至灾难事态。

05.022　跨学科工程研究　interdisciplinary engineering studies
对工程活动开展的跨学科研究。包括工程史、工程哲学、工程社会学、工程政治学、工程伦理学、工程教育学角度以及综合性研究等。

05.023　工程史　history of engineering
历史学的新兴分支学科。记述和研究工程活动的历史进程。包括工程通史、工程专门史、工程断代史、工程思想史等。

05.024　工程心理学　psychology of engineering
工业心理学分支学科。主要研究人-机-环境系统中人的行为以及人与机器、环境之间的相互作用规律。

05.025　工程政治　politics of engineering
工程活动中的政治现象或政治问题。其与军事需求、政府行为、权力博弈和利益冲突等密切相关。

05.026　工程法学　engineering jurisprudence
一门新兴法学学科。主要研究工程建设中的法律现象及法律问题。

05.027　工程美学　engineering aesthetics
探究工程设计、建造/制造、运行以及器物使用中的美学问题的学科。关注造物活动及人工物的审美性。

05.028　社会工程　social engineering
一类特殊的工程活动。其目的是解决特定社会问题以改变社会运行状况。

05.029　建筑哲学　philosophy of architecture
以哲学观点和方法研究建筑活动和建筑物的学科。主要考察建筑的本质、建筑文化、建筑与人和社会的关系等。

05.02　工程本体论

05.030　工程活动主体　subject of engineering activities
工程活动的实施者。狭义的工程活动主体是项目法人，其对工程质量、工程进度、资金管理和生产安全负总责。广义的工程活动主体是由投资者、管理者、工程师、工人等构成的工程共同体。

05.031　工程活动对象　object of engineering activities
又称“工程活动客体”。工程活动所指向的目标客体或目标客体系统以及在工程活动中需要加以变革的客体或客体系统。

05.032　工程目的　engineering purpose
工程活动或工程项目的归宿、宗旨、意义、价值。是具体行动目标确立的指南。

05.033　工程目标　engineering objective

在工程目的引导下确定的工程实施过程的可衡量的指标或需要按照规范要求完成的具体事项。

05.034　工程项目　engineering project

由特定主体在特定时空中为达到特定目标而进行的工程活动。是作为被管理对象的一次性任务。

05.035　工程条件　engineering condition

与工程活动有关的各类自然条件、经济条件以及社会、民俗、人文环境等其他方面条件的总和。

05.036　工程资源　engineering resources

工程活动所需的各类资源的统称。包括人力、土地、资金、设备、原材料及辅助材料以及各类生活保障设施等。

05.037　工程场境　engineering context

工程活动或工程系统所在的环境。不但包括自然界方面的时空场景，而且包括社会方面的时空场景。

05.038　工程设备　engineering equipment

工程活动所运用的各种物质设备或装备的统称。

05.039　工程现场　project site

工程施工活动实际发生的场所。集中体现着工程活动的当时当地性。

05.040　工程要素　engineering factor

开展工程活动所必须具备的各种要素。包括人才、技术、设备、土地、资金等。

05.041　工程集成　engineering integration

工程活动中各种技术要素和非技术要素的综合与协调过程。

05.042　工程复杂性　engineering complexity

工程系统诸子系统或诸要素之间存在非线性相互作用，从而表现出初始条件敏感性和突现性等的特征。

05.043　当时当地性　localness and timeliness

强调工程活动是在特定的具体时间和特定的具体空间中所进行的活动。是工程活动最突出的性质和特征之一。

05.044　工程系统　engineering system

由各种技术要素与非技术要素集成起来的并具有特定功能的层级系统。

05.045　社会-技术系统　social-technological system

由技术因素和社会因素相互交织、相互作用、相互渗透而形成的具有特定功能的统一整体。

05.046　系统集成　system integration

在内外因素和环境作用下，多种要素综合、集成而形成可以发挥作用的完整系统的过程。

05.047　界面要求　interface requirement

工程系统内部子系统之间、不同模块之间以及工程用户和工程系统之间彼此适应所应满足的条件。

05.048　工程硬件　hardware of engineering

达到工程目标所需要的基础设施和物质设备等。

05.049　工程软件　software of engineering

在建造人工物过程中所需要的理念、知识、规则等非物质性内容。与工程硬件相互对应，并与之相互配合、相互作用。或专指工程设计、制造和管理中使用的计算机程序、指令等。

05.050　工程斡件　orgware of engineering
工程活动的组织管理方法、程序、制度。其与工程硬件和工程软件共同发挥作用。

05.051　工程结构　engineering structure
工程活动或工程系统中诸要素之间的关联样态或方式。

05.052　工程功能　engineering function
工程活动或工程系统按照设计要求所发挥出的特定作用。

05.053　工程范式　engineering paradigm
某个历史时期形成的规范某类工程活动的观念、方法和活动模式的总和。

05.054　工程逻辑　logic of engineering
工程活动中体现出来的或应该遵从的方法、程序和规则等。

05.055　工程效率　engineering efficiency
单位时间内工程活动的效果或进度。包括技术效率、经济效率等。

05.056　工程效力　engineering effectiveness
工程所能产生的效果、作用和影响力。所反映的是“总量”而不是“强度”。

05.057　工程效用　engineering utility
工程活动、工程设施或工程产品对主体或环境所可能产生或已经产生的用途、功用、影响。是工程决策的重要依据和工程评估的重要内容。

05.058　工程创新　engineering innovation
面向特定需求，集成、运用各类资源以创造新价值的工程过程。通常包括问题界定、解决方案的提出和筛选、工程试验和评估、实施和运行等环节。

05.059　工艺创新　process innovation
通过运用新的方式、方法变革工艺流程，以提高生产技术水平、产品质量并降低生产成本的活动。

05.060　产品创新　product innovation
创造某种新产品或者对老产品加以改进以提升其性能的活动。

05.061　制度创新　institutional innovation
通过改进旧制度或者建立新制度而创造社会价值的过程。

05.062　管理创新　management innovation
通过变革管理方法、管理过程、管理思想等以实现价值创造的创新活动。

05.063　基础设施　infrastructure
为了保障社会生产和居民生活能够正常进行所建造的公用设施系统。包括交通、邮电、供水供电、环境保护、文化教育、卫生事业等领域的公用设施。

05.064　工程设施　engineering facility
对工程活动的实施起支撑和服务作用的物质装备的总称。如建筑物、能源供应系统、工程机械、电信装备、交通工具、仪器等。

05.065　工期　time limit for a project
具体工程项目完工的时限。通常由客观条件、工程技术条件以及投资方要求等因素决定。

05.066　工程质量　project quality
按照国家现行的有关法律、法规、技术标准，工程设计文件及工程合同中对工程的安全、适用、经济、美观等特性所约定的综合指标。

05.067　工作平台　working platform
进行工业检验、测量工作的具体平台。泛指可供进行共同工作、共同作业的条件和环境。

05.068　工程运行　engineering operating
人工系统或基础设施建成后投入生产或使用的过程或阶段。

05.069　投产　going into production
建设项目竣工验收合格后，移交给管理部门或生产部门，投入使用或启动生产的过程。

05.070　废品　waste product
不符合相关技术标准、不能按照原定用途使用或者需要二次加工才能使用的产品。

05.071　次品　defective product
有缺陷、达不到质量标准，但有一定使用价值的产品。

05.072　工程可靠性　engineering reliability
在正常环境下工程系统维持自身、稳定运行并发挥预期功能的能力。

05.073　工程鲁棒性　engineering robustness
在异常工作环境下，或者在特定子系统功能波动甚至丧失的情况下，工程系统保持正常运行的能力。

05.074　工程安全　engineering safety
免除了不可接受的损害风险的工程活动状态。

05.075　工程救援　engineering rescue
针对工程事故及突发危险事件实施解救的行动和过程。

05.076　工程改造　engineering renovation
根据新目标、新规划等，对已有工程进行调整或局部改造或扩建，从而强化、改善原有功能或实现新功能的工程活动。

05.077　工程生命周期　life-cycle of a project
把工程理解为一个有自身生命的过程。包括工程规划与决策、工程设计、工程实施与建造、工程运行与维护、工程退役等阶段。

05.078　工程演化　evolution of engineering
特定工程或特定工程领域的工程形态或工程范式随着时间推移及环境条件的改变所发生的变化。

05.079　工程的要素演化　evolution of engineering factors
工程活动的诸要素如实践者、原材料、技术、制度等随着时间的推移与环境条件的改变而发生的演变现象。

05.080　工程系统演化　evolution of engineering system
工程活动的诸要素及其相互关系发生变革而导致的工程活动模式的结构性变化。

05.081　工程退役　engineering retirement
在工程目标完成、功能失效、设计寿命完结、危害生态环境，或人为原因、不可抗力等致使工程中止运行的情况下对工程的处置过程。是工程运行过程的末端环节。

05.082　产业结构　industrial structure
国民经济诸产业部门之间的比例关系。可以指农业、工业和服务业之间的比例关系，高技术产业与传统产业之间的比例关系，或者轻工业与重工业之间的比例关系，等等。

05.083　产业链　industrial chain
特定产业部门供应商、制造商和用户企业之间形成的稳定的上下游供需关系。

05.084　原始工程　primitive engineering
人类历史早期借助简单工具实现的造物过程。如用石刀石斧猎取食物、用石针缝制树叶或兽皮衣服、钻木取火以及用石块、树枝、泥土搭建简单的居所等。

05.085 古代工程 ancient engineering

18 世纪英国工业革命之前的人类工程活动形态。主要依靠人力、畜力和自然力对天然材料进行初步改造或加工以满足自身需求。

05.086 第一次工业革命 the first industrial revolution

又称"第一次产业革命"。发端于 18 世纪 60 年代英国的人类生产方式的一场巨变。在生产工具方面表现为纺纱机、蒸汽机的发明和广泛应用，在生产组织形式方面表现为大机器生产取代手工作坊，在生产动力方面以热能、机械能取代了人畜体能。

05.087 现代工程 modern engineering

与"古代工程"相对。指英国工业革命之后的工程实践形态。其基本特征是依靠现代科学技术实现了对物质、能量、信息的深度转化与高效利用。

05.088 大机器生产 machinery production

又称"机器大工业"。第一次工业革命带来的以化石能源代替人力、畜力、风力(帆船)，以机器代替手工工具，以工厂代替作坊的工业生产方式。

05.089 第二次工业革命 the second industrial revolution

又称"第二次产业革命"。发端于 19 世纪中后期的人类生产方式的第二次巨变。体现为以电磁学为基础的电力工业的兴起以及电力技术向各个产业领域的广泛渗透，人类从此进入电气化时代。

05.090 泰勒制 Taylor system

由 F. W. 泰勒(F. W. Taylor)于 19 世纪末提出并在 20 世纪初得以推广的一套管理模式。其要旨是通过对工人操作的科学分析来确定加工工序和奖惩机制从而提高企业的生产效率。

05.091 第三次工业革命 the third industrial revolution

又称"第三次产业革命"。发端于 20 世纪中后期的人类生产方式的第三次巨变。具体体现为以计算机与互联网为代表的信息通信技术的兴起及其向各个产业领域乃至全社会的广泛渗透，形成了信息技术-经济范式，人类从此进入信息时代。

05.092 流水线 assembly line

又称"装配线"。工业领域的一种生产方式，核心是把复杂的生产过程分解成一系列简单易操作的工作单元，每个工人只需重复执行相应的操作以提高效率和产量。

05.093 福特制 Fordism

20 世纪初由福特汽车公司提出并运用的一种依靠流水线作业和专业化管理来降低产品成本、提高生产效率的大量生产方式。

05.094 后福特制 post-Fordism

又称"弹性生产方式""柔性生产方式"。以信息技术为基础的，以扁平化、小规模、个性化为特征的生产方式。是对福特制的扬弃。

05.095 精益生产 lean production

源于日本丰田公司的管理方式。其主导思想是将生产过程的每个环节、工序、用料、成本、运输、销售，系统结构、产品设计、人员组织、市场开发、供应链衔接等，严格量化、优化，最大限度地节约成本，提高产品品质、服务质量，提高生产效率。精益生产不但可以提高大批量生产的效率和品质，还可以实现小批量、个性化服务，实现柔性管理。

05.096 柔性制造 flexible manufacturing

基于模块化、智能化信息系统，在生产过程中自动实现多目标、小规模、个性化产品产出的生产方式。

05.097　智能制造　intelligent manufacturing
基于智能系统开展的制造活动。其核心是个体制造单元的“自主性”、系统整体的“自组织能力”以及由此涌现出的分析、判断、推理、构思和决策能力。

05.098　增材制造　additive manufacturing
又称“3D 打印”。通过数字化手段直接将粉末材料累加成型而实现产品生产，而不是先对坯料进行车削铣钻等加工而后装配产品。

05.099　物联网　internet of things
利用数据技术建立起来的物与物之间的信息交互网络。其中的自然物和人工物都被配置了网络地址，因此可与互联网中的计算机或移动智能设备通信，实现数据共享和交互。

05.100　智慧地球　smart earth
基于物联网技术将地球上的自然物和人工物数据化并加以联结，实现即时感知、即时交互、即时控制，以服务于重大基础设施的智能化运行、灾害的智能感知并即时启动预案处置等。

05.101　宏观工程　macro engineering
国家、全球水平或范围的工程活动。

05.102　中观工程　meso engineering
行业、区域水平或范围的工程活动。

05.103　微观工程　micro engineering
特定工程项目、企业层面的工程活动。

05.104　军事工程　military engineering
为军事目的而进行的工程设计、建造、运行和保障活动。也指用于军事目的的构筑物和保障军队作战行动所采取的工程技术措施。

05.105　土木工程　civil engineering
为新建、改建或扩建各类建筑物、构筑物和相关配套设施等所进行的勘察、规划、设计、施工、安装和维护等工程活动。

05.106　桥梁工程　bridge engineering
土木工程中的结构工程分支领域。包括以建造桥梁为目的的勘测、设计、施工、鉴定和养护等实践活动，涉及勘测学、材料学等学科以及桥梁施工、检测和养护等技术。

05.107　水利工程　hydraulic engineering
对自然界的地表水和地下水进行控制和调配以除害兴利的工程活动。包括防洪工程、农田水利工程、水力发电工程、航道和港口工程等。

05.108　机械工程　mechanical engineering
运用力学、物理学和材料科学等理论，设计、分析、制造和维护机器系统的工程活动。

05.109　装备制造　equipment manufacture
设计、生产、加工、制造工程装备的活动或行业。包括基础零部件及基础装备、船舶及海洋工程装备、汽车与轨道交通装备、航空航天装备、节能环保和安全生产装备、能源装备等的制造。

05.110　能源工程　energy engineering
以获取或配置能源为目的而进行的资源开发与能量转换等工程活动。

05.111　资源工程　resources engineering
开发、管理和保护各类自然资源（如土地、能源、矿物、林木、水等）的工程活动。

05.112　林业工程　forestry engineering
以林木系统为对象而进行的种植、养护、开发、利用以及相关装备的设计、制造和使用的工程活动。

05.113 生态工程 ecological engineering

运用生态学原理，为保护和改善生态环境而开展的工程活动。

05.114 信息工程 information engineering

基于计算机等技术手段，获取、加工、处理、传输、存储和运用信息的工程领域。包括相关电子设备与信息系统的设计、开发、应用和集成等。

05.115 人机工程 man-machine engineering

运用生理学、心理学和其他有关学科知识，合理分配人和机器承担的操作职能并使之相互适应，从而为人创造出舒适和安全的工作环境，使工效达到最优的一门综合性新兴交叉学科。

05.116 软件工程 software engineering

针对特定工程需求，运用数学、计算机科学与技术、管理学等原理，开发、管理和改进软件的工程领域。涉及程序设计语言、数据库、系统平台、标准、设计模式等。

05.117 基因工程 genetic engineering

又称“遗传工程”。在分子水平上把外源基因通过体外重组后导入受体细胞内，并在受体细胞内进行复制、转录、翻译表达等操作，从而获得新功能或新物种的工程领域。

05.118 大科学工程 big science project

基于科学研究并为科学研究乃至产业创新提供支撑的大型研究设施的建造的过程。

05.119 大科学装置 large scale scientific facility

又称“重大科技基础设施”。大科学工程的产物。作为基础设施，为科学研究乃至产业创新活动提供支撑。

05.120 巨石阵 Stonehenge

位于英格兰威尔特郡索尔兹伯里平原，由巨大的石头组成，每块约重 50 吨，其主轴线、通往石柱的古道和夏至日早晨初升的太阳位于同一条线上；其中还有两块石头的连线指向冬至日落的方向。系公元前 4000～公元前 2000 年建造，是欧洲著名的史前时代文化神庙遗址。

05.121 金字塔 Pyramid

古埃及人建造的用来埋葬国王和王后的陵墓工程。建造的历史从埃及第三王朝延续到第十三王朝。

05.122 都江堰 Dujiangyan Irrigation System

战国时期秦国蜀郡太守李冰率众修建的水利工程。主要由鱼嘴分水堤、飞沙堰溢洪道、宝瓶口进水口三大部分和百丈堤、人字堤等附属工程构成。位于四川成都平原都江堰市西侧的岷江上。

05.123 罗马斗兽场 Roman Colosseum

又称“罗马大角斗场”。古罗马帝国专供奴隶主、贵族和自由民观看斗兽或奴隶角斗的地方。位于意大利罗马市中心，建于公元 72～82 年，是古罗马文明的象征。俯瞰时呈椭圆形，占地面积约 2 万平方米，长轴长约 188 米，短轴长约 156 米，圆周长约 527 米，围墙高约 57 米，场内可容纳近 9 万人。

05.124 坎儿井 karez

中国新疆吐鲁番地区的一种特殊水利系统。由竖井、地下渠道、地面渠道和涝坝（小型蓄水池）四部分组成，以截取地下潜水来进行农田灌溉和居民用水。

05.125 赵州桥 Zhaozhou Bridge

又称“安济桥”。世界上保存最完整的古代大型单孔敞肩石拱桥。坐落于河北省赵县的洨河上，横跨 37 米多宽的河面，建于隋朝年间公元 595～605 年，由著名匠师李春设计建造。

05.126 京杭大运河 Beijing-Hangzhou Grand Canal
中国东部平原上的古代水利工程。隋唐大运河以洛阳为中心，南起杭州，北到涿郡（今北京），后经元朝取直疏浚，全长 1794 公里。京杭大运河利用了隋唐大运河不少河段，缩短了 900 多公里的航程，通达黄河、淮河、长江、钱塘江、海河五大水系，是中国古代南北交通的大动脉，也是世界上规模最大的运河。

05.127 曼哈顿工程 Manhattan Project
又称“曼哈顿计划”。美国陆军部于 1942 年 6 月开始实施的利用核裂变反应来研制原子弹的计划。该计划集中了一批当时最优秀的核科学家，动员了 10 万多人参加，历时 3 年，耗资 20 亿美元，于 1945 年 7 月 16 日成功进行了世界上第一次核爆炸，并按计划制造出两颗实用的原子弹，1945 年投放于日本广岛和长崎。

05.128 “两弹一星”工程 Nuclear Bomb, Missile and Satellite Project
中国研制原子弹、导弹和人造卫星的工程。20 世纪 50 年代中期，中国做出研制“两弹一星”的战略决策。1960 年 11 月 5 日，中国第一枚近程导弹“东风一号”发射成功；1964 年 10 月 16 日，中国第一颗原子弹爆炸成功；1966 年 10 月 27 日，中国第一颗装有核弹头的地地导弹飞行爆炸成功；1967 年 6 月 17 日，中国第一颗氢弹空爆试验成功；1970 年 4 月 24 日，中国第一颗人造卫星发射成功。“两弹一星”的研制成功，使中国成为世界上少数独立掌握核技术和空间技术的国家之一。

05.129 阿波罗计划 Project Apollo
又称“阿波罗工程”。1961～1972 年美国组织实施的载人登月计划。其目的是实现载人登月飞行和人对月球的实地考察，为载人行星飞行和探测进行技术准备。工程耗资 255 亿美元，2 万多家企业、200 多所大学和 80 多个科研机构参与。

05.130 三门峡工程 Sanmenxia Project
又称“三门峡水利枢纽工程”。新中国成立后在黄河上兴建的第一座以防洪和发电为主、综合利用的大型水利枢纽工程。1957 年 4 月 13 日开工兴建，1960 年 9 月基本建成，1973 年 12 月 26 日，第一台国产水轮发电机组投产发电。水库建成不久，很快出现严重泥沙淤积，不得不调整运行方式。该工程为我国水利工程发展提供了诸多经验和教训。

05.131 三峡工程 Three Gorges Project
位于长江三峡的世界上规模最大的水电工程。具有防洪、发电、航运等多种效益。该工程于 1992 年获批建设，1994 年正式动工，2009 年全部完工，大坝高程 185 米，蓄水高程 175 米，水库长 2335 米，静态投资 1352.66 亿元人民币，安装 32 台单机容量为 70 万千瓦的水电机组。

05.03 工程知识论

05.132 工程学 disciplines of engineering
又称“工学”。各种工程学科或专业的总称。

05.133 工程科学 engineering science
以数学、自然科学乃至社会科学为基础，以人工物或人工过程为基本研究对象，旨在解决相关工程问题并寻找一般规律和方法的交叉学科。

05.134 工程问题 engineering problem
可以用造物方式加以解决的问题。这些问题

通常导源于现有工程的功能失常、现有工程的简单外推、新的社会问题引发的工程需求以及新兴科技激发的全新工程构想。

05.135　工程问题求解　engineering problem-solving

运用工程思维和工程方法，寻求工程问题解决路径的过程。

05.136　工程初始条件　initial condition of project

工程活动开始时所遇到的各种状态和条件。包括经济条件、技术条件、社会条件和环境条件等。

05.137　工程约束条件　constraint condition of project

对工程活动具有限定、约束作用的各种条件。涉及时间、空间、资金、技术、资源、社会环境、文化民俗、公众态度等。

05.138　工业设计　industrial design

以工学、美学、经济学等为基础，对工业产品的结构、形式、功能乃至销售提出构思和实施方案的过程。

05.139　工程思维　engineering thinking

一种以造物问题为导向，以图像符号为关键思维单元，根据特定初始条件和约束条件，统筹各类可得的工程要素，协调各种利益关系和利益冲突，以求得具有可操作性的工程问题解决方案的思维方式和过程。

05.140　工程合理性　engineering rationality

在充分利用可得知识的基础上达成的工程目标设定之合意性与工程手段选择之可行性的统一。

05.141　工程知识　engineering knowledge

来自工程实践和工程研究并被用于工程设计、施工、运行和维护过程的各类知识的总和。

05.142　工程知识创造　generation of engineering knowledge

通过工程实践或工程研究活动来创造新的工程知识的过程。

05.143　工程知识进化　evolution of engineering knowledge

在长时段中呈现出来的工程知识的变异、选择和保留过程。

05.144　显性工程知识　explicit knowledge in engineering

又称“明言工程知识”。可以用语言明确表达出来的工程知识。与“隐性工程知识”相对。

05.145　隐性工程知识　tacit knowledge in engineering

又称“难言工程知识”“默会工程知识”。人们在工程实践中习得的难以用语言明确表达的、难以进行编码的知识。与“显性工程知识”相对。

05.146　工程知识外化　externalization of engineering knowledge

通过反思和研究，将个体拥有的隐性工程知识转变成易于交流的显性工程知识。

05.147　工程知识内化　internalization of engineering knowledge

通过学习和实践，将显性工程知识变成个体拥有的隐性工程知识。

05.148　工程知识融合　combination of engineering knowledge

将新获取的显性工程知识与现有知识结合、融通，形成新的工程知识体系。

05.149 工程知识群化 socialization of engineering knowledge

最初由一个人或少数人拥有的工程知识逐步变为更多人共同拥有的工程知识的过程。

05.150 工程知识扩散 engineering knowledge diffusion

工程知识通过一定途径发生的空间传播和代际传播过程。

05.151 工程知识失传 loss of engineering knowledge

工程知识由于多种原因而后继无人并且全部相关文献都已丧失的现象。

05.152 陈旧工程知识 outmoded engineering knowledge

随着工程与社会的发展而变得过时、愈来愈少被人使用的工程知识。

05.153 工程决策知识 knowledge of engineering decision-making

工程决策所需要的各类知识的总和。

05.154 工程评估知识 knowledge of engineering assessment

工程评估所需要的各类知识的总和。

05.155 工程管理知识 knowledge of engineering management

工程管理所需要的各类知识的总和。

05.156 工程数据 engineering data

工程活动中采集、获得、利用的专门数据。包括从产品设计、工程分析直到制造过程活动中所产生的全部数据。

05.157 工程数据库 engineering database

能够满足人们在工程活动中对数据处理需求的数据库。此类数据库应能支持多种工程应用程序，支持动态模式修改和扩充，支持工程设计的反复迭代，并具有自动维护数据一致性的能力。

05.158 知识管理 knowledge management

有系统、有组织地运用现有知识去创造知识、整理知识、存储知识，并将适当知识在适当时机传递给适当的人并加以适当运用的管理过程。

05.159 操作手册 operation manual

为了指导工程技术人员按照操作规程办事而汇编的操作规程及相关专门知识的参考手册。

05.160 工程规范 engineering code

工程设计、施工、运行、维护等所应遵循的原则、指南或准则。

05.161 工程标准 engineering standard

为了确保工程实践的有序开展，针对各类工程的规划、设计、施工、验收、运营维护等，制定的具有一定强制性的各种标准和操作规范。工程标准可由企业、行业或政府机构审查批准后发布执行。

05.162 程序 procedure

为了进行某项活动或过程所规定的流程、路径或途径。

05.163 工程经验 engineering experience

在工程实践中获得和积累的有关工程活动的感性知识。它虽然没有上升到理论认识水平，但在工程实践中又常常发挥着不可替代的作用。

05.164 工程智慧 engineering wisdom

巧妙运用工程思维、工程知识和工程方法，高效率地达成工程目的和生存新境界的智慧。具体体现为基于各类知识和经验构想新的生存可能性的能力，构想从当下事态走向这种可能事态的方案的能力，以及践行这种方案并达成工程理想的能力。

05.165　干中学　learning by doing
在实践中或通过实践进行的自觉或不自觉的学习。不同于传统意义上的通过课堂教学或阅读进行的学习。

05.166　CDIO 工程教育模式　CDIO initiative in engineering education
麻省理工学院和瑞典皇家工学院等四所大学共同提出的工程教育理念和模式。CDIO代表构思（conceive）、设计（design）、实施（implement）和运作（operate），旨在为学生提供一种植根于工程实践全生命周期的工程教育。

05.167　工程公众认知　public cognition of engineering
社会公众对工程活动的认知。由于多种原因，公众对工程的“实际认知”往往与专家的工程认知有许多不同。

05.168　工程传播　engineering communication
通过一定的组织形式和传播手段，向公众传播工程知识、方法、理念以提升公众的认识水平、技能和素养的过程。其目的是促进公众理解、支持和参与工程。

05.04　工程方法论

05.169　工程方法　engineering method
从事工程活动所采用的各种手段、方法、途径、程序的统称。

05.170　工程方法通用原则　general principles of engineering method
各种各样的具体工程方法在具体运用时都应该遵循的、普遍适用的基本原则。包括工程理念与工程方法统一的原则，工程“硬件”“软件”“斡件”的“三件统一”原则，工程方法运用的可行性、安全性、效益性原则等。

05.171　顶层设计　top-level design
运用系统论方法，自上而下统筹规划工程活动的各个方面、各个层次和各个要素以确保实现工程目标的设计思想或设计方案。

05.172　总体设计部　general design department
遵循系统论和系统工程思想，在工程活动中承担统筹规划和方案设计工作的部门。是钱学森首先提倡的一种系统管理和决策支持体制。

05.173　工程规划　engineering planning
对工程活动进行的宏观性、整体性、系统性和长远性的统筹谋划。

05.174　工程决策　engineering decision-making
为了解决特定工程问题或实现特定工程目标，组织或个人对未来一定时期内工程实践的方向、内容及方式进行分析、判断和选择的过程。

05.175　工程决策方法　method of engineering decision-making
在一定约束条件和环境条件下对工程决策中涉及的诸要素进行综合集成、权衡、协调和优化的方法。

05.176　工程立项　initial and approval of project
设立工程项目的决策过程。包括项目申请和

项目批准两个环节。

05.177　工程可行性　engineering feasibility
关于特定工程项目是否值得建设、是否有条件建设、是否能够解决相关难题的综合判断。

05.178　工程可行性分析　engineering feasibility analysis
由相关主体开展的对工程项目相关资源、市场、成本、收益、技术、法规、环境等进行调查研究和分析，以确定工程项目是否可行的决策辅助研究活动。

05.179　工程时机　occasion in engineering
工程活动中具有时间性的客观条件。时机选择和利用是否恰当，直接影响工程进程、质量和效果，甚至决定工程的成败。

05.180　工程勘探　engineering exploration
为满足工程建设需要，对相关地域的地形、地质及水文等状况进行测绘、勘探、测试，并提供相应成果和资料的活动。

05.181　工程选址　project site selection
工程项目进行前对该项目多个可能的“坐落地”进行研究、分析、比较，以决定最终地址的活动和过程。选址决策对工程的成败会产生重要且深远的影响。

05.182　工程方案　engineering scheme
面向特定工程目标，收集、处理相关信息而拟定的具体实施方案。

05.183　工程评估　engineering assessment
从技术、经济、社会和环境影响等方面对工程作出总体评价，从而为相关决策提供支撑的过程。工程评估应该贯穿于工程活动的全过程。

05.184　工程评估方法　engineering assessment method
工程评估过程中所运用的各种方法。包括利益相关者分析方法、定性和定量相结合的方法、技术分析和经济分析相结合的方法以及微观效益与宏观效益相结合的方法等。

05.185　工程环境评估　environmental assessment of engineering
对工程项目或工程活动的环境影响所进行的评估。包括事前评估、事中评估和事后评估三种情况。

05.186　工程风险评估　engineering risk assessment
对工程所可能遇到的风险状况以及可能产生的风险后果（包括对人的健康、生命、财产以及生态环境等方面造成的危害、损失等）所进行的评估。

05.187　工程设计　engineering design
针对工程问题，设计人员基于特定的约束条件和资源条件，明确具体工程目标以及达到目标的具体过程、方法和实施方案的过程。

05.188　工程设计方法　engineering design method
为完成工程设计而采用的各种具体方法。包括直觉经验设计方法、模块设计方法、参与式设计方法、仿生设计方法、计算机辅助设计方法等。

05.189　工程数学　engineering mathematics
服务于工程活动的应用数学。

05.190　工程数学方法　mathematical methods for engineering
工程实践中应用的多种数学方法的总称。包括各类建模方法、仿真方法、非线性问题的数学方法、工程计算方法等。

05.191　工程试验　engineering test

为了达成特定工程目标，在模拟或尽量接近现实的条件下针对相关材料、元器件或系统的性能、可靠性等开展的测试、检验、探索等。

05.192　工程仿真　engineering simulation

基于相关工程理论和仿真技术手段，建立工程系统模型并据此对实际工程系统进行模拟实验研究的过程。

05.193　工程模型　engineering model

在工程研究、设计、施工、展示等过程中运用的各种模型的总称。包括实物模型和计算机模型等。

05.194　工程模拟方法　engineering simulation method

通过建立物理或数学模型并据此进行试验，比较不同后果进而选择可行方案的一种工程方法。

05.195　招投标　tendering and bidding

工程活动中的招标和投标。两者属于一个统一过程的相对方面，其核心是竞争机制，要求投标者的数目必须不止一个。

05.196　施工方法　construction method

工程施工过程中所采用的各种方法。涉及工序安排、人力安排、材料选择、施工设备选择和综合等。

05.197　工程进度　engineering schedule

工程施工过程中各个工序的先后顺序与时间安排。

05.198　工程管理　engineering management

对工程建设和运营过程进行计划、组织、指导、评价和控制，使得工程参与者在工程组织中高效率地完成既定工程任务的过程。

05.199　项目管理　project management

将知识、技能、工具和技术等各种资源有效应用于特定工程项目以达到预期目标的管理过程。

05.200　系统工程方法　system engineering method

为了实现工程目标，对工程相关要素、组织、信息流、控制机构等进行系统分析和统筹安排，以尽可能实现总体最优的工程方法。

05.201　工程争论　engineering debate

在工程实践过程中，由于目的、利益或者价值观的差异，两个或多个利益相关者无法达成一致而表达各自观点、相互论辩的状态和过程。

05.202　工程修辞方法　rhetoric method in engineering

工程活动中为了进行明晰表达、有效沟通或增强说服力而采用的修辞方法。

05.203　权衡　trade-off

对发生矛盾和冲突的诸要素或诸方面作适当调整、折衷或取舍以达成协调状态。

05.204　标准化　standardization

在工程活动中从无标准到制定标准，从分散化标准到制订、发布和实施统一标准的过程。

05.205　工程操作　engineering operation

在工程施工或运行活动中按照相关规范进行操作的过程。

05.206　启发法　heuristic method

一种相对于模型求解方法而言的逐次逼近最优解的方法。包括相似启发法、手段-目的分析法、逆向求解法、爬山法等，其特点是模型简单，只要对所求得的解在实践中不断修正，就能找到满意解，尽管无法保证得到最优解。

05.207 相似论 theory of analogy

分析、研究自然界或工程实践中的相似现象和相似问题的理论。

05.208 逆向工程 reverse engineering

又称“反求工程”。对他人产品进行拆卸、测绘、分析、研究从而形成自己的设计和生产能力的过程。

05.209 工程安全方法 engineering safety method

规避工程风险、防止发生工程事故或工程灾难的方法。

05.210 工程监理 project supervision

依据法律法规、工程建设标准、设计文件及合同，对工程施工的质量、进度和造价进行监督和控制，对工程施工相关方的关系进行协调的一种活动。工程监理的主体应依法取得建设主管部门颁发的资质证书。

05.211 试车 trial run

在工程竣工之后对设备、电路、管线等系统的试运行。目的是检查运转是否正常、是否满足设计及运行规范要求。

05.212 工程验收 engineering acceptance

按照工程建设目标和标准要求，对单项工程或全部工程是否合格进行核查的程序和结果。

05.213 工程结算 engineering settlement

工程施工单位与建设单位之间进行的工程合同价款结算工作。一般可分为工程定期结算、工程阶段结算、工程年终结算、工程竣工结算等。

05.214 客户服务 customer service

解决客户问题并提高客户满意度的各项活动的统称。

05.215 维护 maintenance

对工程系统或相关设备正常运行的维持、防护、保护工作。使其免于故障或遭受破坏。

05.216 维修 repair

工程设备的技术状态老化或发生故障后，为恢复其功能而进行的修复或修理活动。

05.217 系统升级 system upgrade

为修复缺陷或者优化功能，而对系统进行的从低版本到高版本的更新过程。

05.218 工程反馈 feedback in engineering

工程活动中的信息反馈。包括技术性的信息反馈和社会性的信息反馈。

06. 科学技术方法论

06.01 方法与工具

06.001 科学研究 scientific research

旨在发现新事实和新理论知识的认识活动。运用严密系统的科学方法，以认识世界、探索真理为目标的活动过程。

06.002　经验性研究　empirical research
在科学研究中通过观察、实验等方法直接从研究对象那里收集第一手观察或实验数据资料，并以此为基础开展的研究。与“理论性研究”相对。

06.003　理论性研究　theoretical research
在科学研究中通过理论分析、逻辑推理和数学计算等形式，提出概念、假说或预测等相关的研究。与“经验性研究”相对。

06.004　方法　method
为达到某种目的而采取的途径、步骤、程序及手段等。

06.005　方法论　methodology
人们认识世界和改造世界的一般方式、方法的理论体系。

06.006　科学方法　scientific method
科学研究的方法或科学认识的方法，是人们进行研究活动的程序、方式、手段和规则。

06.007　科学方法论　scientific methodology
以科学方法的性质、功能、内在联系及应用范围等为研究对象的哲学分支。

06.008　科学技术方法论　methodology of science and technology
关于科学研究和工程技术研究一般方法的性质、特点、内在联系和变化发展的理论体系。

06.009　怀疑精神　skeptical spirit
科学研究者对已有的科学成就及科学权威的有根据的质疑态度。

06.010　科研选题　choice of project
选择科学研究的主攻方向、确定研究课题的过程和方法。

06.011　选择原则　principle of choice
选择依据的基本信念、理论或准则。它们对研究的视角、路径、方法或结果会产生决定性的影响。

06.012　科学认识　scientific epistemology
由认识主体、认识客体和实现主客体相互作用的中介三个要素组成的，以认识世界、创新知识为目标的动态过程。

06.013　认识主体　epistemic subject
与认识客体构成某种实践关系和认识关系的个人（科学家）或群体（科学共同体）。与“认识客体”相对。

06.014　认识客体　epistemic object
自然界中进入主体的特定认识领域中的物质系统，是认识主体所要理解和认识的对象。与“认识主体”相对。

06.015　自然客体　natural object
一切由自然物构成的客体。

06.016　社会客体　social object
已经对象化了的现实的社会关系及其结构。如货币、民族、国家形式等。

06.017　精神客体　mental object
人类精神生产的结果以物的形式存在，并成为人们实践活动的对象。如以书籍为物质载体的各种理论、学说等。

06.018　认识工具　epistemic implement
认识活动借以展开的方法、仪器及概念框架等。

06.019　思维工具　implement of thinking
思维活动借以展开的语词、概念及推理规则等。

06.020 科学仪器 scientific instrument
科学研究中运用的物质工具和设备等。

06.021 科学语言 scientific language
科学交流运用的书写符号系统。精确性和经验性是其突出的特征。

06.022 人工语言 artificial language
人们出于不同目的构建的非自然语言。与“自然语言”相对。

06.023 自然语言 natural language
一种自然地随文化演化的语言。如汉语、英语等，是人类交流和思维的主要工具。与“人工语言”相对。

06.024 形式语言 formal language
数学、逻辑和计算机科学中，用精确的数学或机器可处理的公式定义的语言。包括语法和语义两个方面。

06.025 符号语言 symbolic language
以符号为中介的表达及交流书写系统。不同于身体语言等直观的表达交流方式。

06.026 科学符号 scientific symbol
科学研究中用来表示现象、事实、理论及其相互关系等的人工书写形式。

06.027 科学经验 scientific experience
科学研究中在受控条件下通过观察和实验等取得的可靠数据等研究资料。

06.028 经验公式 experiential formula
在科学实验和生产实践中，从数据出发由拟合得到的近似表达式。通常缺少完整的理论推导过程。

06.029 经验常数 experiential constant
科学研究中由科学实验或观察数据导出的，以常数表达的不同现象之间的稳定关联。

06.030 经验定律 experiential law
在实验或观察的基础上由归纳及类比等方法得出的现象之间的稳定关联。

06.031 科学事实 scientific fact
科学研究中发现的真实可靠的现象或现象之间的关系。

06.032 经验事实 experiential fact
人们通过知觉获得的具有可重复性或可检验性的现象或现象之间的关系。

06.033 理论事实 theoretical fact
由理论推导得出的具有可重复性或可检验性的现象或现象之间的关系。

06.034 因果性事实 the fact of causation
由现象之间的因果关系确立的现象之间的稳定关联。

06.035 科学文献 scientific literature
科学研究中使用的资料。如数据、论文及著作等。

06.02 问题与观察

06.036 科学发现 scientific discovery
科学活动中对未知现象或规律的揭示。包括事实和理论两个方面。

06.037 常规发现 normal discovery
现有理论或假说预期范围内的科学发现。

06.038 非常规发现 unconventional discovery
现有理论或假说预期范围外的科学发现。通常具有修正或革新现有理论及假说的潜力。

06.039 科学问题 problem in science
一定时代的科学家在特定的知识背景下提出的关于科学知识和科学实践中需要解决而尚未解决的疑难。包括一定的求解目标和应答域。

06.040 问题结构 structure of problem
一个问题的各组成部分或不同层次之间的相互关系。

06.041 问题网络 network of problem
具有结构性关联的一组问题。

06.042 问题状况 situation of problem
与一个问题的提出背景、解决方法及可能的答案等相关的总体情形。

06.043 问题提法 formulation of problem
提出问题的角度、指向及对解决方案的提示等。

06.044 问题分解 resolution of problem
把一个复杂问题合乎逻辑地区分为一组简单问题分别进行解决的方法。

06.045 问题转换 problem shift
科学研究和生产实践中把一个问题转变为具有等价性的另一个问题进行解决的方法。

06.046 问题解决 problem solving
由一定的情景引起的，按照一定的目标运用某种认知技能等为问题寻求答案的过程。

06.047 问题意识 problem consciousness
科学研究的问题指向，即研究者对一项研究要回答的问题，如何回答这个问题以及问题回答到了何种程度的自觉认识。

06.048 科学测量 scientific measurement
按照被测对象的特点，通过某种测量系统或利用某些仪器获取被测量对象度量特征的过程。

06.049 直接测量 direct measurement
直接从测量工具的读数获取被测量量值的方法。特点是不需要对被测量与其他实测的量进行函数关系的辅助运算。与“间接测量”相对。

06.050 间接测量 indirect measurement
将一个被测量转化为若干可直接测量的量加以测量，而后再依据由定义或规律导出的关系式（即测量式）进行计算或作图，从而间接获得测量结果的测量方法。与“直接测量”相对。

06.051 科学观察 scientific observation
人们在自然发生的条件下，通过感官或者仪器，有目的、有计划地感知和描述客观事物的一种方法。

06.052 观察者 observer
观察活动的主体。即进行科学观察的人，决定观察仪器的使用和观察对象的选择。

06.053 可观察性原理 principle of observability
科学研究的范围应该是原则上可观察到的物质客体，即可以被人们的感觉器官直接感知或借助观察仪器最终被感觉器官间接感知的物质客体。

06.054 观察程序 procedures of observation
科学观察活动一般遵循的程序。包括以下步骤：观察准备工作、实施观察、做观察记录、整理分析观察资料。

06.055　观察对象　object of observation

观察活动所指向的物质客体。是观察活动赖以进行的前提，同时又对观察者如何组织观察以及观察仪器的使用有制约作用。

06.056　观察陈述　observational statement

对观察结果的描述。是对个别对象的性质、状态的陈述，所表达的知识都是经验知识或经验事实。

06.057　观察语言　observational language

又称“基础语言”。包括观察名词和观察陈述（也称观察命题或观察语句）。观察名词是表示或指称可直接观察或测量的对象或过程以及这些对象的可观察属性和关系的语词；观察陈述必须用某种理论的语言来表述，以保证命题中出现的概念是精确的和能增进事实的。

06.058　观察错误　errors in observation

在科学观察过程中，由于认识主体的原因对观察客体作出的与其本来面目不相符合的描述。

06.059　虚假观察　false observation

对由错觉造成的虚假现象或主观臆想的错误现象的观察。如一些几何图形能造成视觉错误，光在水、玻璃及热空气中折射造成的畸形也会使人产生错觉。

06.060　常规观察　conventional observation

在一定理论或假说的指导下，按照预定的目的，有计划、有步骤地进行的观察。

06.061　机遇观察　chance observation

本来是为了观察某一现象，但在实际观察过程中却意外地发现了另一现象，而后者又比前者具有更大的研究价值。

06.062　自然观察　natural observation

观察者在纯自然条件下对研究对象的观察。观察者对观察对象不加控制或干预。

06.063　实验观察　experimental observation

在人为地控制或干预的实验条件下对研究对象的观察。它可以排除干扰，突出主要因素，使某一事件或现象在有利于观察的条件下发生或重演，是获取科学事实的一种重要研究方法。与仪器观察相近。

06.064　感官观察　observation with senses

直接利用感觉器官进行的观察。

06.065　仪器观察　observation with instrument

借助科学仪器对研究对象所进行的观察。是科学研究中最常用也是最重要的观察手段。与实验观察相近。

06.066　观察典型　typical cases in observation

在科学研究中对具有典型性或代表性的事物或现象的观察。以了解同类或相近事物或现象的属性或特点。

06.067　地面观察　ground observation

在某地面点通过感官或仪器对天文现象的观察。它受地球大气层的影响，给观察宇宙现象的工作带来了天然的屏障。与“空间观察”相对。

06.068　空间观察　space observation

在大气层外空间设立观察站，对宇宙现象进行的观察。克服了地面观察的局限性。与“地面观察”相对。

06.069　观察的客观性　objectivity of observation

在进行科学观察时，采取实事求是的科学态度，避免先入为主或者受理论或信念的影响，对事物进行周密的、系统的、全面的观察，如实地反映所观察的现象。是科学研究的首要原则和要求。

06.03 实验与检验

06.070 科学实验 scientific experiment
在人工控制的条件下，运用一定的仪器设备，观察研究自然现象及其规律性的特殊的社会实践形式。是获取经验事实和检验科学假说、理论真理性的根本途径。与实验观察相近。

06.071 科学试验 scientific test
在人工控制的条件下，尝试性地观察某事的结果或某物的性能。

06.072 实验处理 experimental treatment
根据一定的研究目的，利用仪器和设备等手段，人为地控制和模拟自然现象，使某一事物（或过程）发生或重演，以便在比较纯粹的形态下观察和研究自然现象的过程。

06.073 实验控制 control in experiment
在控制条件下，有目的地对受试对象进行干涉。包括生物的、化学的、物理的或内外环境的干涉，以观察特定干涉对受试对象的影响。

06.074 数学-实验法 mathematical-experimental method
在对自然界进行的实验研究中，同时运用数学计算或推理方法，把数学与实验结合起来，从实验结果中概括出变量之间的数量关系。

06.075 定性实验 qualitative experiment
在实验过程中，注重研究某个或者某些现象或变量是否存在，以及现象或变量关系的变化趋势。

06.076 定量实验 quantitative experiment
在实验过程中，不仅研究某个或者某些现象或变量是否存在，以及现象或变量关系的变化趋势，而且还要研究变量的大小或强度，以及量化的变量关系。

06.077 单因素实验 experiment of single factor
在不考察或没有其他因素的条件下，实验只考察一种因素（自变量）的有无或者变化所产生的影响（因变量）。

06.078 多因素实验 experiment of multi-factors
在一个实验中需要考察两个或两个以上的因素（自变量）共同作用产生某种结果（因变量）。它可以研究多个变量之间的交互作用，得出的结论更符合实际情况。

06.079 直接实验 direct experiment
在实际环境中对研究对象进行直接操作完成的实验。

06.080 间接实验 indirect experiment
受客观条件的限制，不允许或不能对研究对象进行直接实验时，利用研究对象的替代物（如模型）进行的实验，或是对与研究对象有关但不相同（比如，相对立的对象）的对象进行的实验。

06.081 中间试验 middle experiment
又称“半工业试验”。把在实验室内取得的研究成果，推广到生产过程中的实验方法。是由纯实验室研究通向生产的过渡环节，具有研究和生产的双重性质。

06.082　探索性实验　exploitative experiment
人们从事开创性的研究工作时，为探寻未知事物或现象的性质以及规律所进行的实践活动。

06.083　重复性实验　repeated experiment
当一项实验结果发布后，通常其他科学家会按照相同的实验设计对这一实验进行重复的做法。目的在于检验该实验结果的真伪，而不是作出新的科学发现。

06.084　判决性实验　crucial experiment
一种特殊的验证性实验。对于相互对立、具有同等解释力的两个假说或理论，能够决定性地判决一个为“真”而另一个为“假”。

06.085　模拟实验　imitative experiment
用模型模拟自然条件下的原型，并通过模型研究原型的实验。作为一种间接实验方法，主要作用表现为弥补直接实验的不足。

06.086　析因实验　factorial experiment
是一种多因素的交叉分组实验。它不仅可以检验每个因素各水平间有无差异，还可检验各因素间是否存在交互作用。

06.087　常规实验　conventional experiment
按照既有流程，将一套实验规则或程序应用到实验对象上的方法。

06.088　随机实验　random experiment
在相同条件下对某随机现象进行大量重复的实验。是开展统计分析的基础。

06.089　地面实验　ground experiment
在地面预先设置与太空实验一样的实验装置和实验程序，对模拟实验进行实际操作，弥补太空实验机会少且费用高的缺陷，为太空实验的顺利进行奠定基础的科学实验。与“太空实验”相对。

06.090　太空实验　outer space experiment
借助太空的微重力、高真空和超洁净等环境条件，在航天器上（包括卫星搭载、航天飞机搭载、太空实验室等）进行的科学实验。与“地面实验”相对。

06.091　预备性实验　preparative experiment
实验者在进行正式实验之前，预先进行的准备性实验。以熟悉实验程序、实验设备或测试实验对象，为正式实验做准备。

06.092　筛选试验　screening test
通过技术手段，从研究对象中选择或剔除具有一定特性个体的实验。

06.093　指导性实验　guidingability experiment
以指导为目的进行的实验。让受指导对象通过参与实际操作，来理解并掌握实验方法。

06.094　思想实验　thought experiment
又称“假想实验”。科学家在头脑中设计和构造出一套理想化的仪器设备和研究对象，进行纯粹理想化的实验操作和控制，发现和获取科学事实与自然规律的思维活动。

06.095　序贯实验　sequential experiment
在实验优化方向难以预见时，不对实验进行全面的整体设计，而是从一个起点出发逐次进行实验的过程。后续实验需根据先前实验所得结果进行设计，使实验指标不断优化。

06.096　实验规划　planning experiment
为了实现某种长期目标或解决复杂的特定问题，组织计划一系列相关实验的活动。

06.097　实验可控制性　experimental controllability

实验研究对象相关的状态变量能够在限定时间内或条件下由实验者来影响和控制的能力。

06.098　实验可观测性　experimental observability

在限定的时间间隔内或条件下通过一定的手段和方法确定系统变化情况或实验结果的能力。

06.099　实验可靠性　experimental reliability

实验结果具有可重复性，在多次实验中得到的结果具有稳定性。

06.100　实验误差　experimental error

由于仪器、实验条件、环境等因素的限制，物理量的测量值与真值之间存在的差异。是测量中固有的，不可能消除。实验误差可以用来衡量实验的准确性和精密度。

06.101　方法误差　method error

依据某原理设计的方法在测量某些非直接测量的物理量时，由测试方法本身不完善、使用近似的经验公式、试验条件不完全满足应用理论公式所要求的条件等引起的误差。

06.102　抽样误差　sampling error

抽样方法本身所引起的误差。是样本的结构不足以代表总体的结构，而引起的样本指标与总体指标之间的绝对离差。

06.103　随机误差　random error

又称“偶然误差”。在测定过程中，一系列有关因素微小的随机波动而形成的具有相互抵偿性的误差。

06.104　系统误差　systematic error

又称“规律误差”。在一定的测量条件下，对同一个被测变量进行多次重复测量时，误差值的大小和符号保持不变；或者在条件变化时，误差按一定规律变化。

06.105　实验设计　experimental design

为了达到实验目标，获得数量足够、形式正确、清晰度和有效性均满足要求的实验数据，预先对实验的执行细节进行设计的过程。

06.106　对照性原则　principle of control

在实验中为了尽可能避免其他非研究变量的影响，设置与实验组除研究变量外其他方面均一致的对照组，然后对各组所得实验结果进行比较研究的原则。

06.107　实验组　experimental group

实验对象的子集。子集中每个单位接受实验组成员所接受的某种特别的处理。

06.108　对照组　control group

又称“控制组”。实验对象的子集。子集中每个单位不接受实验组成员所接受的某种特别的处理。

06.109　双盲实验　double blind experiment

在实验过程中，实验者与实验对象都不知道实验对象所属的组别（实验组或对照组），实验者在分析资料时，通常也不知道正在分析的资料属于哪一组。这种实验设计旨在消除可能出现在实验者和实验对象意识中的主观偏差和个人偏好。

06.110　随机性原则　principle of randomization

排除主观性和干扰因素的影响，使每个实验对象以均等概率随机参与实验的原则。

06.111　随机抽样　random sampling

按照随机性原则，保证实验对象中的每一个个体以均等概率被抽取的抽样方式。

06.112　随机分配　random allocation
排除主观性和其他干扰因素的影响后，每个受试单位被随机归类的过程。

06.113　重复性原则　repeatability principle
在科学研究中，实验结果必须在不同研究者、不同实验室、不同时间和地点都能重复验证，从而保证科学事实可靠性的原则。

06.114　实验数据　experimental data
在实验活动中通过观察、测量或测试方法得到的事实或结果。

06.04　分析与推理

06.115　逻辑方法　logical method
在逻辑思维过程中，根据现实材料按逻辑思维的规律和规则形成概念、作出判断及进行推理的方法。

06.116　比较　comparison
根据一定标准，辨别两种或两种以上有某种联系的事物之间的异同的操作。

06.117　可比性　comparability
在限定范围内，比较对象之间具有可进行比较的基础。

06.118　分类　classification
按照事物的种类、等级或性质分别归类的过程。

06.119　人为分类　artificial classification
人们按照自己的思维习惯、方便性或用途，选择事物的一个或几个特征作为标准进行的分类和排序。

06.120　自然分类　natural classification
按照事物固有的亲缘关系和演化关系划分和排列各分类群的分类形式。

06.121　类比　analogy
根据对象之间的某些相同或相似的性质，推断它们在其他性质上可能存在相同或相似的一种推理形式。类比是一种主观的不充分的似真推理。

06.122　分析　analysis
在研究过程中，把某事物或对象分解成较简单的组成部分进行研究，找出这些部分的本质属性和彼此间的关系。

06.123　定性分析　qualitative analysis
一般是指对研究对象的性质特点进行判断和概括的分析方式。在社会科学研究中也称质性分析，是指对非结构化或非数值化数据资料进行分析和解读的分析方式。

06.124　定量分析　quantitative analysis
一般来说是指对现象的数量特征、数量关系与数量变化进行分析的方法。也称量化分析，是指通过统计分析数据，建立数学模型，计算得出分析对象的各项指标及其数值的一种分析方式。

06.125　理论分析　theory analysis
在对研究对象的相关信息进行整理、分类和统计分析的基础上，借助抽象思维对资料进行加工整合，从而对事物进行理性认识的过程。

06.126　特性分析　specificity analysis
以研究对象的具体特性为分析对象，对其进行区分、描述和解释的分析过程。

06.127　形态分析　shape analysis
用具有一定形态的结构元素去度量和提取图像中对应形状以达到对图像进行分析和识别的一种方法。

06.128　案例分析　case analysis
针对某个（些）具体事例进行分析，以总结经验、发现问题或者验证已有理论的过程。

06.129　因素分析　factor analysis
又称“因子分析”。多元分析方法的一种。从大量的相关变量中抽取出最基本的维度或因素并加以分析的一组统计方法的总称。

06.130　因果分析　causal analysis
为了确定某一现象的变化原因，在研究对象的先行情况中，把与其变化相关的现象和其他非相关现象进行区分，或在研究对象的后行情况中，把与之变化结果相关的现象和其他的现象区分，并进行分析的过程。

06.131　系统分析　systematic analysis
把要解决的问题作为一个系统，对系统各要素进行综合分析，找出关键点并设计解决方案的分析方法。

06.132　历史分析　historical analysis
通过对有关研究对象的历史资料进行分析，揭示其历史过程、影响因素、本质及规律。

06.133　比较分析　comparative analysis
又称“对比分析”。对相互联系的事物加以对照，以确定对象之间共同点和差异点的方法。

06.134　综合分析　synthetic analysis
在对事物或现象分析的基础上，把其各个部分及其特征，结合为一个整体进行理解的方法。

06.135　事实综合　synthesis in fact
在对各项事实分析的基础上，综括各个事实使其连结为一个整体，从而达到对其认知的分析方法。

06.136　理论综合　synthesis in theory
在研究中把与对象相关的理论综合比较，在事实检验的基础上，形成一套较为全面而无逻辑矛盾的关于研究对象的理论概括。

06.137　归纳推理　inductive reasoning
由某类事物的部分对象具有某些特征，推出该类事物的全部对象都具有这些特征的推理，或者由个别事实概括出一般结论的推理。

06.138　完全归纳　complete induction
根据某类事物中的每一事物都具有某一属性，推出该类全部事物都具有该属性的归纳推理。

06.139　穷举法　exhaustion method
在进行归纳推理时，逐个考察某类事件的所有可能情况，从而得出关于这类事件一般结论的方法。

06.140　不完全归纳　incomplete induction
以关于某类事物中的部分对象具有某种属性的判断为前提，而作出该类事物都具有某种属性的一般性结论的归纳推理。与“枚举归纳”相近。

06.141　枚举归纳　enumerative induction
列举出某一类事物的部分对象具有某种属性，且没有遇到相反情况，于是得出这一类事物都具有这种属性的一般性结论的归纳推理。与“不完全归纳”相近。

06.142　科学归纳　scientific induction
在科学研究中，对科学观察或科学实验的结

果进行抽象和概括，得出事物之间关系的推理方法。

06.143 穆勒五法 Mill's five methods
又称“密尔五法”“求因果五法”。英国哲学家穆勒提出的五种用于发现因果联系的逻辑方法。包括求同法、求异法、求同求异共用法、共变法、剩余法。

06.144 求同法 method of agreement
某一现象出现于不同场合，比较出不同场合之间的相同点，这个相同点就是这一现象的原因。

06.145 求异法 method of difference
两个或两个以上的相同场合，出现不同现象，如果除一点不同外，其他情况都相同，那么这个不同点就是这个现象的原因。

06.146 求同求异共用法 joint method of agreement and difference
某现象出现的场合只有一个共同因素，这个现象不出现的场合没有这个共同因素，这个共同因素就是现象的原因。

06.147 共变法 method of concomitant variation
其他条件不变时，如果某一现象改变另一现象也随之相应改变，那么，前一现象就是后一现象的原因。

06.148 剩余法 method of residues
某一复合现象已确定是由多种原因引起的，把其中已知的现象及其对应的原因减去，那么，剩余原因与现象之间也必有因果联系。

06.149 实验-归纳法 experiment induction method
在实验基础上，对实验数据加以分析处理，通过实验事实归纳出科学规律的认识方法。

06.150 演绎法 deductive method
一种由一般到个别的论证方法。由一般原理出发推导出关于个别情况的结论，其前提和结论之间有必然联系。

06.151 假说-演绎法 hypothetical-deductive method
提出可以解释问题的假说，以假说为前提进行演绎推理得出结论，再通过实验检验这一结论，并在此基础上决定接受或拒绝假说。

06.152 科学抽象 scientific abstraction
从感性具体的对象中，通过分析、比较、综合，抽取对象的本质方面、特性、关系，概括形成对象的概念、规律。

06.153 元抽象法 method of elementary abstraction
又称“元过程法”。对象中抽取任意的微小部分进行分析进而把握整个对象变化规律的一种研究方法。

06.154 证明 proof
根据已知为真的判断，来确定另一判断真实性的思维过程。广义上包括实践检验。

06.155 论证 argument
逻辑推理一个序列的语句或命题。旨在支持进一步的陈述、命题或结论。

06.156 直接证明 direct proof
又称“直接论证”。逻辑证明的一种方法。依照推理规则直接从论据的真实性推出论题真实性的一种论证。

06.157 间接证明 indirect proof
又称“间接论证”。一种与“直接证明”相对的逻辑证明方法。常用的是反证，通过否定一个命题会导致与其他先前已被肯定的命题发生矛盾，从而确立这个命题成立。

06.158 反证 disproof
通过确定与论题相矛盾的论题的虚假，根据排中律由假推真，来证明论题真实性的一种间接论证方法。

06.159 反驳 refutation
驳斥他人论证的一种逻辑方式。运用已知的真实性判断确定要反驳的判断的虚假性的思维方式。

06.160 归谬法 reduction to absurdity
一种反驳的方法。用以证明矛盾的荒谬的结论是按照前提提出的逻辑上必然的结果，因此前提被推翻。

06.161 悖论 paradox
导致矛盾的命题。这样一种命题，按普遍认可的逻辑推理方式，可推导出两个对立的结论。

06.162 逻辑悖论 logical paradox
悖论的一种。在逻辑上存在相互矛盾的命题，即同一命题可以逻辑地推理出两个对立的结论。肯定其中的一个命题，就得出它的矛盾命题。如罗素悖论。

06.163 意义悖论 paradox in meaning
从明显为真的话语前提，通过明显可接受的推理，导出矛盾的结论。一般涉及真假和可定义性，如撒谎者悖论。

06.164 理想化方法 idealization method
纯化、简化研究对象，使研究对象处于理想的纯粹状态下进行科学研究的方法。如理想模型与理想实验。

06.165 形式化方法 formalization method
分析研究对象的形式结构的方法。以揭示研究对象的逻辑规律，制定相应的逻辑规则，构建严密的理论体系。

06.166 形象化方法 method of imagery
运用感性形象进行思维的方法。与抽象思维相辅相成。

06.167 隐喻法 metaphor method
以形象性的语言说明哲学思想，尤其适用于难以用概念文字表述的直觉表达。

06.168 逼近法 approximation method
选择一客体与另一客体逼近，从而达到研究某一物体的内部结构、规律性或功能的方法。如数学中常用的逼近法。

06.169 试错法 trial and error method
通过尝试性地提出假定性的理论或方案，在实验或实际工作中进行检验，并且不断排除错误的假设或方案。

06.05 模型与假说

06.170 原型 prototype
人们在社会实践中所关心和研究的现实世界中的事物或对象。

06.171 模型 model
为了特定目的，根据原型特有的内在规律，将原型所具有的部分本质属性进行简化、抽象而构造的原型替代物。

06.172 科学模型 scientific model
按照特定的科学研究目的，在一定的假设条件下再现原型客体的某种本质特征的物质形式或思维形式的模拟物。

06.173 天然模型 natural model
与所要研究的客体具有相似性并作为其实际模拟物的天然存在物。

06.174 人工模型 artificial model
与所要研究的客体具有相似性并作为其实际模拟物的人工制造物。

06.175 物质模型 material model
与所要研究的原型客体具有相似性的、作为其实际模拟物的实物。

06.176 思维模型 thinking model
对所需研究的客体，经过科学的分析而抽象出其本质属性和特征，从而建构出的一种思维形式的模拟物。

06.177 理想模型 ideal model
为了方便研究而建立的高度抽象的、具有某种极限特征的理想化客体。

06.178 理论模型 theoretical model
在科学事实的基础上，对所研究的问题进行系统地分析和综合，从而在理论上给出一贯说明并作出预见的模型。

06.179 经验模型 empirical model
根据科学事实和经验知识而建立的模型。

06.180 形象模型 image model
把现实事物的尺寸加以改变（缩小或放大），使之和实际的对象基本相似的模型。

06.181 抽象模型 abstraction model
用符号、图表、数字和概念等来抽象化描述客观事物的特征、性质和规律的模型。

06.182 数学方法 mathematical method
利用数学提供的概念、理论和规律，对客观事物进行分析、推导和计算，以揭示其内在规律和本质联系的方法。

06.183 数学模拟 mathematical imitation
根据模型与原型之间在数学形式方面的某些相似来进行的模拟。

06.184 计算机模拟 computer simulation
在原型与模型之间存在数学方程关系或与数学模型相似的基础上，通过计算机求解来研究对象性质的模拟方法。

06.185 计算机实验 computer experiment
在计算机上对数学模型进行实验，以求得对原型的规律性认识的一种方法。

06.186 统计方法 statistical method
通过分析由计量得到的数据，从而对大量现象做出估计的方法。

06.187 公理方法 axiomatic method
依靠尽可能少的基本概念、公理和公设，通过逻辑推理，演绎出一系列命题和原理从而构建完整体系的方法。

06.188 科学假说 scientific hypothesis
根据已知的科学原理和科学事实，对未知的自然现象及其规律性所做的一种推测性说明。

06.189 工作假说 hypothesis in working
为了解决工作中遇到的问题而对具体事物的存在、性质、原因、趋势等做出的初步推测。

06.190 理论假说 theoretical hypothesis
依据一定的科学原理和事实，对关于事物现

象的因果性或规律性所做的一种假定性的解释。

06.191 特设性假说 ad hoc hypothesis
为了保护某种假说或理论不被反例证伪，而专门做出的无法推导出新的可检验推理的保护性假说。

06.192 假说的检验 tests for hypothesis
假说接受观察和实验的检验以判定其真伪的过程。

06.06 理论与预见

06.193 科学理论 scientific theory
经过实践验证的、正确地反映客观事物的本质联系及其过程的系统化的知识体系。

06.194 理论体系 theoretical system
由科学概念、科学原理以及对这些概念、原理的论证所组成的结构明晰、逻辑自洽的知识体系。

06.195 科学描述 scientific description
依靠概念、判断和理论等科学语言对客观物质世界的事实、属性和规律进行描述的活动。

06.196 经验描述 empirical description
对观察实验所揭示的客观世界中发生的经验事实所进行的描述与记录。

06.197 理论描述 theoretical description
通过建构理论模型对研究对象的性质、特征进行的描述。

06.198 科学解释 scientific explanation
依据科学理论，对有关的各种经验事实及其内在联系进行解释，从而在整体上把握对象的活动。

06.199 科学预见 scientific prediction
根据科学理论揭示的规律和本质联系，遵循逻辑机制，演绎出新的结果即关于未知事实的结论的过程。

06.200 科学预测 scientific forecast
以科学未来的发展方向和趋势等为研究对象而进行的一种预测活动。

06.201 经验预见 empirical prediction
科学理论对经验事实的预见。包括对经验事实、经验规律的重复性预见以及对未知的新颖事实的预见。

06.202 理论预见 theoretical prediction
科学理论对理论进步或新的理论的产生的预见。

06.07 思维与创造

06.203 科学创造 scientific creation
在科学发现与发明过程中促进人类知识总量增加的创造性实践活动。

06.204 创造性思维 creative thinking
人们在实践活动中提出新见解、新发现、新创造、新方法与新成果的思维活动方式。

06.205 非逻辑思维 non-logical thinking
没有固定的逻辑规则，不采取形式逻辑推理的、带有灵活性的思维活动方式。

06.206 抽象思维 abstraction thinking

又称“逻辑思维”。在感性认识的基础上，以概念、判断和推理为基本形式，以分析、综合、比较、分类和概括为基本过程，旨在反映事物的本质和规律的思维方式。具有间接性的特点。

06.207 形象思维 image thinking

以感性经验为直接材料，凭借感觉、知觉和表象，以具体经验形式而非逻辑形式为手段的思维方式。具有直接性的特点。与“抽象思维”相对。

06.208 收敛性思维 convergent thinking

又称“求同性思维”“辐合性思维”。针对问题，综合相关知识和信息，通过分析、综合、比较、判断和推理缩小解答范围，选择最佳解决方案的思维方法。与“发散性思维”相对。

06.209 发散性思维 divergent thinking

又称“求异性思维”“辐射性思维”。从一个目标出发，围绕问题展开思考，广泛搜集相关资料，尽可能地拓展思路，多种途径探求解答的思维方法。与“收敛性思维”相对。

06.210 纵向思维 vertical thinking

又称“垂直思维”。利用知识之间的联系，将事物放在过去、现在和将来的历时性的对比分析中，寻找不同阶段的特点和前后联系，遵循逻辑规则，借助已有的原理、观念克服问题解决障碍，找到问题答案的思维方法。与“横向思维”相对。

06.211 横向思维 lateral thinking

又称“水平思维”“侧向思维”。通过事物之间的相互联系，利用其他领域的知识、方法、现象，摆脱既有概念、因果关系的限制，转移视角或焦点，产生新观念和方法，来获得解决本领域问题的途径或思路的，一种发散性思维方法。与“纵向思维”相对。

06.212 多向思维 many-direction thinking

又称“多样化思维”。尽可能多地从各个层次、因素、角度来考虑同一问题，使问题解决思路不局限于单一模式、单一指向、单一角度、单一标准或单一方面的一种发散性思维方法。与“单向思维”相对。

06.213 单向思维 one-way thinking

又称“单一性思维”。是一种倾向于从单一角度或观点出发来思考问题的思维方式。与“多向思维”相对。

06.214 逆向思维 reverse thinking

又称“反向思维”“逆反思维”。一种颠覆传统思维的方式。通过反向思考问题，寻找非常规的解决方案，能够打破固有的思维框架，激发创造或创新。

06.215 思维经济原则 thinking-economical principle

又称“费力最小原则”。力求最简便、最快速、最高效的一种方法论原则。在进行科学研究时，使用最简便的手段和方法、最少量的思维、最短的时间，尽可能地描述经验事实。

06.216 思维导图 mind map

又称“脑图”“心智导图”“思维地图”。围绕一个中心主题，把相关各级主题用辐射线的形式相连，图文并用，用层级图形式表现各级主题的相关关系，实现发散性思维的一种图形思维工具。

06.217 联想 association

在认识活动中由一事物而想起相关的其他事物，从而深化认识、获得新知的一种创造性思维方法。

06.218　想象　imagination
根据研究目的，将感觉、知觉、表象按照原理和事物的逻辑再现、改造、组合，以探索规律的创造性思维活动。

06.219　灵感　inspiration
基于已有知识和经验，在意识高度集中之后，思维产生的突发性飞跃和敏锐的顿悟。是创造性思维的体现。

06.220　创造技法　creative techniques
基于创造实践，以创造性思维规律和原理为依据，用于引发创造性思维，以产生新思想、新观点和新事物的技能、技巧和方法。

06.221　头脑风暴法　brainstorming method
又称“脑力激荡法”“思维共振法”。采用专家会议形式，通过集中思考同一问题，进行充分信息交流，引发思维共振，产生创造性思维的方法。

06.222　等价变换法　equivalent transformation method
以客观事物的共性为基础，通过异质同化和同质异化相结合的等价关系变换，获取新认识成果的技术创造方法。

06.223　组合法　combination method
把具有内在联系的相关事物、现象和特征加以综合进行技术创造的一种方法。

06.224　移植法　transplantion method
把某一领域或某一研究对象的概念、原理、方法技术等应用于其他领域或其他研究对象而取得成果的创造方法。

06.08　系统与发明

06.225　整体性原则　holistic principle
把研究对象作为有机整体，认为任何系统都是由部分构成的，但整体不等于部分的机械相加总和的系统方法原则。

06.226　模型化原则　modelling principle
设计系统模型来代替真实系统，通过对系统模型的研究来认识真实系统的本质和规律的系统方法原则。

06.227　最优化原则　optimization principle
从多种可能的途径中，选择最优的系统方案，使系统处于最优的状态，达到最优效果的系统方法原则。

06.228　系统仿真　system simulation
又称“系统模拟”。用系统模型，或将系统模型结合实际的或仿真的环境与条件，或用实际的系统结合仿真的环境和条件进行研究的一种方法。

06.229　黑箱方法　black-box method
在不打开未知系统（黑箱）的情况下，考察其外部性质及输入与输出的关系，以研究其内部结构和机理的控制论方法。

06.230　灰色系统　gray system
一种既含有已知信息又含有未知信息的系统，即介于信息完全明确的白色系统和信息完全不明确的黑色系统之间的系统。

06.231　信息方法　information method
运用信息的观点，将事物发展变化过程作为信息运动过程来认识，以揭示事物性质和规律的一种科学方法。

06.232 控制论方法 cybernetics method
基于控制理论的，研究、辨识和解决系统控制问题的科学方法。包括反馈控制方法、功能模拟方法、黑箱方法、信息方法等。

06.233 反馈控制方法 feedback-control method
根据给定信息与反馈信息的差异来分析和处理受控系统，从而调整系统活动的控制论方法。

06.234 功能模拟方法 function-simulation method
以功能和行为的相似性为基础，用“模型”模拟“原型”的功能和行为的方法。是控制论的主要方法之一。

06.235 贝叶斯方法 Bayesian method
以英国学者贝叶斯建立的条件概率定理为基础，发展出的一种统计推断方法。将关于未知参数的先验信息与样本信息综合，再根据贝叶斯公式，得出后验信息，然后根据后验信息去推断未知参数的方法。

06.236 仿生学法 bionic method
从生物系统的特性获取工程技术设计的思想和原理，模仿生物系统的原理和功能来建造技术系统的方法。

06.237 萃智方法 theory of inventive problem solving，TRIZ
苏联发明家根里奇·阿奇舒勒（Genrich Altshuler）及其团队，基于大量专利和创新案例总结的，应用于技术创新的系统化方法体系。它包括技术系统进化法则、发明原理、矛盾矩阵、分离原理、物-场分析、发明问题解决算法等内容。

06.238 技术系统进化法则 law of technical system evolution
技术系统在实现其功能的过程中，从低级向高级演变和发展的规律。经典发明问题解决理论有八大类技术系统进化法则，即完备性法则、能量传递法则、动态进化法则、提高理想度法则、子系统不均衡进化法则、向超系统进化法则、向微观级进化法则和协调进化法则。

07. 科学、技术与社会

07.01 科学、技术与社会概论

07.001 科学、技术与社会 science, technology, and society; STS
20世纪60年代末70年代初开始在欧美发展起来的一门研究科学、技术与社会相互关系的规律及其应用的学科。是探求科学、技术与社会之间的相互影响及互动机制的跨学科研究领域的超学科和学科群。

07.002 科学、技术与发展 science, technology, and development
研究科学、技术与发展之间关系的交叉领域。一方面研究关于科学技术对社会发展的影响，重在对科学技术本身内在规律和功能的探究；另一方面研究关于发展中的科学技术问题，重在在整个发展过程中对科学技术的需求和导向规律的研究。

07.003　科学、技术、经济与社会　science, technology, economy, and society

科学、技术与经济学和社会学的跨学科研究领域。它们互动整合为协调发展的自组织大系统，来研究科学技术对经济发展、社会进步的影响，以及社会和经济对科学技术的塑造作用。

07.004　科学、技术与教育　science, technology, and education

研究科学、技术与教育相互关系的交叉领域。教育是科学技术可持续发展的必要条件，它通过为社会培养大量的各类科技人才来推动科学技术的进步；科学技术的进步使教育目标和内容发生深刻变化，并在整体上推进教育发展。

07.005　科学、技术与经济　science, technology, and economy

聚焦于科学、技术与经济之间相互影响和作用的交叉领域。研究其内在联系、作用机制及在运动中不断更新的动态过程和发展规律。一方面，科学技术融入生产力诸要素，并入经济过程各环节，制约或决定着经济的发展；另一方面，经济因素对科学技术也具有强大的反作用，成为科学技术发展的重要动力及物质条件，决定着科学技术发展进程。

07.006　科学、技术与伦理　science, technology, and ethics

科学、技术与伦理相互作用的跨学科研究。一方面，科学技术的发展拓宽了伦理道德领域，为伦理道德研究提供了新方法、新途径，促进了伦理道德观念的转变；另一方面，伦理道德对科学技术的发展和科学技术成果的运用起着规范和约束作用。

07.007　科学、技术与政治　science, technology, and politics

研究科学、技术与政治之间的互动关系及规律，以寻求科学、技术与政治协调发展的对策和机制的交叉领域。政治是社会力量的集中体现，它以强制手段规范着社会生活的行为，对当代科学技术发展具有突出的制约作用；同时，当代科学技术也高度影响着政治活动与政治发展。

07.008　科学、技术与政策　science, technology, and policy

关于科学、技术与政策之间关系的跨学科研究。包括制定政策促进科学技术发展以更好地服务于国家和公众利益，同时科学的研究和技术的发明改变了政策的内容，在政策制定中具有重要作用。

07.009　科学、技术与公共政策　science, technology, and public policy, STPP

科学、技术与公共政策的跨学科研究。其核心问题是：如何通过深入理解科学、技术与人（社会）的关系，应用公共政策杠杆，让科学技术为人民服务，让科学技术惠及全社会。其研究的主要内容：①公共决策中科学、科学家的角色研究；②科学技术研究和发展的公共政策研究；③与科学技术（尤其是高新科技）社会冲击相关的公共决策研究。

07.010　科学、技术与法律　science, technology, and law

科学、技术与法律之间相互作用的辩证关系的跨学科研究。科学技术对法律制度和法律观点具有重要影响：科学技术的发展不断改变人的法律意识，影响立法和法学方法论，促进了司法工作科学化。法律对科学技术具有能动的作用，促进和保障科学技术的进步。

07.011 价值、技术、科学与社会 value, technology, science, and society

研究社会中科学、技术与有形价值的相互关系，特别是将科学技术看作蕴含价值的社会事业的交叉领域。首先，认为科学技术活动本身是蕴含价值取向的；其次，认为科学、技术及其产品都是围绕价值展开的；最后，认为社会的价值取向和导引对科学技术发展具有影响和驱动作用。

07.012 科学、技术与价值 science, technology, and value

研究科学、技术与价值之间内在关系的交叉领域。首先，价值可以渗透到科学技术中，约束科学技术的活动；其次，科学技术不仅具有物质价值(亦即工具价值或生产力价值和经济价值)，而且具有精神价值(包括认识论价值、方法论价值、伦理价值、审美价值等)；最后，科学技术也影响价值观的变化。

07.013 科学、技术与文化 science, technology, and culture

聚焦科学、技术与文化之间相互作用、影响与渗透的交叉领域。一方面，科学技术作为人类文化的重要组成部分，以多种方式作用于文化的发展，成为推动现代文化建设发展的第一动力；另一方面，文化作为一种内在价值和外在环境，也会有形或无形地反映着、引导着科学技术的发展，为科学技术发展提供精神动力和智力支持，对科学技术的发展起到价值导航的作用。

07.014 科学、技术与美学 science, technology, and aesthetics

科学、技术与美学之间关系及相互影响的跨学科研究。科学、技术与美学都遵循人类认识的规律，离不开人类的思维活动。美学影响科学研究和技术发现发明及其成果，反过来科学技术的发展也促进了美学观念、理论及审美价值的改变。

07.015 科学、技术与人类学 science, technology, and anthropology

科学、技术与人类学之间关系的跨学科研究。人类学家从研究过去遗存下来的初民社会，转变成对现代社会的研究，即研究科学技术时代的社会，不可避免地要运用人类学方法研究科学技术以及从事科学技术活动的人群；而科学技术的发展与进步不仅丰富了人类学研究的对象，而且也对人类学研究的方法起到促进和改善的作用。

07.016 工程与社会 engineering and society

聚焦工程与社会之间关系的交叉研究。工程离不开社会，是社会中的工程，因此工程具有社会性，任何工程不仅要从人们的社会需要出发，而且也需要社会进行选择、实现和评估。同时，作为现实的生产力，工程发展的质与量、水平与规模直接反映着一个社会的文明状况，影响着社会的发展。

07.017 科学的社会研究 social studies of science

从社会角度研究科学的领域。主要包括社会对科学发展的影响；科学发展的社会要求、社会条件、社会目标；科学在社会中的扩散和转移；科学的社会评价和社会控制；等等。

07.018 科学的历史研究 historical studies of science

从历史学的角度对科学进行研究的领域。主要包括科学的思想史、理论史、社会史等分支，以及科学的通史、学科史和案例史的研究方法、理论基础等相关问题。

07.019　科学技术学　science and technology studies

对科学技术做整全性研究的学科群。把科学的整全、技术的整全研究以及科学、技术与社会的整全研究有机统一的学科群。

07.020　科学、技术与管理　science, technology, and management

科学、技术与管理之间关系的跨学科研究。管理的发展离不开科学技术的支持，依赖于科学技术的发展与变革；科学技术的发展也需要管理科学的正确组织，特别是科学技术向生产力的转化以及如何有效地进行科学技术投入，促进科学技术自身的发展等。

07.021　科学与治理　science and governance

关于科学和社会治理之间关系的交叉研究。在科学与决策之间建立一种机制，使科学和决策过程以有效、可信、负责和透明的方式协调工作，既优化管理决策和治理过程，也促使科学技术更好地服务于人们的根本利益。

07.022　科学技术体制　science and technology system

科学技术活动的组织体系和管理制度的总称。包括组织结构、运行机制、管理原则等内容。

07.023　科学技术规划　program for science and technology

由一系列规划构成的关于科学技术的规划体系。按时间长短可划分为两个层次：第一个层次是长期规划，一般为 10～15 年，长期规划基本上是一个设想，是一种指导性的科技规划；第二个层次是中期规划，一般是 5 年，中期规划与国家 5 年经济发展计划并行，核心是配合近期经济发展需要而制定的国家重点科技项目。

07.024　后工业社会　post-industrial society

人类社会发展的一个历史阶段。在后工业社会中，自动化和信息技术得到普及和发展；经济形势从以产品生产为主转变为以服务性经济为主；专业人员与技术人员居于社会主导地位；理论知识处于社会的汇总新地位，是社会革新与制定政策的来源。

07.025　科学技术人类学　anthropology of science and technology

一门从人类学角度研究科学技术的交叉学科。运用人类学方法，即田野调查和民族志方法，研究与科学技术相关的历史与文化现象。

07.026　科学技术政策　science and technology policy

为了对科学技术实行社会管理，国家有计划有组织地制定的推进科学技术事业的方针及实现这一方针的行动体系。包括指导整个科学技术事业的战略和策略原则，如确立科学技术发展的目标和重点，变革科学技术研究的体制，调整科学技术研究布局，促进科学技术研究成果的社会应用，分配科学技术资源，培养科学技术人才，加强科学技术的国际交流与合作，等等。

07.027　科学技术战略　science and technology strategy

为促进科学技术发展和优化而制定的有关政策体系。其实质是规划如何在世界范围内的竞争中争取到科学技术发展的战略主动地位。

07.028　科学技术革命　scientific and technological revolution

狭义指某一学科领域和某一技术领域内或技术体系中的重大变革或突破；广义指一个历史时期的科学活动中和改变社会生产技术基础的整个技术体系中发生的重大变革

或根本性变革。

07.029　科学、技术与人类未来　science, technology, and human future

关于科学、技术与人类未来关系的交叉研究。科学技术通过各种各样的变形镶嵌在我们日常生活中，它不仅影响着当下的生活，也决定着未来生活方式的形成。科学是理解我们未来选择的一个重要基础，而技术则是达到我们所期望的未来的一种重要手段。人们对未来生活方式的思考不仅始于科学技术的新发展带来的希望、憧憬和激情，更重要的是来自对当前危机的忧虑、反思和关注。

07.030　科学、技术与文明　science, technology, and civilization

聚焦科学、技术与文明之间相互关系的交叉研究。科学技术的发展史是人类文明进步的标志。现代意义上的文明社会也是建立于科学技术充分发展的基础之上的。任何新科学技术成果的涌现都以可见的方式极大地改变了人类的生存境况，同时也改变了整个社会的生产方式。

07.031　工业社会　industrial society

一个用技术来实现大规模生产的社会。工业社会是在工业革命后的一段时间内在西方世界发展起来的。大规模的工业体系逐渐形成，出现了人口向城市集中和繁杂的劳动分工体系的专业化现象，形成了现代社会的官僚制度以及教育、医疗、保险等全面的社会机制和制度，取代了农业社会。

07.032　信息社会　information society

又称“信息化社会”。一种以电子信息技术为基础，以信息资源为基本发展资源，以信息服务性产业为基本社会产业，以数字化和网络化为基本社会交往方式的新型社会。

07.033　研究与发展　research and development，R&D

为了开发或改进新服务或产品，或者为了增进知识，以及利用这些知识去开创新的用途而进行的系统的创造性工作。研究与发展具有探索性、创造性、新颖性等特征，需要具备创新、科学方法的运用和新知识的产生等条件，包括基础研究、应用研究和实验发展等。

07.034　知识产权　intellectual property

关于人类在社会实践中创造的智力劳动成果的专有权利。通常国家赋予创造者对其智力成果在一定时期内享有专有权或独占权。各种智力创造比如发明、外观设计、文学和艺术作品，以及在商业中使用的标志、名称、图像，都可被认为是某一个人或组织所拥有的知识产权。

07.035　科学、技术与性别　science, technology, and gender

研究科学、技术与性别之间关系的交叉领域。随着女性主义对科学技术批评的出现，性别与科学技术开始相互交叉，导致两个性别主体开始聚合。研究主要涉及：在现代西方科学结构中女性居于（或者正处在）何种位置以及为什么在技术研究中鲜有女性的身影；技术以及科学研究结果的应用如何被用来反对女性的平等地位；科学技术的教育（教学法与课程设置）如何束缚了女性成长为科学家和工程师；等等。

07.036　女性主义科学技术观　feminist view of science and technology

女性主义关于科学技术的立场和观点。女性主义提出要重新审视主流科学技术观和方法论，着重批判父权制体制下主流科学技术的男性中心主义，揭示其对女性经验的排斥与忽视。主要包括女性主义对科学技术的批判、反省和构想，尤其是关于“女性主义科学技术”的尝试性构建，及后现代女性主义对科学的独特解释几方面。

07.037　后殖民主义科学技术　postcolonial science and technology

强调通过跨越地理政治的界线，追踪科学家、知识、机器与技能的流动、传播、旅行与循环过程，展现出在全球化视野中对科学与技术的一种批判性反思方式，或者主张在全球化框架下对现代性进行改写的观点。

07.038　殖民地科学技术　colonial science and technology

帝国主义者为了把科学技术作为手段，以推行其侵略政策和殖民统治、掠夺财富和资源，在殖民地附属国和地区所移植和发展的科学和技术，以及当地人在殖民环境下所发展起来的民族科技。

07.039　科学技术奖励　science and technology award

为了鼓励在科学技术进步活动中做出突出贡献的人员、组织，调动科学技术工作者的积极性和创造性，加速科学技术事业的发展，提高综合国力而设立的一系列奖项。中国的《国家科学技术奖励条例》设立下列国家科学技术奖：国家最高科学技术奖；国家自然科学奖；国家技术发明奖；国家科学技术进步奖；中华人民共和国国际科学技术合作奖。

07.040　知识社会　knowledge society

以知识与创新为核心的社会，以知识经济为主体，强调借由知识的不断创新、累积、应用与分化，促进产业进步，引导个人、组织和社会的成长与发展。

07.041　自主创新　independent innovation

拥有自主知识产权的独特的核心技术以及在此基础上实现新产品的价值的过程，是相对于技术引进、模仿而言的一种创造活动。自主创新包括原始创新、集成创新和引进技术再创新。自主创新的成果一般体现为新的科学发现以及拥有自主知识产权的技术、产品、品牌等。

07.042　科学、技术、医疗与社会　science, technology, medicine, and society

在社会的背景下研究科学、技术与医疗关系的交叉领域。科学技术的进步，不仅改善了医疗设备、医疗条件、研发新的药物等，而且也产生了一些新的医疗伦理问题；同时，医疗的变化和需求对科学研究和技术发明具有导向的作用。

07.043　知识生产方式　production mode of knowledge

人们从事知识生产活动所采取的方法和形式。一般可以把知识生产方式的系统结构分成两部分：一部分包括知识生产者自身的认知方法和技术手段以及他们处理知识生产资料的方式，其中特别重要的是他们的思维方式、研究方法论；另一部分包括不同知识生产者之间的关系以及知识生产的社会组织和制度安排。

07.02　科学与社会

07.044　科学社会学　sociology of science

由罗伯特·默顿（Robert Merton）开创的社会学分支学科。把科学看作具有独特精神特质的社会制度，并对其进行功能分析。

07.045　科学不确定性　scientific uncertainty
科学研究和科学成果的应用不可完全预期的特征。由于科学认识对象的日益复杂，和认识主体的局限性，知识在生产、应用，以及决策过程中有许多不确定性，为科学探索、科学在人类社会中的应用带来不可预期的风险。

07.046　大科学　big science
又称“大科学项目”“大科学工程”“国家重大科技基础设施”。起源于第二次世界大战期间美国的“曼哈顿工程”，由单个或多个国家规划、投资和组织的大型科学研究活动。被认为是 20 世纪科学发展的一个重要特征。

07.047　小科学　little science
一般被认为是科学家以个人或小团体的研究方式，以追求科学真理为导向，以增长人类知识为目的，以自由研究和竞争性为特点的科学活动。

07.048　后常规科学　post-normal science
与科学共同体成员自主设置和解决“难题”的“常规科学”相反，后常规科学受到政府、产业界甚至公众的介入，选题和成果要接受更大范围的质询和检验。

07.049　学院科学　academic science
来自约翰·齐曼（John Ziman）的《真科学》一书。主要指存在于学院机构中的脱离世俗利益的纯粹的科学探究活动，享有充分的自主性，遵循一套不成文的规范自行运作。

07.050　后学院科学　post-academic science
在“小科学”向“大科学”演进的过程中科学与政治、经济、军事等共同结合的产物。更加强调科学的效用性，也建立了复杂而庞大的官僚化的组织，并按照一套极其烦琐的、形式化的程序运作。

07.051　本土科学　ethnoscience
从科学的视角研究文化，揭示社会和文化因素如何形塑本土化的科学实践活动。如本土植物学、本土动物学、本土生态学、本土药学。

07.052　地方性知识　local knowledge
有阐释人类学的与阐释科学实践哲学的两个不同的概念。阐释人类学的是与民俗模式（folk model）相关的知识概念，指与普遍性知识对立的另一类知识，通过与西方知识或现代知识相对照而存在；阐释科学实践哲学的是一个规范性的哲学概念，可以转述为“知识是地方性的”，强调知识不可能脱离索引性（indexicality）而存在，是与具体情境相粘连的。

07.053　科学权威　prestige of science
科学共同体赋予其内部成员的至上荣誉。它被给予那些在某学科领域中获得最高（或相比其他科学工作者更高）认同度的科学家。在科学界分层结构中，科学权威处于最上层，代表着某学科在具体历史条件下的最终解释权。在科学发展的成熟时期，特别是随着科学活动的组织化、体制化，“科学权威”是通过相关学术组织的承认来实现的，比如科学院院士等称号。

07.054　马太效应　Matthew effect
科学评价或奖励中的优势积累效应，即那些已经有相当声望的科学家得到了与他们的科学贡献不成比例的更大荣誉和报偿，而那些不出名的科学家则得到与他们的科学贡献不成比例的较少的荣誉和报偿。

07.055　科学精英　scientific elite
科学分层体系中金字塔顶端的人。如诺贝尔奖获得者、科学院院士等。

07.056 科学创造力 scientific creativity

在学习科学知识、解决科学问题和科学创造活动中，根据一定的目的和任务，运用一切已知信息，产生或可能产生出某种新颖、独特、有社会或个人价值的产品的智能品质或能力。

07.057 科学计量学 scientometrics

对科学活动的产出和引用进行定量分析和图示，从中找出科学活动规律性的一门科学学分支学科。1961年美国科学史学家D. 普赖斯（D. Price）发表《巴比伦以来的科学》，为这门学科奠定了基础。他通过对科学杂志、科学文献的统计研究，论证了科学知识指数增长规律。由此他被认为是“科学计量学之父”。

07.058 优先权 priority

科学家取得同行关于其首次做出某项科学发现的承认。是科学家从发现中能得到的唯一所有权。科学家只有得到承认才能确立其在科学共同体中的地位，从而获得科学研究所需的重要资源。

07.059 科学的自主性 autonomy of science

源自迈克尔·波拉尼（Michael Polanyi）《科学的自治》一书。他反对贝尔纳推崇的苏联科学事业的计划模式，指出政府和国家干预科学自主发展的危害。他用科学共同体的概念表达科学家主体意识，认为科学应借助于自己的传统形成自己的标准，科学的发展应该是自主的。默顿也通过结构功能主义大力呼吁要保卫科学的自由，认为民主社会中的科学有一套独特的伦理规范，在某种程度上应和社会其他部分分开。

07.060 科学政策 science policy

政府为实现科学发展、配置研究资源、服务公众利益而制定的指导方针和行动准则。体现一国科学事业发展的战略和策略，既包括具有全局性的科学发展战略，也包括各部门、各地区局部性的和临时性的策略。

07.061 科学的制度化 institutionalization of science

又称“科学的体制化”“科学的建制化”。各种有关科学技术活动的组织和机构、规章和制度的形成及发展的过程，是现代科学技术活动社会化的重要表现。具体包括：社会承认科学的社会功能；形成了科学的行为规范；科学的行为规范与社会中其他活动的规范相适应。

07.062 科学增长指标 indicators of scientific growth

表征科学发展水平的数值。反映一国科学实力发展的状况。对于科研管理、科研发展方向的确定、科研人员的配备、各学科发展的顺序和重点的确定都有重大意义，是科学决策的重要依据。

07.063 科学普及 popularization of scientific knowledge

利用各种传媒以深入浅出的表达形式，向公众宣传、介绍、解释科学知识，推广科学技术应用，倡导科学方法，传播科学思想，弘扬科学精神的活动。

07.064 科学传播 communication of science

与科学相关话题的公众传播、科学家间的交流，以及科学家与公众的沟通。与“科学普及”相比，科学传播更强调传播主体与受众之间的平等和互动。

07.065 科学的价值 values of science

科学对人类的积极意义和“有用性”。“有用性”不仅指物质层面，也指精神层面。科学的价值不但通过推进知识进步、促进人才培养等直接地展现出来，也通过塑造社会文化、变革社会制度等途径间接地得以实现。

07.066　科学的社会功能　social goals of science

科学对社会的影响和作用。包括推进知识进步，推动社会发展，提升人类福利，促进国际交流合作，争取社会正义、和平和自由，实现社会变革，塑造新的社会文化，等等。

07.067　科学家的社会角色　social role of scientist

科学家在社会中扮演的角色和发挥的独特作用。不同时代、不同国家科学家的社会角色有所不同。在现代科学出现前，生产科学知识的往往是哲学家、数学家或技术工匠等。16、17 世纪之后，随着科学研究的专业化、职业化，科学家成为一种相对独立的社会角色。

07.068　科学家的社会责任　social responsibility of scientist

科学家在社会发展中应当履行的职责。科学家的基本责任是推进科学知识的进步，除科学研究外，科学家还应促进科学知识的传播，关注科学与社会的关系。一般来说，由于科学家具备专门知识，能够预见科学发展的风险与远景，因而科学家有责任考虑科学发展正反两方面的作用，对其研究工作及其社会应用后果负责。

07.069　科学研究的职业化　professionalization of scientific research

科学研究逐渐成为一种职业行为的过程。发端于 19 世纪的德国，从事科学研究和教学工作的科学家可以领取与其成就相应的薪金，科学知识生产从专业化的业余活动转变为一种独立的社会劳动，是科学社会建制化的重要环节之一。

07.070　科学学派　schools in science

具有共同学术思想的相对稳定的科学家团体。该群体共同坚持和发展某种特定的学术主张或科学思想。在推动科学发展上表现出巨大的能力，是科学思想发展内在的重要组织机制。

07.071　科学中心　scientific center

在一定历史时期，由于其科学发展水平在世界上处于领先地位，科学成果最多，科学影响力最大，而作为科学活动中心的国家或地区。

07.072　科学危机　crisis in science

一方面指在科学发展过程中，认识不足、范式转换等导致的发展困境，即发展危机，通常被认为是科学革命的前提；另一方面指科学发展带来的对社会和公众具有潜在性的、不确定性的负面影响，即价值危机。

07.073　科学情报　scientific information

在科学领域，为实现某种目的，有意识地对关于科学的事实、信息、数据和知识等要素进行加工而形成的关于科学发展、技术创新等有价值的知识。

07.074　科学发展模式　pattern of scientific development

科学发展的一般方式。包括科学发展的机制和路径等因素。科学哲学研究的核心问题之一。从不同的科学观出发，形成了关于科学发展模式的不同理论，如逻辑经验论的累积进步模式、波普尔的证伪主义模式、库恩的科学革命模式等。

07.075　科学基金　scientific fund

为了促进科学进步，以及科学相关领域的发展，而设立、储备的一定数量的资金。从资金来源看，包括民间科学基金和政府科学基金。20 世纪 50 年代，美国设立了国家科学基金，20 世纪 80 年代，我国设立了国家自然科学基金。

07.076　科学家的生产率　productivity of scientists

又称“科学生产率”。由美国学者 A. J. 洛特卡（A. J. Lotka）于 1926 年率先提出。是指科学家（科研人员）在科学上表现出的能力和工作效率。通常用科学家生产的科学文献的数量来衡量。

07.077　科学人力资源　human resource in science

实际从事或有潜力从事系统性科学知识的生产、发展、传播和应用活动的人力资源。既包括接受过科学相关专业教育的人员，也包括受过高等教育的潜在从业人员。

07.078　科学家共同体　scientist community

由从事科学研究的具有共同信念、共同价值观念的，遵从特定科学规范的科学家组成的正式或非正式的社会组织。具有科学交流、评价、承认、相互监督等重要功能。

07.079　无形学院　invisibles college

某一科学研究领域中，具有共同目的和兴趣的科学家自发形成的，进行情报传播交流的非正式团体。美国社会学家罗伯特·默顿（Robert Merton）将其称为地理上分散的科学家集簇，通常指非正式的科学共同体，是科学家通过直接交谈、通信等个人联系方式进行非正式交流而形成的，是以优秀科学家为中心，以学术思想的沟通为宗旨，立足于自由联合的非正式科学家共同体。

07.080　科学的社会分层　social stratification in science

科学共同体的社会分层。科学家由于产出率、知名度和声望上的差异而导致其在科学共同体中的地位不同。职位、科学奖励、科学荣誉等是重要的分层标准。

07.081　科学的社会规范　social norms of science

科学家的行为规范，是约束、协调科学家行为的制度性要求。比较有影响力的是由美国社会学家默顿提出的普遍主义、公有主义、祛私利性和有条理的怀疑主义等四个方面。

07.082　科学的社会结构　social structure of science

包括两方面含义，一是指有利于科学发展的社会结构，默顿的科学社会学理论认为，科学是在特定的社会结构中发展起来的。二是指科学发展过程中形成的社会结构，是在科学建制化的过程中逐步形成与发展的。

07.083　科学的社会系统　social system of science

与科学活动相关的多种因素交互作用形成的社会体系。包括从事科学研究的科学家形成的科学共同体，为科学研究提供资金和政策支持的政府部门和社会机构，同时包括有效利用科学研究成果的政府部门、企业等，这些要素共同形成推动科学事业发展的社会网络。

07.084　科学的奖励系统　reward system of science

对科学研究活动进行激励的社会机制，是科学社会建制中的重要子系统。一般以科学贡献和科学成就为标准，鼓励和酬谢实现了体制目标和遵守体制规范的成员，它对实现科学的体制目标和维护科学研究的行为规范有重要意义。

07.085　同行评议　peer review

由具有相近专业或行业背景的同行进行质

量评价，是科学界对科研项目和成果进行评审、评价的一种基本方法。广泛应用于科研管理。同行评议在控制期刊的学术质量、规范学者的学术行为方面发挥了重要作用，此方法也被认为是科学共同体自治、自律精神的重要体现。

07.086　科学的指数增长　exponential growth of science

科学发展过程中科学文献增长的一种方式。最早由美国科学史、科学计量学家 D. 普赖斯（D. Price）提出。普赖斯发现科学知识的增长符合逻辑性曲线的形式，其中的第二阶段是指数增长时期，即论文绝对数量成倍增长，增长率是一个常量。克兰在《无形学院》一书中认为这是科学共同体内部交流带来的“传染”过程。

07.087　多重发现　multiple discovery

彼此独立工作的科学家同时做出的相同或相似的发现，或指某科学家独立地对先前已经完成的科学发现的再发现。从科学史上看，微积分的发明、“氧气的发现”、进化论的提出以及能量守恒与转化定律的发现等都是典型。

07.088　同时发现　simultaneous discovery

多重发现的特殊形式。即由彼此独立工作的科学家同时或几乎同时做出的相同或相似的发现。

07.089　人工事实　artificial fact

来自“实验室研究”的一个重要概念。布鲁诺·拉图尔（Bruno Latour）和史蒂夫·伍尔加（Steve Woolgar）发现实验室就像一个庞大的“文学铭写”系统，实验室中到处都是“铭写装置”（inscription devices），科学家所面对的就是经过这些装置处理的符号，而不是自然本身。那些被科学家描述为客观存在的东西，实际上就是用这种铭写装置建构而成的人工事实。林奇也提出科学家所研究的不是自然，而是依赖于特定技术-仪器的人工事实。

07.090　爱丁堡学派　Edinburgh school

在英国苏格兰爱丁堡大学发展起来的科学知识社会学的学派。1967 年在爱丁堡大学成立了科学研究小组（science studies unit），研究人员主要是训练有素的科学家、社会学家。他们努力将知识社会学的一般命题应用于对科学的社会研究，开创了科学知识社会学，创建了科学知识社会学的“强纲领”。

07.091　强纲领　strong program

由爱丁堡学派较为系统地阐发的科学知识社会学主张。相关研究不仅仅是要求重视社会因素对科学的影响，而且声称社会因素是首要的和决定性的。

07.092　话语分析　discourse analysis

由迈克尔·马尔凯（Michael Mulkay）创始和发展的科学知识社会学研究方法。其基本主张是，科学家对任何给定主题的说明是十分易变的，因而社会学家在将它们作为资料解释科学实践的性质之前，首先应该对这些说明本身，即科学家的话语，进行分析。

07.093　外部方法　externalist methodology

对科学活动外部的科学家、科学组织、科学建制进行研究的方法。以默顿学派为代表，一般以问卷调查、统计分析的定量方法为主。

07.094　内部方法　internalist methodology

对科学活动的内部进行研究。如实验室内科学知识的生产、科学争论解决的过程。一般以定性研究为主。

07.095　宏观取向　macroscopic orientation

强调对科学实践过程中的宏观影响因素的

研究。以爱丁堡学派的利益分析纲领为代表，认为宏观利益能够转换成对影响个人或群体行动的动因的微观社会学说明，特定的科学事件可以根据卷入各方的特殊利益得到较好的说明。

07.096 微观取向 microscopic orientation
强调对当代的或历史上的科学实践过程的微观考察。代表人物是科林斯、夏平、皮克林、拉图尔。

07.097 科学咨询 science advice
为决策过程提供科学依据的制度与活动。包括科学家为决策者提供科学依据，以及对包含科学要素的政策议题提供建议的咨询工作。科学咨询也被视为科学界与政府的沟通桥梁，被看作公共政策制定的重要流程之一。

07.098 科学民主化 scientific democratization
科学家、专家体系与公众之间的互动过程。体现了现实生活中的民主制度对科学实践模式的影响。

07.099 知识资本化 capitalization of knowledge
将知识直接或间接转化为资本的过程。包括知识转化为可以获得市场回报的产品，或者利用知识资源参与价值分配，是知识的价值表现方式之一。

07.100 作为知识的科学 science-as-knowledge
从科学研究的成果（科学知识）的角度理解科学。把科学视为系统化、理论化的知识体系，并强调尽可能保证该知识体系的可靠性。

07.101 作为实践的科学 science-as-practice
从科学研究的实践过程理解科学。将科学作为人类的重要实践活动，强调能动地控制和干预自然现象，进而获得科学知识的过程。

07.102 科学实践的动力学 dynamics of scientific practice
通过对推动科学发展诸因素的综合研究而形成的关于科学实践动力机制的系统认识。包括对科学家个人动机、国家推动科学发展的社会动力等因素的研究。

07.103 公众理解科学 public understanding of science
公众对科学这种复杂社会现象深层次的认知和把握。最早见于由英国皇家学会提出的一份报告标题。强调公众不仅要了解科学事实和科学知识，还应该理解科学研究的过程与方法，形成对科学社会价值和社会影响的准确评价。

07.03 技术与社会

07.104 技术社会学 sociology of technology
前期以奥格本学派为主，使用统计学与历史研究的方法研究技术发明与社会之间的关系。T. J. 平齐（T. J. Pinch）和 W. E. 比克（W. E. Bijker）提出了新技术社会学，使用社会建构方法分析技术的形成与发展，认为技术物是协商的结果，其意义是由社会与操作赋予的。

07.105 技术社会形塑 social shaping of technology
又称“技术的社会形成”。理论来源于《技术的社会形塑》（1985 年）。认为技术并非按单一的技术逻辑模式发展，而是受到社会因素的影响。技术的特质和形式是社会条件共同作用的结果，社会中的体制、习惯、风俗等因素都在塑造着技术。

07.106　行动者网络理论　actor-network theory

以行动为导向，认为科学知识是一种活动和实践过程的理论。拉图尔在《科学在行动》中最早提出，用来描述知识建构的过程。

07.107　无缝之网　seamless web

首先由托马斯·休斯（Thomas Hughes）在研究爱迪生电力电灯系统的案例中使用。用来描述技术的社会形塑。认为技术的形成和相关社会因素密不可分，由技术、经济、政治和社会彻底结合起来构成。

07.108　技术社会建构　social construction of technology

由平齐和比克在1984年欧洲科学技术研究协会会议上提出。指以建构主义的方法研究技术的社会形成过程，强调技术是由社会因素塑造的。主张运用社会学方法考察社会的、体制的、经济的和文化的力量对技术形成的作用。

07.109　技术社会决定论　social determinism of technology

在逻辑上与“社会的技术决定论”相对立。是技术的社会制约论与社会选择论的一种激进立场，反映的是社会系统对技术发展和应用的影响是重要的，而且通常是巨大的，否认了人类在选择技术上的主观能动性。

07.110　技术的社会制约论　social constraint theory of technology

社会条件对技术发展和技术应用的制约作用。即主张社会需要以及社会中的经济、政治、军事等要素，对技术发展的动力、活力和能力等有重大的作用和影响，立足于技术与社会互动的立场，接近技术的社会选择。

07.111　技术的社会选择　social selection of technology

又称“技术选择论”。承认技术有相对的可选择性，认为技术史是人们利用自然界的物质、能源和信息进行有选择地创新和创新性选择的过程。具体表现为技术的发明创造、企业的生产技术应用以及技术发展战略等的社会选择，与“技术自主论”相对。

07.112　技术社会化　socialization of technology

作为一种社会现象，技术社会化的实质是通过对技术的社会整合与对公众心理的社会调适，使技术被社会所接受，为公众所认同，成为社会相容技术的过程。主要包括技术社会属性的获得和完善及技术社会角色的形成和发展。

07.113　技术社会嵌入　social embeddedness of technology

技术嵌入到复杂和庞大的本地社会联系网络中，是技术活动被社会所接受的过程。

07.114　技术的社会评估　social assessment of technology

又称“技术评价”。对某种技术可能带来的社会影响进行定性定量的全面研究，从而对其利弊得失作出的综合评价。是随着科学技术的迅速发展带来的一些未预料的社会代价而产生的。

07.115　技术框架　technical framework

M. 海德格尔（M. Heidegger）把技术的本质理解为“框架”或“座架”（gestell）。新时代技术不是单纯的手段和人的行为，而是自然、世界和人的建构。简而言之，技术的本质即框架。海德格尔所谓框架的基本内涵就是限定（stellen）和强求（herausfordern）。

07.116 技术黑箱 black box of technology

人工制造品。这种人工制造品作为知识，已经是已知的，其特点是部分人知道，另一部分人不一定知道。

07.117 技术社会 technological society

解释学对技术社会的理解。一是理解为社会发展的技术统治阶段，这个时期技术成为统治和控制社会的力量；二是理解为以技术为交往媒介和中心的交往共同体；三是理解为以技术作为职业或工作核心的人员构成的社会。

07.118 技术的社会控制 social control of technology

由技术社会学家大卫·科林格里奇（David Collingridge）在《技术的社会控制》（1981年）中提出。一项技术的社会后果不能在技术生命的早期被预料到，但当技术的非预期后果被发现时，它往往已经成为整个经济和社会结构的一部分，而变得难以控制。

07.119 技术风险 technological risk

因技术发展的不确定性所导致的不良后果。19世纪中叶后成为新的研究领域，指涉一个事件的不确定属性，可通过概率与后果的乘积来测算。20世纪80年代风险的社会理论兴起后，技术风险成为社会科学批判性研究的对象。技术风险研究侧重考察技术的负面效应的社会意义。

07.120 技术创新模型 technological innovation model

旨在揭示技术创新的推动、发生机制的模型。典型的有技术推动模型、需要拉动模型、交互作用模型、链环-回路模型、创新过程综合模型等。

07.121 技术轨道 technological trajectory

由创新经济学家G. 多西（G. Dosi）基于“技术范式”概念提出。技术轨道是由范式决定的常规的解决问题的活动。包含技术范式中所隐含的对技术变化方向取舍的规定，是一组可能的技术方向，其外部边界由技术范式本身决定。

07.122 技术进步 technological progress

技术在合目的性方面所取得的进化与革命。在本质上属于生产力范畴。创新经济学家J. 熊彼特（J. Schumpeter）理解为一个包括技术发明、技术创新和技术扩散这三个相互关联与作用的环节在内的演进过程。

07.123 技术进步贡献率 contribution rate of technological progress

在经济增长中技术进步导致的增长的比重。主要有柯布-道格拉斯（Cobb-Douglas）生产函数法、线性函数法、索洛余值法等。

07.124 创新驱动 innovation-driven

创新驱动最早由迈克尔·波特（Michael Porter）提出。是指以知识、技术、制度、管理等创新要素为经济发展主要推动力的资源合理高效配置的一种方式，是区别于传统要素驱动的战略选择。

07.125 发明社会学 sociology of invention

首次出现在肖恩·吉尔菲兰（Sean Gilfillan）的博士论文中。是奥格本学派的主要研究领域。研究发明与社会变迁之间的相互作用，否定发明的英雄理论。提出了发明的组合累积模式，强调发明过程以及发明与社会相互作用。

07.126 文化滞后论 cultural lag theory

W. F. 奥格本（W. F. Ogburn）首先使用这一概念。指物质文化和非物质文化在社会变迁速度上所发生的时差，文化转型滞后于经济社会转型的理论。

07.127　技术扩散　technological diffusion
技术扩散指一项技术从首次得到商业化应用，经过大力推广、普遍采用阶段，直至最后因落后而被淘汰的过程。

07.128　技术消化　technology assimilation
应用于引进技术方面，是指技术由一方向另一方转移中，接受方对技术的学习、掌握和创新的过程。

07.129　技术风土　gijutsu fūdo
每个国家的技术创新都反映了该国的文化特点，是该国文化的产物。由日本学者森谷正规提出。

07.130　技术范式　technological paradigm
解决所选择的技术经济问题的一种模式。由创新经济学家 G. 多西（G. Dosi）提出。

07.131　技术民主　democratic technology
在技术领域内推行话语民主的理论。主要是在科学技术专家和政治家之间建立民主对话机制。

07.132　技术正义　technology justice
对技术中的价值、理性准则及技术的应用、发展走向的判断。

07.133　技术人性化　humanized technology
以人为本，以人的需求为出发点和中心，按照服务于人的自由而发展技术的观点。

07.134　技术生态化　ecologicalization of technology
以降低技术对自然环境的破坏为准则的发展思路。

07.135　绿色技术　green technology
能减少污染、降低消耗、治理污染或改善生态的技术体系。

07.136　技术共同体　technology community
以共同的技术范式为基础而形成的专家群体。

07.137　价值敏感性设计　value sensitive design，VSD
在技术设计阶段除了考虑技术类的实用性价值之外，还要将更加广泛的人类价值纳入其中，并把这些价值有效地体现于技术产品设计中的思路。

07.138　技术的社会责任　social responsibility of technology
技术在社会运行时需要考虑对其利害关系人及社会和自然应负的责任。

07.139　技术情境　technology context
对技术有嵌入性作用的社会情境。

07.140　技术演化　technological evolution
对于特定的技术领域，从技术出现到当前阶段，技术领域内部的技术活动、子技术或技术主题随着时间推移的发展、继承和变化的过程。

07.141　三螺旋　triple helix
政府、企业与大学是知识经济社会内部创新制度环境的三大要素，它们根据市场要求而联结起来，形成了三种力量交叉影响的三螺旋关系。

07.142　协同创新　collaborative innovation
以知识增值为核心，企业、政府、知识生产机构（大学、研究机构）、中介机构和用户等为了实现重大科技创新而开展的大跨度整合的创新组织模式。

07.143　技术教育　technology education
使受教育者认识和掌握现代生产知识与技能的教育。

07.144　技术态度　attitude toward technology
对待技术的基本立场。

07.145　技术批判理论　critical theory of technology
对由技术所规定的社会形式、制度的束缚、等级体制以及缺少平等的批评。

07.146　技术责任主体　subject of responsibility for technology
包含作为个体的自然人、作为集团的组织以及世界范围内的国家在内的统一的责任主体体系。

07.147　技术创新主体　main body of technological innovation
一般指企业。也有认为包括企业以外的其他组织，如政府等。

07.148　开放创新　open innovation
企业利用外部思想进行创新，拓展科技，或与合作伙伴一起创新，分享风险和盈利的模式。

07.04　工程与社会

07.149　工程的社会性　social nature of engineering
工程总是处在特定时空中的工程，具有地域性、民族性与时代性，即当时当地性。一个社会的经济、政治和文化状况直接影响工程活动的基本样态。任何工程不仅从人们的社会需要出发，拥有特定的经济、政治、社会、文化、生态等目的或价值目标，而且是由工程共同体共同完成的“造物”或组织、制度安排的实践活动，离不开社会公众和消费者对工程的接纳与评价，以及工程的社会实现问题。

07.150　公众理解工程　public understanding of engineering
又称“工程理解(understanding of engineering)”。通过有效途径，包括工程宣介、工程教育和引进工程决策的民主机制等，向公众公开工程项目的目标、设计规划，请公众参与工程决策、施工管理的监督，知晓工程消费、工程后果，以期获得公众对工程建设的支持以及心理与文化上的认同。

07.151　工程批评　criticism on engineering
以广大公众为主体或主角，通过与“工程家”、决策者以及政府部门的管理者对话的形式，对特定的有待决策的工程项目发表看法和意见、提出批评与建议。简言之，工程批评是社会公众作为独立的主体了解工程、批评工程的活动，不同于工程研究、工程评价、工程评估和工程评论。

07.152　工程的社会选择　social selection of engineering
工程是社会性决定的，因为工程毕竟需要社会支持才能实现。因此，在工程决策过程中要自觉引入民主机制，通过各种有效渠道开展工程教育、公开可能的工程方案，工程建设主体主动让社会公众了解拟上马的工程项目，参与工程评价与工程评估，开展工程批评，在社会公众理性博弈、情感接受、心理认同的基础上，最终决定某一工程的去与留。

07.153　工程的社会建构　social construction of engineering
工程的规模、样式直接受到社会经济、政治、文化以及科学和技术发展水平的影响，正像技术的社会形塑那样，工程也是社会形塑的。因此，一定时代、地域的工程建造的水平总是受制于其经济、政治和文化的状况，每一个工程都只能是这一个或那一个，具有其个性、当时当地性。

07.154　工程的社会排斥　social exclusion of engineering

工程方案的启动、实施乃至建成后的消费阶段都存在着社会公众和受众（消费者）的认同问题，如果不愿意甚至强烈反对或示威游行，那么该工程就遭到了社会拒斥或社会排斥。一旦某一工程遭到社会排斥，工程决策就面临工程的去与留的问题，直接影响工程的社会实现。与“工程的社会嵌入”相对。

07.155　工程的社会嵌入　social embeddedness of engineering

李伯聪借助马克·格拉诺维特（Mark Granovetter）关于任何经济行动都是嵌入到社会结构、社会网络中的观点。将“嵌入”概念移植到工程社会学中。一旦某一工程的嵌入过程得以完成，就能在社会网络中发挥重要功能。与“工程的社会排斥”相对。

07.156　工程的社会实现　social actualization of engineering

工程不仅创造价值而且实现价值，发挥了其应有的社会功能。任何工程只有获得社会实现，才有价值和意义。一个遭到社会排斥的工程难以获得社会实现，只有很好地完成社会嵌入的工程，才能最终获得社会实现。

07.157　工程的社会评估　social assessment of engineering

工程活动和工程社会学研究十分重要的理论问题。工程评价和工程评估的一个维度，继工程的经济评估、技术评估之后，随着工程活动引发的环境问题和社会问题的凸显，就产生了工程的环境影响评估和工程的社会影响评估，后者简称工程的社会评估，其内容较为广泛，涉及移民安置问题、社会稳定问题、文化生态以及安全问题等。

07.158　自然工程　engineering of nature

又称“造物的工程”。与自然有关的利用自然、改变自然的人类建造活动。属于人工开物。与社会工程和精神生产或知识生产工程相区别，泛指一切利用科学和技术手段，整合能源流、资金流、物流和人流而有目的地改变自然、创造和建构新存在的活动。

07.159　工程生产力　engineering productivity

工程是直接、现实的生产力。它不同于科学、技术与生产力的关系，尽管一般认为科学、技术是生产力而且是第一生产力，但是，毕竟科学和技术尚有待转换为现实的生产力，只有借助工程和工程的集聚——工业，科学、技术才能获得现实的运用。

07.160　工程集聚　engineering agglomeration

有许多工程而非一项工程聚合到一起。这一概念是殷瑞钰院士首先提出的，认为工业、企业的细胞是工程，工业无外乎是工程的集聚。但这种集聚不是一个毫无关联的工程项目个体的集合，而是相互关联的时间上先后相继，空间上并存的众多工程的有序联结。

07.161　工程的集成性　integration of engineering

工程活动与科学、技术、人文因素以及人流、物流和信息流等密切相关，是一项复杂的系统，涉及许多构成因素，或者说是多种因素的整合。对工程的考察需要整体论、系统思维和复杂性方法等。

07.162　工程时效　time-effectivity of engineering

对工程活动的时间与功效的考量。任何工程

都希望以最短的工期取得最大效率、获得最好的效果，所以在工程设计与施工的过程中必须充分考虑如何用较短的时间，较少的人力、物力和资金投入收到满意的功效问题。

07.163　工程创新的壁垒-陷阱模型　rampart-trap model of engineering innovation

工程创新有多种解释模型，壁垒-陷阱模型是其中之一。壁垒是看得见的障碍，陷阱是看不见的危险，用壁垒-陷阱隐喻说明工程创新的困难和成败，就是工程创新的壁垒-陷阱模型。工程创新的成功可归因于能够突破壁垒、躲避陷阱，但工程创新中的一个壁垒或一个陷阱都有可能导致其失败。

07.164　工程扩散　engineering diffusion

类比于技术扩散这一概念，但却拥有不同的内涵。某地某时某一个新设计的工程样式，很快被模仿并移植到其他地方并传播开来的过程，直到再无人青睐。尽管工程具有个性和当时当地性，但不妨碍工程设计模式的一致性。

07.165　工程的经济评估　economic assessment of engineering

又称"工程经济效果评价"。工程评估中最先启动的评估内容。主要评价影响工程效益的经济因素，进行投入-产出和成本（造价）-效益分析、静态-动态分析等，以确保工程投资者有利可图。

07.166　精神生产工程　engineering of spiritual production

在大科学时代，观念和知识已经开始用工程的方式进行生产，都依赖于工程运作，以课题、项目招标的方式立项生产。所以，无论是问题的提出、设计与论证还是课题的研究都离不开分工、协作、信息的反馈与加工等的工程运行的诸环节。

07.167　工程的人文本性　humanistic nature of engineering

工程原本是为了人、服务于人的生存需要的属于人的一种存在方式，不同层次的工程样式表征和确证着人的本质力量。工程不只是关涉和处理技术的因素、发生与自然的关系，而且拥有非技术的人文因素，表达着人们的审美情趣、信仰和价值选择等。所以，文化传统、习俗和宗教信仰都直接影响人们的工程建造。

07.168　工程的人文规约　humanistic stipulations of an agreement of engineering

由工程的人文本性决定的。人们如何进行工程建造不只需要考虑技术的因素、人财物的整合与集成，更重要的是还必须正视人文因素（如风俗民情、伦理状况、价值诉求和宗教信仰等）对工程设计、工程决策乃至最终工程的社会嵌入与社会排除的影响和约束。

07.169　科学、技术与工程的一体化　integration of science, technology and engineering

随着现代科学、技术的发展，特别是科学、技术的社会运用，科学、技术与工程的互动更为紧密，由相互独立的外在关系，开始向相互作用、相互转化的内在关系转换，并表现为相互渗透、密切关联的一体化特征。

07.170　科学、技术与工程的互动　interaction of science, technology and engineering

科学、技术与工程既相互区别，作为三元的、各自独立的存在，共同构成了实证地理解和把握世界的方式，同时又相互联系、相互依赖、相互作用、相互转换，以至于出现相互密切联结的一体化趋势，即现代工程离不开现代科学、现代技术，工程对技术的选择带动技术进化，从而推动科学进步。

07.171 具象化的科学、技术与社会 specific-image figure of STS

由张秀华提出。自然工程具有自然与社会的双重属性，内蕴着科学、技术的逻辑和社会、人文的价值，进而成为科学、技术与社会关系的表达载体和现实样态。由于每个工程的特殊性、当时当地性，工程对科学、技术与社会关系的体现又总是具体化的。

07.172 工程正义 engineering justice

在进行工程行动的过程中，工程共同体要对自然环境负责，对社会公众负责，对消费者负责；同时还要对子孙后代负责，确保人类社会的可持续发展。此外，在工程共同体内部还要处理好责、权、利以及风险担当的分配关系。从而，确保工程的环境正义、生态正义、社会正义以及责权利和风险分配正义等。

07.173 工程的文化生态安全 cultural ecology safety of engineering

包括两个方面，一方面是说工程的建造应自觉融入和适应该地域或聚落的建筑风格与文化传统，自觉维护原有历史建筑、传统民居并与之相协调，让新建造的工程和谐地嵌入其中，有助于当地民俗民风和独特文化品格的持续养成；另一方面要把工程所拓展的空间与当地的文化生活和精神文明建设关联起来，凸显工程的人文和审美特性，以独特的形式丰富聚落、乡镇、城市的文化样态，维护文化多样性。狭义的工程的文化生态安全主要是前者，以不破坏传统建筑和保护文化传统为己任。广义的工程的文化生态安全在狭义的基础上还强调拓展文化空间和文化的多样性，使得维护传统与开拓未来统一起来。

07.174 工程的环境安全评估 assessment of environmental safety of engineering

工程评估的一个方面。出现在工程的经济评估、工程的技术评估或工程的经济-技术评估之后，是随着现代工程所导致的环境污染和生态破坏后果的加剧，被提上议事日程的，要求工程活动必须首先评估它对环境的影响，不仅包括自然环境，也包括社会环境，后者逐渐分离出来也就有了工程的人文社会评估。

07.175 工程的风险与安全评估 assessment of risk and safety of engineering

工程活动总是存在着各种不确定性并带来相应的利益或损失。由于工程实践中存在诸多风险的可能性以及引发工程安全问题，因此，一般工程决策时总要对可能的工程风险进行分析，对可能的工程安全问题进行排查，并在此基础上做出工程风险与安全状况的评价。

07.176 工程社会学 engineering sociology

社会学的一个分支。研究起步较晚，在 21 世纪初由李伯聪首次倡导，提出工程共同体是工程社会学特有的理论范畴，不仅给出了工程共同体的性质、结构及其构成分析，区分了共同体的类型，说明了工程共同体的维系机制及社会功能，还分别描述了不同类型的工程共同体的存在形式及其职能发挥情况。

07.177 工程共同体 engineering community

工程社会学的一个基本范畴。是指集结在特定工程活动下，为实现同一工程目标而组成的有层次、多角色、分工协作、利益多元的复杂工程活动主体的系统，是从事某一工程活动的个人“总体”，以及社会上从事工程活动的人们的总体，进而与从事其他活动的人群共同体区别开来。简言之，工程共同体是实现工程活动所必需的特定人群共同体。

该共同体有结构，由不同角色的人们组成，包括工程师、工人、投资者、管理者和其他利益相关者等。从工程共同体的类型来看，可以分为“工程活动共同体”与“工程职业共同体”。

07.178　工程师　engineer
工程活动共同体的主要成员。在工程活动的整个过程中发挥着重要作用。

07.179　工人　worker
工程活动共同体的重要组成部分之一。工程施工环节的行动者和执行操作者。

07.180　企业家　entrepreneur
工程项目的投标者、投资人之一、运作者、管理者。在工程活动中能独立自主地做出经营决策并承担经营风险。既是工程活动的组织者、领导者，又是市场交易中的经营者。

07.181　投资者　investor
工程活动离不开资金支持，投资者即投资人常常是工程项目的发起人。拥有主动权，在工程决策中往往占主导地位，在一定程度上决定着工程的规模和“品位”。而工程师、管理者或经理人及工人都是被雇佣者。从历史上看，投资者的存在方式或来源是多种多样的；在现代社会中，除了个人投资者外，机构投资者往往发挥更重要的作用。

07.182　管理者　manager
工程共同体中处于不同层次和岗位的领导者或负责人。相对于工程师和工人，他们是具有组织、协调、指挥和决策等才能的复合型人才，能够从总体、全局出发考虑问题，把自己所负责的部门目标与工程总体目标挂钩，自觉维护工程总体目标的权威性。

07.183　利益相关者　stakeholder
在工程活动领域涉及众多的利益群体，与工程利益相关的不同类型的个人、群体和组织。

07.184　工程师学会　association of engineer
又称“工程师社团”。工程职业共同体的一种类型。由工程师和有待成为工程师的人员构成的非营利性组织。

07.185　工会　labor union
从事工程活动的劳动者、工人组成的社会团体或社团。

07.186　投资人协会　investor association
服务于投资者或投资人（包括企业、政府组织、个人）的非营利性社团组织。

07.187　企业家俱乐部　entrepreneur club
工程职业共同体的一种类型。是民间非营利机构。

07.188　工程的社会功能　social function of engineering
工程对社会的意义、价值和作用。工程追求社会实现就是要发挥其拥有的社会功能。张秀华教授把工程的社会功能概括为以下几个方面：其一，吸纳社会劳动力，提供个体必要的就业场所；其二，创造物质财富，满足人的基本需要，这是工程共同体最基本的也是最重要的社会功能；其三，塑造人文价值，丰富人们的精神生活；其四，建造“属我世界”，拓展“类”生存空间；其五，打造生活样式，成就人类文明。

07.189　工程组织　engineering organization
包括两种情况，一种是指工程公司，即一种专营工程项目的全功能的社会组织，发达国家称之为以项目为基础的组织（project-based organization）。这些组织的经营收入主要来源为实施工程项目，它们的功能、组织机构、专业人才、系统设置、工作程序、技术和方法都专为实施工程项目而设置。另一种情况是工程项目管理组织或叫项目管理组织，为了完成某个特定的项目任务而由不同部门、不同专业的人员所组成的一个特别工作组织，不受既存的职能组织构造的束缚，但也不能代替各种职能组织的职能活动。

07.190　工程评价　engineering evaluation
评价者对工程涉及的各种价值关系及工程的总价值所做出的判断。不仅需要单向的经济、技术评价，而且需要工程价值的系统评价，除工程技术-经济价值评价外，还包括工程的政治价值评价、生态价值评价、军事价值评价以及社会价值和人文价值评价。

07.191　直接生产力　direct productivity
工程的生产力属性。相对于科学、技术在生产中的作用及其方式具有渗透性和间接性，有待工程生产活动的选择和运用而言，工程是现实的生产力，具有直接性，因而工程被看成直接生产力。工程整合人力、物力和财力，利用科学技术直接生产和创造新的存在、新价值与财富，直接表明生产力所达到的水平。

07.192　工程政策　policy of engineering
各级政府和工程主管部门在特定的环境中，为达到一定目标而制定的行动方案或行动准则。它有狭义和广义之分，狭义的工程政策是指与工程相关的法律法规、行政规定、命令条例等；广义的工程政策还包括国家领导人关于工程问题的口头或书面的指示、政府的大型规划、具体行动计划及相关政策等。

07.193　工程战略　strategy of engineering
围绕国民经济和社会发展的总体目标与长远规划，对具有重大意义以及事关国计民生、能源开发、环境保护、国家安全、产业结构调整、科技进步等方面的工程建设，进行重点规划与合理部署，并优先发展的战略。比如，旨在促进科技创新的工程科技发展战略。

07.194　工程人才　engineering talent
在工程实践领域具有创新思维、杰出的组织管理能力的管理者，具有工程设计能力、掌握某种专门技术的优秀工程技术人员，具有高超的操作能力和技能的高级技师，在工程领域潜在的和已经从业的优秀脑力和体力工作者。比如工程管理人才、工程技术人才、工程操作人才等。

07.195　政绩工程　vanity project
又称“形象工程”。某些领导干部为了突出个人从政的业绩，急功近利，甚至好大喜功而专断地决策，并最终实施和建成的工程项目。结果往往是，这些工程从长远目标来看，要么是没必要上马的工程；要么是规模太大与实际需求不符的铺张浪费的工程；要么是缺乏科学论证而盲目建设的速成工程；要么是潜在风险太大无法确保安全的问题工程。

07.196　工业实验室　industrial laboratory
按归属分类：第一类实验室是建在大学里面，从属于大学或者由大学代管的实验室；第二类实验室属于国家机构，有的甚至是国际机构，它们大多从事于基本计量、高精尖项目、超大型的研究课题和国防军事等任务；第三类实验室直接归属于工业企业部门，为工业技术的开发与研究服务，其中最著名的有贝尔实验室和 IBM 研究实验室（International Business Machines Corporation），这类实验室就是工业实验室。

07.197　工程从业者　engineering practitioner
隶属于不同产业或行业的企业、公司从事工程活动的企业家、管理者、工程技术人员、工人等，或者工资收入来源于工程活动的部门或机构的所有体力（蓝领）和脑力（白领）的劳动者。

07.198　专业　profession

随着人类社会科学技术的进步，在人类生活生产实践中，用来描述职业生涯某一阶段、某一人群为了谋生而长时期从事的具体业务和作业规范。也指高等学校或中等专业学校根据社会分工的需要设立的学业类别。

07.199　专业主义　professionalism

随着现代科学、技术的发展，学科的不断分化，生产领域分工特别是现代企业个别分工的细化与深化，企业与部门目标的实现与竞争力的提升最终诉诸组织所雇佣人员的专业化程度，相信团队成员越是专业化水平高、知识结构合理，特别是拥有一批专家型人才，越是能够创造卓越成就和业绩。

07.200　总工程师　chief engineer

又称“首席工程师”。在产品项目制运作的组织机构中是一种行政职务，在职能部门制运作的组织机构中是一种专业技术职务，但不是技术职称。在技术上，总工程师必须具备工程系列的专业技术职称；在行政上，总工程师是整个单位或项目的工程技术负责人。该职务往往由技术水平过硬的资深技术人员担任，但也有例外的情况。

07.201　指挥长　commander

一般在工程施工中为保证工程活动的有序运行，维护工程总目标的权威，协调、调度工程建设的各方，努力提高施工的效率，施工单位或公司设立的职位。该职位负责人受施工企业法人委托，代表施工企业，进行工程建设环节的各项组织与管理活动，保证建设工程顺利施工。

07.202　职业资质　vocational qualifications

又称“职业资格”。从事某一职业需要具备的一定的资格。不仅有学历要求，还会有统一的专业考试来认定。只有经过一定的培训或考试通过获得拟从业岗位或执业的合格证书或资格证书以后，才有资格从业、执业。

07.203　雇主协会　employers association

工程职业共同体的组织形式之一。主要关注贸易和关税问题。从第一次世界大战结束后到20世纪30年代，西方国家普遍面临经济困难，该协会发挥了积极作用。

07.204　工业　industry

采集原料并把它们加工成产品的工作和过程。是社会分工发展的产物，经过手工业、机器大工业、现代工业几个发展阶段。经历了三次工业革命，第一次工业革命以机械化为目标，第二次以电气化为目标，第三次以自动化为目标，今天，正在迎来第四次工业革命——工业4.0所诉求的智能化。

07.205　产业　property，estate

经济社会的物质生产部门。一般而言，每个部门都专门生产和制造某种独立的产品，某种意义上每个部门也就成为一个相对独立的产业部门。如“农业”“工业”“交通运输业”等。

07.206　公司　corporation

依法设立，以营利为目的，独立承担民事责任的从事生产或服务性业务的社会组织。是现代企业制度发展的结果，因此，与企业是种属关系。

07.207　企业　enterprise

依法设立的，以营利为目的，从事商品的生产经营和服务活动的独立核算经济组织。广义上包括营利性和非营利性两类。公司制企业是现代企业中最主要的最典型的组织形式。

07.208　作坊　workshop

又称“作场”“坊”“作”。生产力较为低下的前工业社会的经济组织形式。是从事手工制造加工的工场。在中国古代有官府作坊及民间作坊之分。所使用的工具一般比较简陋。

07.209　工匠　craftsman

有专门技能特长的手艺人，或者是有技艺专长的匠人。有共同的工作态度和制作理念，在以作坊和手工业为主要生产方式的传统社会发挥着重要作用。

07.210　实业家　businessman，industrialist

从事管理大规模工业企业者或从事生产活动的企业家、工业家（industrialist）、资本家（capitalist）。不是一个实体概念，而是一个职能概念。比企业家更有社会责任感，不仅在行业内成就斐然，还能出资赞助公益事业。

07.211　设计师　designer，creator

对设计事物之人的一种泛称。通常是指在某个特定的专门领域从事创造或提供创意的工作，将艺术与商业结合在一起的人。

07.212　农民工　migrant worker

一般指在本地乡镇企业或者进入城镇务工的农业户口人员。有广义和狭义之分：广义的农民工包括两部分人，一部分是在本地乡镇企业就业的离土不离乡的农村劳动力，另一部分是外出进入城镇从事二、三产业的离土又离乡的农村劳动力；狭义的农民工主要是指后一部分人。

07.213　专家治国　technocracy

让具有科学知识和技术才能的专家进入决策层，参与社会和国家的治理，是一种治理的组织结构或治理体制。决策者的选拔被建立在技术知识的基础之上，技术专家被看成技术精英，并倡导技术专家在决策中的权威。

07.214　工程故障　engineering failure

机器设备、仪表等在工作过程中，因某种原因“丧失规定功能”或危害安全的现象。所谓规定功能指在设备的技术文件中明确规定的功能。

07.215　工程事故　engineering accident

工程活动中偶然发生的涉及人身和财产安全、产品质量安全、环境生态安全等问题，而导致工程暂停或社会排斥的后果，甚至永远终止某一工程活动的意外事件。

07.216　工程灾难　engineering disaster

工程活动中因工程事故导致的灾难。属严重的工程事故，导致对员工、社区居民生命的剥夺，对生态环境造成的难以补偿的后果，经济损失巨大，对社会的负面影响广泛而深重。

07.217　工程的环境影响　environmental effect of engineering

造物的“自然工程”活动，不可避免地发生与自然的关系、与社会的关系，从而对环境（包括自然环境和社会人文环境）所造成的负面影响与伤害。随着科学技术的发展及其在工程中的应用，增加了工程的复杂性与潜在风险，特别是现代工程对效率与效益的片面追逐，导致严重的环境污染、生态恶化以及对地区文化传统和人文生态的破坏、移民问题、稳定问题等。

07.218　邻避效应　not in my back yard，NIMBY

居民或在地单位因担心建设项目（如垃圾场、核电厂、殡仪馆等）对身体健康、环境质量和资产价值等带来诸多负面影响，从而激发人们的嫌恶情结，及采取的强烈和坚决的集体反对甚至抗争行为。

07.219 工程移民 engineering immigration

由工程建设所引起的非自愿人口迁移及其社会经济系统恢复重建活动。包括水利、电力、铁路、公路、机场、城建、工业、环保等工程的移民。是工程的社会评估包括社会稳定评估的重要方面。

07.220 工程教育 engineering education

在高等院校为培养未来合格工程师或工程技术人才而开设的课程体系。

07.221 工程投资 project investment

又称“工程项目投资”。某项工程从筹建开始到投产、竣工为止所发生的全部资金投入。

07.222 工程保险 project insurance

以各种工程项目为主要承保对象的一种财产保险。目前，工程保险的主要险种包括：建筑工程保险、安装工程保险、科技工程保险等。工程保险的责任范围由两部分组成，第一部分主要是针对工程项目下的物质损失部分，包括工程标的有形财产的损失和相关费用的损失；第二部分主要是针对被保险人在施工过程中因可能产生的第三者责任而承担经济赔偿责任导致的损失。

07.223 工程课程体系 engineering curriculum system

工程教育所开设的，隶属于不同层级或专业领域的许多课程组成的一个有机的课程群。

07.224 工程大师 engineering master

各类工程活动领域的杰出设计者，并在各个领域中起创新引领、范式改革的设计理念领头人。

07.225 卓越工程师教育培养计划 excellent engineer training program

贯彻落实《国家中长期教育改革和发展规划纲要（2010—2020 年）》与《国家中长期人才发展规划纲要（2010—2020 年）》的重大改革项目。主要目标是面向工业界、面向世界、面向未来，培养造就一大批创新能力强、适应经济社会发展需要的高质量各类型工程技术人才，以期为建设创新型国家、实现工业化和现代化奠定人力资源优势。

07.226 工程师的社会责任 social responsibility of engineers

关于工程师职业伦理的一项要求，即工程师必须摆脱传统上只对雇主或公司忠诚，被动地服从雇佣单位的义务定位，而把对顾客负责、对社会负责看成自己的责任和义务。

07.227 工程能力 engineering capability

从事工程活动所需要的一系列能力系统。包括拥有科学知识、技术技能、管理能力，资金筹措能力，信息处理能力，自然资源与人力资源的开发能力，规避风险的能力，攻克壁垒、躲避陷阱的能力，产品的推销与服务能力，解决各种利益冲突的能力，提高工程时效的能力，人性化管理的能力，对消费者和社会负责的能力，等等。

07.228 产业集群 industrial cluster

1990 年迈克尔·波特（Michael Porter）在《国家竞争优势》一书中首先提出。集中于一定区域内特定产业的众多具有分工合作关系的不同规模等级的企业与其发展有关的各种机构、组织等行为主体，通过纵横交错的网络关系紧密联系在一起的空间积聚体，代表着介于市场和等级制之间的一种新的空间经济组织形式。

07.229 工程集群 project cluster

又称“项目群集”。管理者为加工处理复杂的节点应用程序，而管理多类型进程的进程管理器。

07.230 国际原子能机构 International Atomic Energy Agency，IAEA

国际原子能领域的政府间科学技术合作组织，同时兼管地区原子安全及测量检查，并由世界各国政府在原子能领域进行科学技术合作的机构。总部设在奥地利的维也纳，组织机构包括大会、理事会和秘书处。该机构的宗旨在于，谋求加速和扩大原子能对全世界和平、健康及繁荣的贡献，确保由其本身或经其请求或在其监督、管制下提供的援助不用于推进任何军事目的。

07.231 世界工程组织联合会 World Federation of Engineering Organizations，WFEO

一个国际非政府组织，代表世界各地的工程行业。设国家会员、地区会员、联系会员；另外还有一些非正式团体和个人会员。

07.232 高等工程教育 higher engineering education

各国为提供工业发展的人才和智力支持，直接推动技术革命和产业革命，以达到发展本国社会经济，增强综合国力和国际竞争力的目的，而创办的各类工程大学或工程学院等。推行工程教育的法制化。

07.233 职业教育 vocational education

受教育者获得某种职业或生产劳动所需要的职业知识、技能和职业道德的教育。如对职工的就业前培训、对下岗职工的再就业培训等各种职业培训以及各种职业高中、中专、技校等职业学校教育等。

07.234 实业教育 industrial education

最早发端于欧洲，是西方近代工业革命的产物。创办各种高等院校，培养具有现代科学知识、技术才能并为工业、商业等服务的实用人才。

07.235 实业救国 to save the nation by engaging in industry

中国近代民族资产阶级一些代表人物所宣扬的、以发展资本主义工商业作为救国救民主要途径的议论。

07.236 华盛顿协议 Washington Agreement

1989 年由来自美国、英国、加拿大、爱尔兰、澳大利亚、新西兰 6 个国家的民间工程专业团体发起和在华盛顿签署的协议。主要针对国际上本科工程学历（一般为 4 年）资格互认，确认由签约成员认证的工程学历基本相同，并建议毕业于任一签约成员认证的课程的人员均应被其他签约成员视为已获得从事初级工程工作的学术资格。在国际工程师互认体系的 6 个协议中最具权威性，是加入其他相关协议的门槛和基础。2016 年 6 月 2 日，中国科学技术协会代表中国正式加入《华盛顿协议》。

07.237 博洛尼亚进程 Bologna Process

29 个欧洲国家于 1999 年在意大利博洛尼亚提出的欧洲高等教育改革计划。该计划的目标是整合欧盟的高教资源，打通教育体制。签约国中的任何一个国家的大学毕业生的毕业证书和成绩，都将获得其他签约国的承认，大学毕业生可以毫无障碍地在其他欧洲国家申请学习硕士阶段的课程或者寻找就业机会，实现欧洲高教和科技一体化，建成欧洲高等教育区，为欧洲一体化进程做出贡献。

07.238 清洁生产 cleaner production

对生产过程与产品采取整体预防的环境策略，减少或者消除它们对人类及环境的可能危害，同时充分满足人类需要，使社会经济效益最大化的一种生产模式。

07.239 156 项工程 156 projects

中国第一个五年计划时期从苏联与东欧国

家引进的 156 项重点工矿业基本建设项目。奠定了中国初步工业化的部门经济基础。以这些项目为核心，以 900 余个限额以上大中型项目配套为重点，初步建起了工业经济体系。国家计划委员会基本建设综合局经过对国家计划委员会、中央档案馆、国家经济委员会的大量档案进行长期调查研究，第一次将“156 项”的形成、变化和建设规模、建设进度等情况综合整理出来，于 1983 年 6 月 8 日写成《“一五”156 项建设情况（实际正式施工项目为 150 项）》，确定为 150 项。

07.240　三线建设　three-line construction

自 1964 年起中华人民共和国政府在中国中西部地区的 13 个省（自治区）进行的一场以战备为指导思想的大规模国防、科技、工业和交通基本设施建设。是中国经济史上一次极大规模的工业迁移过程，发生背景是中苏交恶以及美国在中国东南沿海的攻势。

07.241　四三方案　4-3 program

中华人民共和国 20 世纪 70 年代初向美国、联邦德国、法国、日本、荷兰、瑞士、意大利等西方国家大规模引进成套技术设备的计划统称。

07.242　杂交水稻　hybrid rice

选用两个在遗传上有一定差异，同时它们的优良性状又能互补的水稻品种，进行杂交，生产具有杂种优势的第一代杂交种。1974 年，袁隆平育成了中国第一个强优势杂交组合“南优 2 号”。1975 年，袁隆平攻克了“制种关”，摸索并总结出成功的制种技术。1995 年袁隆平当选为中国工程院院士，被称为“杂交水稻之父”。

07.243　高铁　high-speed railway

又称“高速铁路”。设计开行速度在 250 公里每时以上（含预留），并且初期运营速度在 200 公里每时以上的客运列车专线铁路。具有载客量高、安全性好和能耗较低等特点。

07.244　银河计算机　yinhe supercomputer

1983 年由国防科技大学计算机研究所研制的巨型计算机系列之一。每秒运算达 1 亿次以上，填补了我国巨型计算机的空白，标志着我国进入了世界研制巨型计算机的行列。

07.245　切尔诺贝利核事故　Chernobyl nuclear accident

一件发生在苏联乌克兰基辅市以北 130 公里外的切尔诺贝利核电站的核子反应堆事故。该事故被认为是历史上最严重的核电事故，也是首例被国际核事件分级表评为第七级事件的特大事故。1986 年 4 月 26 日，该核电站的第 4 号核反应堆在进行半烘烤实验中突然发生失火，引起爆炸。

07.246　挑战者号航天飞机失事　Space Shuttle Challenger disaster

美国正式使用的第二架航天飞机，在升空后 73 秒，爆炸解体坠毁的事故。机上的 7 名宇航员都在该次事故中丧生。该事故被看成研究工程事故的一个重要案例。

07.247　印度博帕尔毒气泄漏事故　India Bhopal gas leak case

印度历史上最严重的工业化学事故。1984 年 12 月 3 日凌晨，印度中央邦首府博帕尔市的美国联合碳化物属下的联合碳化物（印度）有限公司位于贫民区附近的一所农药厂发生氰化物泄漏，引发了严重的后果。由于这次事件，世界各国化学集团改变了拒绝与社区通报的态度，亦加强了安全措施。这次事件也导致了许多环保人士以及民众强烈反对将化工厂建在邻近民居的地区。

07.248 水俣病 Minamata disease

1956年在日本水俣湾出现的一种奇怪的病。最早出现的由工业废水排放污染造成的公害病。症状表现为患病轻者口齿不清、步履蹒跚、面部痴呆、手足麻痹、感觉障碍、视觉丧失、震颤、手足变形；重者则精神失常，或酣睡，或兴奋，身体弯弓、高叫，直至死亡。被称为世界八大公害事件之一。

07.249 矿难 coalmine accident

在采矿过程中发生的严重事故。通常造成伤亡的危险性极大。世界上每年至少有几千人死于矿难。常见的有瓦斯爆炸、煤尘爆炸、瓦斯突出、透水事故、矿井失火、顶板塌方等。

07.250 空难 aviation accident

由不可抗拒的原因或人为因素造成的飞机失事，并由此带来灾难性的人员伤亡和财产损失。

07.05 科学技术文化

07.251 科技文化学 culturology of science and technology

又称“科学技术文化学”。一门从总体上研究科学技术文化现象的新兴学科。旨在阐述和证实人类科技文化的总体样态，研究科技文化的本质、特征以及形成和发展规律，同时也研究解决科技文化发展中的一些个案问题。

07.252 科技文化哲学 philosophy of scientific and technological culture

一种广义上的科学技术哲学。伴随科学技术飞速发展孕育而生的学术流派，也是针对科学技术进步过程中衍生的问题而提供解决问题的思路、方向和办法的理论学科。旨在从文化哲学的视角对科学技术进行理论化、系统化的反思，推动科学技术持续健康发展，确保人类能合理有效地利用科学技术。

07.253 科技文化模式 model of scientific and technological culture

科技社会学与科技文化学研究的基本概念之一。分为普遍的和特殊的两类。普遍的科技文化模式是适用于所有民族或国家的科技文化体系，而特殊的科技文化模式则是特定民族或国家所具有的独特的科技文化体系。

07.254 科技文化研究纲领 program of scientific and technological culture

主张从文化哲学的角度审视科学技术，实现科学技术哲学到科学技术文化哲学的范式转变；强调不仅要在整个人类文化的背景中来考察科学技术，而且更要从人和人性的高度来研究科学技术；倡导科学技术是人类共同的事业，充分借鉴和吸收各种哲学资源，走中国特色的科学技术哲学道路。

07.255 科技文化软实力 soft power of scientific and technological culture

国家文化软实力的重要构成。以科技实力的增强为物质载体，以科技文化的广泛认同为前提条件，以合理化的制度安排为基本保证。其构成包括科技文化价值观念的吸引力、科技文化制度体系的保障力、科技文化公共服务的亲和力、科技文化创新氛围的凝聚力以及科技文化对外交流与合作的影响力等。

07.256 科学文化哲学 philosophy of scientific culture

一门将文化因素纳入有关说明科学如何实

际进行而同时又渗透着哲学思考的学科。突破了传统科学哲学的知识论框架，把科学纳入整个人类文化的背景之中，着眼于社会的全面进步。

07.257 技术文化哲学 philosophy of technological culture

一门将文化因素纳入有关说明技术如何实际进行而同时又渗透着哲学思考的学科。反映了技术哲学的文化转向趋势和技术哲学的学术兴趣变化。

07.258 工程文化哲学 philosophy of engineering culture

以工程文化为分析和研究对象的哲学分支学科。把工程看作一种文化现象，力图在工程中达到科学精神与人文精神的完美合一。

07.259 现象学的科学哲学 phenomenology of scientific philosophy

揭示科学的生活世界意向构成条件，探究科学本身而非科学对象本体论承诺的科学存在论反思。

07.260 科学解释学 scientific hermeneutics

将解释学的一般原理推广应用于科学认识的理解研究。它视科学为人的一种生存方式，认为科学事实是事实性与解释性的辩证统一，主张通过语言对自然“文本”解读。

07.261 科技文化 culture of science and technology

又称“科学技术文化”。生成于科学技术的一种文化形式。是以科学技术的发生发展为根据，并对科学技术本身和科学技术的社会运用进行认识和反思的观念结晶。

07.262 科学文化 culture of science，scientific culture

广义是从文化的视角看科学，包含了科学精神、科学理论在内的所有内容。狭义则是对构成支撑科学研究文化基础的从事科学研究的价值理念、规范及制度等的观念表达。

07.263 技术文化 culture of technology

广义是从文化的视角看技术，包含了人类创造的所有技术制品和理论观点。狭义则是对人类的技术开发和使用起指导作用的价值理念、规范及制度等的观念表达。

07.264 高技术文化 culture of high-tech

技术文化的一种形式。20世纪中期以来在信息技术、计算机技术、生物技术等学科迅猛发展的基础上形成的当代形态的技术文化。

07.265 工程文化 culture of engineering

把工程作为分析和研究对象的文化。着眼于摄取工程及其技术实践之中渗透、融会、贯穿和彰显的人类文明成就，以及在文化思想方面的人文或人本主义价值精神追求。

07.266 学术文化 culture of academic

一种学习或者做学问的环境与氛围。学是指学问，治学；术是指艺术、方法，学术即治学、做学问的艺术或方法。

07.267 创新文化 culture of innovation

以创新为意旨与创新相关的文化形式，在创新活动中形成的具有特色的物质财富和精神财富的总和。包括创新价值观、创新准则、创新制度和规范、创新物质环境等。

07.268 生态科技文化 culture of ecological science and technology

基于生态科学技术发展和应用，适应经济发展方式转变要求，以绿色发展理念为指导，以生态文明为依归的科技文化。

07.269　科技文化素质　quality of scientific culture

公民具备的基本的科学知识。掌握一定的科学方法，能够正确认识科学、技术与社会的关系，善于用科学思想思考和分析生活与工作中的问题，自觉用科学精神塑造个人世界观和价值观的能力。

07.270　科技政策　policy of science and technology

政府科技部门为实现一定的科技发展目标，以权威形式对一定历史时期科技发展所要达成的目标、遵循的行动原则和工作方式以及所需要完成的任务等标准化的规定。

07.271　科技法规　law and regulations of science and technology

对科技活动及由此产生的各种社会关系制定的法律条文与规范。用以界定科技活动过程中发生的各种关系并约束科技活动。

07.272　科技制度　system of science and technology

科技系统各构成要素的组织结构及规定其相互关系的规程或行动准则。是科技活动的组织方式。包括科技活动中各层次、各部门权限的划分、组织形式、机构设置、工作程序和运行机制等。

07.273　科技体制　institution of science and technology

科学技术活动的组织体系和管理制度的总称。包括组织结构、运行机制、管理原则等内容。

07.274　科技传播　communication of science and technology

科技知识信息通过跨时空扩散而在不同个体与组织间实现知识共享的过程。包括专业交流、科技教育、科学普及、技术扩散等基本方面。

07.275　科技教育　education of science and technology

基于一定的科技组织，以一定的方法对受众进行系统的知识、方法与技能等方面的训练，以适应科技发展、满足人类需要的活动。

07.276　科技管理　administration of science and technology

应用科学的手段来安排组织科技活动，通过计划、组织、协调、领导、创新等职能高效地实现科技活动目标的过程。

07.277　科技创新　innovation of science and technology

以现有的知识和物质为基础与条件，在各创新主体、创新要素交互作用下，创造和应用新知识、新技术、新工艺，并能获得一定有益效果的行为。

07.278　科技价值观　values of science and technology

对科学技术所具有的效用与意义所作出的认识、理解和判断。是对科技地位、作用和功能的根本观点。

07.279　科技人才观　values of scientific and technological talents

关于科技人才本质、特点、评价标准、意义、作用等的思想观念。是国家制定科技人才发展方向的依据，也是单位培养与使用科技人才的基础。

07.280　科技现代化　modernization of science and technology

又称“科学技术现代化”。人类社会现代化的决定性因素。由周恩来最先提出，作为四个现代化（工业现代化、农业现代化、国防现代化、科学技术现代化）之一，主要是指把世界科学最先进的成就介绍到中国各个部门中来，用世界最新的技术把中国各个方面装备起来，使中国在科学技术方面达到国际先进水平。

07.281　科技思维方式　thinking mode of science and technology

形成并运用于科技认识活动、对感性认识材料进行加工处理的方式与途径的理论体系。其基本原则是：严密的逻辑性、辩证的分析和综合思维方法、逻辑与历史的一致以及理论与实践的统一。

07.282　科技发展战略　strategy for scientific and technological development

一个国家或地区根据其经济和社会发展的长远目标而制定的科学技术发展总体规划和政策体系。具有前瞻性、全局性、长期性、合理性、可行性等特点，对科学技术发展起着宏观指导作用。

07.283　科技社会建制　establishment of the scientific and technological society

科学技术事业成为社会构成中相对独立的社会部门的过程。包括社会确立承认科学技术的自身价值和社会功能的价值观念、科学技术共同体形成社会行为规范、建立职业化科学技术组织系统、社会为科学技术活动提供物质支撑等。

07.284　交通文化　traffic culture

人类在交通实践中创造的物质财富和精神财富的总和。主要包括：交通基础设施、工具、方式等器物文化；交通政策、法律、规章等制度文化；交通知识、理论、教育、思想、道德、价值、意识、观念等精神文化。

07.285　汽车文化　automobile culture

人类创造的与汽车及其产业相关的物质财富和精神财富的总和。包含汽车在设计、生产、流通和使用过程中形成的人与车、人与人、人与环境以及人与社会的一系列行为方式、习俗、法规和价值观念等文化形态。

07.286　网络文化　network culture

以网络信息技术为基础，在网络空间形成的文化活动、文化方式、文化产品、文化观念的集合。广义指网络时代的人类文化；狭义指建立在信息网络技术以及网络经济基础上的精神创造活动及其成果。

07.287　航天文化　aerospace culture

广义指人类在从事航天事业的实践中创造的物质财富与精神财富的总和。狭义指航天人在从事航天事业的实践中形成的航天思想、意识、观念等意识形态和行为模式，以及与之相适应的组织体系和制度。

07.288　海洋文化　marine culture

人类在认识、开发和利用海洋的实践中形成的物质财富和精神财富的总和。包括以海洋资源和航海工具为载体的器物文化、在海洋资源开发利用中建立的制度文化以及在认识和开发利用海洋资源中形成的认识和观念等的精神文化。

07.289　计算机文化　computer culture

以虚拟空间为存在形式，借助信息网络技术形成的文化形态。具体表现为计算机、计算机通信网络、计算机专用语言符号以及在研发和使用计算机过程中形成的知识、经验及其制度规范等。

07.290　建筑文化　architectural culture

人类在建筑实践活动中创造的物质财富和精神财富的总和。包括建筑物及其设备、工艺等器物文化；建筑管理体制、机制、法规等制度文化；建筑伦理、信仰、习俗、观念、情趣等精神文化。

07.291　科学知识　scientific knowledge
人类在认识世界和改造世界的实践中所获得的系统化理论化认识成果的总和。包括自然科学知识、社会科学知识和思维科学知识三类，具有可检验性、系统性、主体间性和开放性等基本特征。

07.292　科学思想　scientific thought
人类通过实践所形成的关于物质世界的系统化、规律性的科学知识的基本观念。反映了对物质世界整体图景和规律的综合认识，主要表现为科学的基本理论和学说。

07.293　科学思维　scientific thinking
科学主体在实践活动中遵从一定的思维工具和科学范式对信息进行加工和处理的方法体系。包括逻辑思维、直觉思维、形象思维、系统思维、层次思维等，其中逻辑思维是最普遍、最基本的类型。

07.294　科学精神　scientific spirit
科学主体在长期的科学实践活动中形成的信念、价值标准和行为规范的总和。包括自由探索、求实、理性、批判、创新、平等、合作、谦逊、宽容等精神，其中，求实精神和理性精神构成科学精神的两大支柱。

07.295　科学意识　scientific consciousness
人们通过科学实践和理性而不是通过想象和思辨去认识世界和改造世界的唯物主义精神。简单地说，科学意识就是从科学的角度去理解问题、分析问题和解决问题的思想意识。

07.296　科学价值　scientific value
科学的属性及其成果对人类的需要所具有的意义。科学价值是科学本质的外在体现、科学得以存在和发展的重要依据和基础。

07.297　科学自由　scientific freedom
科学主体所拥有的不受妨碍地探求真理以及发表和讲授他们认为正确的东西的权利和义务。作为历史范畴，其形态随着知识生产方式的变化而变化。

07.298　科学理性　scientific rationality
人们从事科学认知活动的理论思维能力以及所持有的信念和原则。内容包括形成概念，进行判断、推理、分析、综合、归纳、演绎等思维活动的能力以及自然的可理解性、客观实在性、整体统一性的信念和原则等。

07.299　人文理性　human rationality
从人出发实现人的自我生成、自我发展、自我实现的认知能力、道德能力和情感能力的总和。人文理性强调人文关怀、伦理价值必须以合乎科学理性为基础。

07.300　实用理性　practical rationality
坚持以实用为标准、以冷静现实的态度来认识和理解事物的理性能力和思维方式。实用理性是中国传统文化的一种精神特质，本质上是一种经验理性。

07.301　科学传统　scientific tradition
世代相传的科学价值信仰、科学理想追求、科学规范方法等科学文化传承。狭义是指西方自古希腊发源，经伽利略等科学家确立的数学与实验方法相结合的近代科学传统；广义也包括以中国古代自然观、物质观、时空观、运动观等为核心内容的中国古代科学传统。

07.302　科学共同体　scientific community
认同大体相同的理论、研究方法等科学范式

的基础上进行科学探索、人才培养交流与合作的有形或无形的科学家群体。

07.303　科学态度　scientific attitude

尊重事实、实事求是、严肃认真、一丝不苟、按科学规律办事的态度。其根本特性是客观性。比较常见的有两种理解，即科学态度、对科学的态度。前者如开放性思维和怀疑精神等，是对新知识的渴望，对信息的怀疑，对数据及其意义的探究，对证据的需求，对逻辑的尊重，对前因后果的考虑等。后者如对科学的兴趣等，是对事物的一种情感、信念和价值观。

07.304　科学素质　scientific quality

在认识和改造自然以及获取和应用科学知识过程中所体现的内禀特质。是一个历史和社会的概念，在不同的历史时期和社会文化环境中有不同的内涵。其主要构成要素包括科学知识、科学方法和科学精神等。

07.305　科学启蒙　scientific enlightenment

传播和确立科学理性、科学方法的价值与地位，破除宗教信仰、知识愚昧的思想反思与解放。在西方主要是指以哥白尼“太阳中心说”为标志的挣脱教会统治的近代科学独立、确立进程，在中国则主要指洋务运动中西方科学文化的引进、传播和教育。

07.306　中体西用　Western technology under Chinese philosophy

中学为体，西学为用。19 世纪 60 年代中国洋务运动引进西方文化，应对中西文化冲突的指导思想，即以中国传统的思想、文化、制度为根基，引进并应用西方先进科学和技术的想法。

07.307　经世济用　administrate the society and serve the people

倡导理论与实践相结合，致力于解决社会现实问题的治学理念、学术思潮，强调学问必须有益于国事。

07.308　西学东渐　entrance of the Western culture to China

自明末至近代西方思想文化、科技成果向中国传播的历史进程。大致可以分为两个历史阶段：第一阶段以明万历年间传教士利玛窦来到中国为标志，主要是西方科学技术著作引进中国；第二阶段自鸦片战争到五四运动，主要以救亡图强的洋务运动为代表。

07.309　两种文化　the two cultures

科学文化与人文文化。这一称谓原是英国科学家查尔斯·珀西·斯诺（Charles Percy Snow）于 1959 年在剑桥大学所做的一场题为《两种文化与科学革命》讲演第一部分的标题，后以之为书名出版。

07.310　人文主义　humanism

狭义为专业术语。广义是对文艺复兴时期出现的文化思想、文化理想的一种概括性总结。作为一种新思想理念，是对中世纪基督教会强权统治的一种反动，核心内容是“人”，亦称人本主义。主要内容包括：主张人性、人权，否定神性、神权；主张个性解放、个人享乐，反对禁欲主义；提倡科学文化，反对蒙昧主义；拥护中央集权，反对封建割据、世袭等级制度。

07.311　科学人文主义　scientific humanism

所有对科学的人文主义理解的观点。在保持和光大人文主义优良传统的基础上，注入旧人文主义所匮乏的科学要素和科学精神。因对科学的理解角度不同，人文主义形式不同，导致不同的科学人文主义观点，以及不同的科学与人文相互融合的见解。

07.312　新人文主义　new humanism

与自然主义相结合的一种全新的人文主义。

不同于传统人文主义的世界图景和人类图景，纠正其漠视人类生物学存在的基础错误，反对身与心、物质与精神二元论的观点。

07.313　新自然主义　new naturalism

后现代在对现代性的批判中发现自身也存在缺陷，在此情境下出现的一种新哲学思潮。对现代主体性进行消解，强调“自然”的完整性、系统性、唯一性和进化性，认为从自然界到人类社会的精神现象是一个统一的、由低级到高级的自然进化过程，人根本没有“自由”意志做违反自然“法则”之事。

07.314　科学的精神气质　ethos of science

又称“默顿规范”。默顿在 1942 年论文中提出的概念。是科学共同体的习俗、惯例等不成文规范形成的基础，也是科研规章制度、律令等成文规范制定的指导原则，一套约束科学家的价值和规范的综合，被科学家内化形成科学良心，是科学家群体文化的一种反映。

07.315　迷信　superstition

一切违反科学、违反理智、不切实际的盲目信仰和崇拜。通常指星占、卜筮、风水、算命、鬼神等。

08. 科 技 伦 理

08.01　科技伦理概论

08.001　科技伦理学　ethics of science and technology

应用伦理学的一个分支领域，是科技哲学与伦理学的交叉学科。主要研究科技发展中出现的伦理问题、科技活动应该遵循的伦理原则和道德规范、科技伦理意识的形成规律和教育途径等问题，包括科学伦理、技术伦理、工程伦理、环境伦理、科技伦理教育等具体方向。

08.002　西方科技伦理史　Western history of ethics of science and technology

分为古代、近代和现代三个时期。古代技术伦理强调技术实践“向善”的目的，运用“实践智慧”解决技术应用中的伦理问题。近代科技伦理强调科学研究的无私利性和为人类造福。现代科技伦理全面反思科学技术的社会影响，强调科技工作者的社会责任和保护环境的责任。

08.003　中国科技伦理史　Chinese history of ethics of science and technology

分为古代、近代和现代三个时期。古代技术伦理提出了“以道驭术”的理念，确立工匠的职业伦理要求。近代科技伦理在职业伦理、学术伦理、技术引进的伦理评价等方面形成特色。现代科技伦理逐渐形成比较成熟的学科领域，学术交流的国际化程度不断提高。

08.004　技术哲学的伦理转向　ethics turn of philosophy of technology

在技术哲学研究范式经历“经验转向”之后的又一次重要转变。特征是关注技术伦理问题，特别是高新技术带来的伦理挑战。从 20 世纪 70 年代中叶开始，在北美的代表人物有 C. 米切姆（C. Mitcham）、A. 芬伯格（A. Feenberg）、M. 邦格（M. Bunge）等。在欧洲的代表人物有汉斯 ·尤纳斯（Hans Jonas）、

F. 拉普（F. Rapp）、C. 胡必希（C. Hubig）、皮特-保罗·维贝克（Peter-Paul Verbeek）、J. 范·德·霍温（J. van den Hoven）等。

08.005 荷兰学派 Dutch school
技术哲学的伦理转向出现之后荷兰学术界出现的技术伦理研究群体。该学派的特点是紧密关注当代技术发展提出的伦理问题，注重实证分析和案例研究，促进对重大工程项目的有效伦理评估，在技术伦理理论、负责任创新、高科技伦理等领域处于领先地位。

08.02 科学伦理

08.006 研究伦理 research ethics
又称“学术伦理”。研究科学研究活动中应该遵循的基本伦理原则和道德规范，以及对科学研究活动的伦理评价和审查。当科学研究活动的对象、过程和结果涉及生态安全、社会安全和人身安全，以及对人格尊严、自主选择和合法权益的保护时，在立项和成果发表之前应进行严格的伦理审查。

08.007 研究诚信 research integrity
研究人员在专业研究活动中具备诚信品质，信守对研究成果真实可靠的承诺，保证研究活动在整体上完全符合科学精神和“科学共同体”的专业标准。

08.008 负责任研究 responsible research
强调科学研究要承担相应的社会责任，防止科学研究出现破坏生态环境、社会秩序和人的身心健康的不良后果。

08.009 学术道德 academic morality
从事学术活动的主体在进行学术研究、学术评价活动、学术奖励的整个过程及结果中，处理个人与他人、个人与社会等方面关系时所应遵循的道德规范和行为准则的总和。以在学术界约定俗成并得到学者普遍认同和共同遵守的道德观念和价值取向为基础。

08.010 学术规范 academic norm
学术共同体内形成的进行学术活动的基本行为规范。包括学术道德规范和学术研究标准方面的要求，以及对学术成果表述、引证、论辩、发表等方面的规范性要求。

08.011 学术不端行为 academic misconduct
又称“学术失信行为”。科研人员违反学术共同体长期形成的学术规范，违背学术诚信的行为。一般包括抄袭剽窃、伪造、篡改、侵占他人学术成果，一稿多投，伪造学历和工作经历，等等。

08.012 学术民主 academic democracy
将民主的投票表决和少数服从多数等原则引入学术组织活动中的民主形式。涉及学术课题的申报和评审、学术成果的鉴定和评奖、学术组织的建立和相应的学术领导机构的产生等。强调在真理面前人人平等，包括学术研究者话语权的平等和科研资源分配的平等。

08.03 高技术伦理

08.013 高技术风险 risk of high technology
在研究、开发和运用高技术来改造自然界和人类自身的过程中出现的技术风险。由于人的认知局限、人与技术的关系失调以及不合理应用，可能给自然环境、人类社会和个体利益造成难以预料的威胁和损失，需要对其风险进行全面准确的预测和评估。

08.014　伦理可行性　ethical feasibility

通常用于工程技术领域，指对工程技术项目的规则和方案各环节进行系统的伦理评估论证。以保证能够达到预期目的。现代工程技术特别是高技术的伦理可行性分析必须考虑项目计划对环境可持续性、生命安全、生活质量、公平正义及其他伦理价值的相关后果。

08.015　纳米伦理　nano ethics

研究纳米技术研究、开发和应用中的伦理问题的应用伦理学分支。来自人们对纳米技术带来的不确定性的担忧，具体涉及纳米毒理学、纳米机器人、纳米鸿沟等方面的伦理问题，需要对纳米技术进行预测性伦理评估和阶段性伦理评估。

08.016　网络伦理　ethics of network

研究计算机网络中的伦理问题以及由计算机网络引起的社会伦理问题的一门应用性学科。是计算机伦理和信息伦理相互交融的产物。目的在于解决网络环境中人们行为的道德失范问题，为人与网络之间关系以及网络社会中人际关系提供道德规范和行为准则。

08.017　黑客　hacker

掌握大量复杂的计算机和网络技术专业知识，不经允许进入他人网站进行活动的网络入侵者。危害体现为窃取网络用户身份、篡改网页内容、破坏网络运行、导致网络或计算机瘫痪等。

08.018　虚拟自我　virtual self

人们在网络环境提供的虚拟空间中对自我的存在方式和状态的体验。与现实世界中的“自我”同样都是人们自我意识的组成部分，相互影响、相互补充。如果处于非理性状态，可能带来多重人格、网络依赖、网恋、网瘾等问题，需要网络伦理的反思与恰当约束。

08.019　开源软件　open software

又称“开放源代码软件”“友善软件”。一种源代码可任意获取的计算机软件。版权拥有者在软件协议的规定下保留一部分权利，允许使用者自由学习、修改、拷贝、散布，以便改善和提高开源软件质量。

08.020　人工智能伦理　ethics of artificial intelligence

针对人工智能技术研究和运用过程中产生的社会问题而开展的伦理研究。涉及研究和开发人工智能技术应遵循的伦理原则和道德规范、人工智能技术取代人的智能性劳动的合理边界、人工智能体是否具有人格地位和道德责任等问题。

08.021　机器人伦理　ethics of robot

人工智能伦理的一个重要研究方向。关注那些由机器人技术的应用引发的伦理问题，诸如短期或长期使用机器人是否会给人类带来威胁，在医疗、护理、战争等领域应用机器人是否存在安全隐患，机器人如何被设计才能使其行为更加符合伦理要求等问题。

08.022　认知技术伦理　ethics of cognitive technology

针对认知技术研究和运用的过程中产生的伦理问题而开展的伦理研究。滥用认知技术可能会威胁人身安全、扰乱身心成长、妨碍自我认同、侵犯隐私空间，带来一系列严重的社会问题，因而需要及时提出认知技术研究和应用的伦理原则和道德规范，开展必要的伦理评估。

08.023　核技术伦理　ethics of nuclear technology

又称“核伦理”。随着核武器制造并用于战

争而产生的一门应用伦理学分支。强调核技术发展必须与人类生存、自由与幸福相协调，把人类共同遵守的价值、权利、义务、信仰渗透到国家关系和核战争决策之中。重点涉及核能利用的价值辨析、安全性、事故责任界定、生态环境影响等伦理问题。

08.024　太空技术伦理　ethics of space technology

又称“太空伦理”“空间伦理”。为引导人们安全、和平、公平、高效地开发和应用宇宙空间技术，探索和利用空间资源而开展的伦理研究。涉及空间污染、空间军备竞赛、空间安全事故等方面的伦理问题，以及解决这些问题应遵循的伦理原则和道德规范。

08.025　权益伦理　ethics of right and interest

在维护具有特定社会身份的主体相关权益方面的伦理研究与实践。在科技伦理领域特别强调对人格权、知情权、隐私权的尊重和保护。

08.026　实践智慧　phronesis

在亚里士多德那里是一种特定的实践推理能力，处理那些与善恶相关的偶然性事务的特殊情况，可以使人们的行动更符合道德要求。当代科技伦理实践中，实践智慧被用于处理具有很大不确定性的高技术应用带来的伦理问题，以避免规范伦理学可能出现的局限性。

08.04　常规技术伦理

08.027　功利主义伦理学　utilitarianism ethics

一个西方伦理学分支。在技术伦理方面主要体现为强调技术应用要以对绝大多数人有益的最大的善为目的，注重对技术应用的功利效果进行伦理评价，注重技术应用的后果而不是技术人员最初的意向和应承担的义务或责任。

08.028　责任律令　imperative of responsibility

汉斯·尤纳斯（Hans Jonas）提出的责任伦理概念。强调前瞻性的责任意识，对技术应用中可能出现的违背伦理原则和道德规范的行为要预先觉察并采取相应预防措施。

08.029　美德伦理　ethics of virtue

强调通过实践、生活和追求善的传统来培育美德，认为具有美德的人才能够根据不同情况选择合适的道德行为，正确发挥伦理道德的社会作用。代表人物是古代的亚里士多德和现代的A. C. 麦金太尔（A. C. MacIntyre）。美德伦理学追求内在的道德品质和以此为基础的灵活处理道德问题的能力。

08.030　设计伦理　ethics of design

强调在设计活动中充分考虑可能出现的伦理问题。特别是在小型化、模型化过程中容易被忽略的伦理因素，避免因设计疏忽带来的工程技术实践中的负面影响。

08.031　道德物化　materialization of morality

又称“技术的道德化”。通过恰当的技术设计，将道德理念“嵌入”技术人工物的功能之中，形成一种引导人的行动的“脚本”，使技术人工物在使用过程中对人的决策和行为产生道德意义上的引导和规范作用。

08.032　劝导技术　persuasive technology

由美国斯坦福大学布莱恩·杰弗里·福格（Brian Jeffrey Fogg）提出并倡导的一种技术设计理念。其设计方法包括简化法、规定路线法、量体裁衣法、提供建议法、自我检测法、监控法和调节法等。可以从正面引导和规范人的行为，实现“道德物化”。

08.033　道德想象力　moral imagination
在道德情境中发挥主体的想象力，通过移情的方式尽可能地洞察道德情境中的各种处境，并且在道德困境中发挥想象力的作用，寻求或创造新的可能性。其内涵既包括以道德的方式想象各种可能性，也包括尽可能地想象关于道德的各种可能性。

08.034　企业伦理　ethics of business
在20世纪70年代开始兴起，以企业为道德行为主体，研究企业处理内部和外部利益相关者关系的伦理原则、道德规范及其实践活动。重点研究企业的经济效益与社会责任的关系、企业利益分配的伦理原则、企业组织和管理伦理、企业员工的道德行为等方面的问题。

08.035　企业社会责任　corporate social responsibility
企业在创造利润、对股东和员工承担法律责任的同时，还要承担对消费者、社区和环境的责任。要求企业必须超越把利润作为唯一目标的传统理念，强调要在生产过程中对人的价值的关注，强调对环境、消费者、对社会的贡献。

08.036　负责任创新　responsible innovation
技术创新活动与企业社会责任的有机结合。强调在技术创新的设计、开发、实施和成果使用各阶段充分考虑企业的各种社会责任，包括保护生态环境的责任、对利益相关者的责任、对社会生活健康发展的责任等要素，注重对技术创新进行伦理评估、建立对话与协调机制、开展公众参与和社会监督。

08.037　自律　autonomy
不受外界约束和情感支配，按照自己的善良意志和道德律令为人处世的道德原则。其特征是自己约束自己。在科技伦理中，自律是专业岗位上的科技工作者严格要求自己、遵守道德底线的基本准则。

08.038　他律　heteronomy
受自身以外的权威与道德规范约束而行事的道德原则。主要体现为制度约束、舆论监督和批评教育。在科技伦理中，他律是学术共同体形成伦理氛围的重要保障。

08.039　揭发　disclose
在常规技术伦理中，特指科技人员为了保护生态环境和公众利益，面向社会和媒体揭露企业经营活动中违背伦理和法律，污染环境，损害公众利益的事件。

08.040　产品质量　product quality
在常规技术伦理中，特指企业经营中与消费者利益直接相关的产品质量标准和质量状况。产品质量的高低反映出经营者和生产者的职业伦理意识和社会责任感的高低。

08.041　假冒伪劣产品　counterfeit and shoddy products
伪造或者冒用不真实的厂名、厂址、商标、生产地、产品名称、产品标识、产品许可证等，从而误导消费者的产品和以次充好或失效变质的产品。其生产、制造和销售是不符合技术伦理与消费伦理的行为，需要被制止。

08.042　消费伦理　ethics of consumption
人们在消费水平和消费方式上产生的道德观念、道德规范和行为准则，以及对社会消费行为的价值判断。消费伦理不同于伦理消费（ethical consumption），后者强调消费者在获取、使用或处置产品时考虑自身行为对社会或环境的影响，尽量减小负面影响，实现长期利益最大化。

08.043　制度保障　institutional guarantee
从制度上保障为了维护公众利益而受到打击报复的科技人员走出困境，给予其必要的奖励和救济，维护其合法权益，获得相应的工作岗位。

08.044　道德推理　moral reasoning
推理的一种特殊类型。是人们基于已有的伦理原则和道德知识，对必然或可能发生的事情做出道德判断和推理论证，得出正确道德结论的过程。

08.045　预防伦理　precautionary ethics
以预防原则为基础的伦理观念和行为。涉及对科学、技术与工程可能引起的公共危害或者环境风险进行伦理视角的预测，并且采取负责任的相应措施以避免危害和风险的发生。预防伦理注重通过对行为的后果进行预测，来避免将来可能发生的更严重的问题。

08.046　道德困境　ethical dilemmas
道德行为主体必须要在两种或两种以上的道德情境中做出一种选择，这些道德情境涉及道德规范、道德需求或者道德利益的冲突，使行为主体陷入两难困境，往往非此即彼。比较典型的道德困境包括“囚徒困境”“电车困境”等。

08.05　工 程 伦 理

08.047　工程风险　risk of engineering
在工程决策和实施过程中，实际结果与预期目标的可能偏差及其发生的概率。有可能转化为工程事故。主要由三种因素造成：工程中技术因素的不确定性、工程外部环境因素的不确定性和工程中人为因素的不确定性。

08.048　风险理论　theory of risk
20 世纪 70 年代兴起的关于风险的多角度、多学科研究的总称。其涉及的领域和学科非常广泛，其中具有代表性的理论有风险社会理论、风险系统理论、风险文化理论和风险治理理论，比较有影响的学者有吉登斯、贝克、道格拉斯、卢曼等。

08.049　风险伦理　ethics of risk
在现代科技高度发展的语境下，针对当下决策行为对未来造成的可能风险进行的伦理反思。包括风险的伦理属性以及相应的道德规范两个方面，后者主要包括风险的告知诚信、道义评价、公正分担以及规避责任等基本规范。

08.050　工程决策伦理　ethics of engineering decision-making
对工程决策中存在的伦理问题以及工程决策应当遵守的伦理准则的研究。其研究内容主要包括工程的目的是否将造福人类，是否威胁到公众的健康和安全，是否符合可持续发展原则，是否对生态造成破坏，是否对不可避免的损失有公正合理的补偿措施等。

08.051　决策民主　democracy of decision-making
决策程序正义的重要组成部分。要求在决策中遵循民主程序，充分听取利益相关者的价值诉求，实现公开、公正、公平的决策。决策民主的实现需要满足以下四个方面的要求：利益相关者的广泛参与、参与者地位要平等、政府保持价值中立、决策程序自治等。

08.052　公众参与决策　public participation in decision-making
公众参与讨论，由公众理性协商达成决策结果的决策方式。其模式通常在舆论和制度两个层面展开。在舆论层面，主要由公众、媒体、学者、非政府组织成员等主体参与；在制度层面，主要采用听证会、公民论坛、城市居民议事会等方式。

08.053　商谈伦理　discourse ethics

又称“交往伦理”。由J. 哈贝马斯（J. Habermas）提出的伦理理念。主张一切道德规范的有效性要由交谈获得的一致同意来保证。商谈伦理体现了对不同道德主体地位的尊重，把道德的理性基础从“意识理性”转换为“交往合理性”，从“主体性”转换为“主体间性”。

08.054　公民论坛　civic forum

一种民主治理形式。其特征在于由“以投票为中心的民主”转向“以对话为中心的民主”。

08.055　工程伦理的实践有效性　practical effectiveness of engineering ethics

在工程伦理领域，其实践有效性是指工程伦理对工程实践施加伦理影响具有成效，能够对工程实践产生积极而显著的影响，使工程实践过程和结果真正符合伦理要求。包含解释、操作和对话三个方面。工程伦理解释指工程共同体成员之间在工程伦理原则、道德规范、道德情感、道德行为以及实际影响等方面的互动解释过程。工程伦理操作指工程伦理与工程操作环节相联系的过程。工程伦理对话指工程共同体成员之间就工程伦理问题开展对话的过程。

08.056　环境伦理　ethics of environment

又称“生态伦理”。应用伦理学的重要分支。其研究对象是人们对待生态环境的伦理准则、道德态度和行为规范。环境伦理的使命在于揭示环境的伦理价值，调节人类与生态环境之间的行为关系，提高人类环境保护的伦理意识水平，为环境保护提供伦理学的论证和支持。

08.057　人道主义工程　humanitarian engineering

当代工程伦理教育与实践的重要途径之一。其要义是为直接提高发展中国家中困难人群的福祉而设计和实施相关工程项目。该理念已被多所大学和非政府组织接受，并设立了相关学位项目和工程项目。

08.058　工程管理伦理　ethics of engineering management

对工程管理活动应遵循的伦理原则和道德规范开展的研究。主要涉及工程活动的决策伦理、利益相关者协调机制、工程项目的伦理评估、工程技术人员的伦理评价等问题。

08.059　个体伦理责任　personal ethical responsibility

个体作为责任主体所承担的伦理义务。工程师的个体伦理责任包括：应主动思考、预测、评估其所从事的工程活动可能产生的不利后果，降低工程风险，防范工程事故的发生；当发现工程活动中有危害公众利益的情况时，应采取适当的方式予以揭发与制止。

08.060　集体伦理责任　collective ethical responsibility

集体作为责任主体所承担的伦理义务。在工程活动中，由于多方参与造成现代工程具有一定程度的“匿名性和无主体性”。在这种高度复杂的系统中，组织的作用要远远大于个人作用，其中潜藏着的巨大风险很难归结为某个人的原因，这要求工程共同体各方要站在整体的角度理解和承担共同的伦理责任。

08.06 中国传统科技伦理

08.061　技术之道　Dao of technology

技术活动中采取的最合理、最优化的途径或方法。它是技术活动的理想境界；由“技”至“道”的发展要通过直观体悟，充分发挥人的生理和智力潜能；“道”对技术发展的引导体现为贯彻一系列具有辩证思维特征的准则。

08.062　以道驭术　restricting techniques by Dao

技术应用与伦理道德的关系。强调以道德教化引导和约束技术应用，不断提高技术人员的道德修养。这种机制不能简单地等同于西方用伦理道德观念约束技术活动的观念，其特色在于培养技术人员的道德良知，追求技术活动相关要素的整体和谐，即追求“大道”的境界。

08.063　奇技淫巧　diabolic tricks and wicked crafts

中国古代特指某些不符合经世致用的要求，容易使帝王“玩物丧志”，或使黎民百姓耽于享乐而不做“正事”的技艺。这些技艺违背了伦理的要求，对社会生活的稳定和自然环境有负面影响。

08.064　六府三事　six industries and three affairs

六府为“水、火、金、木、土、谷”。指古代社会生产或民众生活所需的基本技术活动，如沟洫（水利）、烧荒、冶铸、井田（土地规划）等。“三事”为“正德、利用、厚生”（即匡正道德、重视实用、有利民生）。

08.065　墨家学派　Moist school

先秦时期代表工匠和平民利益的学派。其技术伦理规范的特点在于注重工匠个人的道德修养和技术活动的社会效益。墨家学派强调以技术道德规范约束群体或个体工匠的技术活动，具有兼爱精神和正义感，能够吃苦耐劳，精益求精。

08.066　儒医　Confucian physician

中国古代以儒家的仁爱思想作为医学伦理思想基础的医生。认为医生美德的基础是良心，即医生应具备恻隐、羞耻、恭敬和是非之心。古代有“不为良相，则为良医”之说，主张“医儒同道”，二者同样起到济世救人的作用。

08.067　良医　good physician

中国古代医术精良、医德高尚的医生。而医术和医德低下的医生被称为“庸医”，这种称呼包含明显的道德评价成分。良医的具体表现是对医术精益求精，对患者视同亲人，敢于面对疑难杂症，勇于探索，善于创新。

08.068　大医精诚　an excellent doctor’s perfect skill and absolute sincerity

出自中国唐朝名医孙思邈所著《备急千金要方》第一卷。是全面论述医德的经典文献。特别强调医德中的“精”与“诚”，要求医者要有精湛的医术，习医之人必须“博极医源，精勤不倦”；医者要有高尚的品德修养，具有同情心和慈悲心，谦虚谨慎，严于律己。

08.069　管子学派　Guanzi school

管仲及其弟子形成的学派。对技术的应用持积极态度，即“立械器以使万物”，认为技术的关键在于顺应自然之道，方法得当才有实用价值。对“奇技淫巧”持激烈的批评态度，主张“强本事，去无用，然后民可使富”的治国方针。还主张适度扩大消费有利于推动生产。

08.070 工师 craftsman supervisor
我国先秦时期官名。相传帝尧时设置，春秋战国时期各国也有设置，为掌管百工及手工业之官。上受司空领导，下为百工之长，职责是负责督促工匠认真工作，保质保量完成任务，用规定的“度程”进行检查，考核他们是否忠于职守。如果工程质量不合规范，就一定查究治罪。

08.071 良工 good craftsman
管子学派对品行优良、技艺精湛的工匠的称谓。能够恪守技术规范而从不制作奇技淫巧之物。

08.072 诚工 honest craftsman
管子学派对有道德的工匠的称谓。能够忠于职守、诚实守信、遵守劳作规则，是值得信赖的。

08.073 抑奢 luxury-restrained
儒家伦理在技术应用评价上的基本标准之一。强调节约，反对奢侈浪费。在自然经济的社会环境中，如果使物质财富集中于奢侈品的制造和流通，为了少数人的享乐而挥霍浪费，会造成社会阶层严重两极分化，出现动荡。

08.074 抑制行滥 restrain inferior good
我国古代有若干时期商品经济比较繁荣，但社会管理和伦理约束尚不完善，因而出现了产品质量下降、伪劣产品泛滥现象，被称为“行滥”。当时对“行滥”现象采取了制度监管、法律惩处、舆论谴责等措施，取得了一定成效。

08.075 物勒工名 carve craftsman's name on their products
中国古代工程技术伦理的一项制度性行为规范。要求工匠必须把其名字刻在自己所制作的器具（如兵器、工艺品、陶瓷器、建筑物器件等）上，以表示对质量负责，并安排工师来检查考核。后来演化成为在知名品牌标识中融入工匠名字或工场的名称，以体现产品的社会责任。

08.076 知行合一 unity of knowledge and action
在中国传统科技伦理中特指在科技活动中道德观念、道德知识与道德情感、道德行为的有机统一。王阳明针对社会上有些人空谈道德知识和道德观念，却不能身体力行付诸实践的现象，提出只有把“知”和“行”统一起来，才能称得上真正的“善”。

08.077 良知 intuitional knowledge
体现为一种先验的道德意识、内在的道德判断能力，同时也是主体的自觉性。当遇到不可预定的变化时，不必求助他人或经典，仅凭直觉就可以做出反应，判断道德上的是非问题，采取合适的道德行为。

08.07 科技伦理教育

08.078 伦理意识养成 cultivation of ethics consciousness
通过一定的途径，将伦理原则、伦理观念、伦理知识内化为主体的伦理意识，并使这种意识上升为一种道德情感，从而指导实践的过程。伦理意识养成需要通过适当的教育方式和舆论氛围，也需要道德主体自觉提高伦理意识水平和道德行为能力，不断加强道德修养。

08.079 工程师职业伦理 engineer's professional ethics
工程师作为特定的职业人员在从业的范围内所应遵循的伦理原则、道德规范以及解决具体的职业伦理问题的能力。工程师职业伦理包含工程师作为专业人员在工作岗位上尽职尽责的品行，也包含对公众的安全和健康的关注。

08.080 工程师伦理准则 engineer's ethical codes

为工程师的行为提供基本的伦理原则和道德规范，为工程师面临伦理问题时提供判断的指南。一般由行业协会制定，主要强调工程师对他们的行为及其后果负责，对雇主使用者和其他利益相关者负责，尊重国家制定的法律法规，明确自己对技术产品的质量、安全性与可靠性的责任。

08.081 社会责任感 sense of social responsibility

职业人员对自身在人类社会发展中所应承担的责任的总体意识，或职业人员对待自身在各种社会活动所承担的职责、任务和使命的态度。工程师的社会责任包括保护公众的安全、健康和福利，重视环境保护、生态平衡和可持续发展，自觉维护国家和社会公共利益。

08.082 伦理评估 ethical assessment

对可能出现的伦理问题和伦理风险进行预测和评价，并且基于评估的结果采取相应的防范措施和手段。包括预测性的伦理评估和阶段性的伦理评估。

08.083 伦理委员会 ethics committee

一般用于医学领域，指的是由医学专业人员、法律专家及非医务人员组成的独立组织。其职责为核查临床试验方案及附件是否合乎道德，确保受试者的安全、健康和权益受到保护。

08.084 工程教育专业认证 accreditation for engineering education

专业认证机构针对高等教育机构开设的工程类专业教育实施的专门性认证。由职业或行业协会（联合会）、专业学会会同该领域的教育专家和相关行业企业专家一起进行，为相关工程技术人才从业提供预备教育质量保证。

08.08 医学伦理学

08.085 医德 medical morality

又称“医学职业道德”。从事医学职业的医务人员在其职业活动中应该具备的道德素养和品质，是协调医务人员与患者、医务人员之间以及与社会之间关系的行为准则。

08.086 医学价值学 medical axiology

又称“医学价值论”。研究医疗保健服务的提供者和患者、社会公众所持有或认同的影响当代医学的知识和实践以及这些医学知识应用及医疗实践活动的价值观念的学科。

08.087 医学伦理学理论 theory of medical ethics

又称“医学伦理学基本理论”。关于医疗卫生实践和医学发展过程中的医学道德问题和医学道德现象的学科知识和理解论述。包括美德论、后果论和义务论以及女性主义伦理学、原则主义、宗教伦理学等。

08.088 后果论 consequentialism

又称“结果论”“效果论”。主张一个人的行为的后果是对该行为进行道德判断时，做出正确或错误判断的最终依据和标准。是经典的规范伦理学和目的论伦理学理论。

08.089 效用论 utilitarianism

又称“功利主义”。认为道德行为的唯一标准是行为所带来的结果或效用的大小的伦理理论。18 世纪和 19 世纪后期由英国哲学家、经济学家杰里米·边沁和约翰·斯图尔特·穆勒提出。

08.090　行动效用论　act-utilitarianism

又称“行为功利主义”。效用论的分支。主张一个人的行为在道德上是正确的，当且仅当与任何其他的选择相比，所导致的结果至少与其他的选择所导致的结果一样好。

08.091　规则效用论　rule-utilitarianism

又称“规则功利主义”。效用论的分支。主张一个人的行为在道德上是正确的，当且仅当该行为是某个规则要求我们去做的事情，而对此规则的遵守将会比其他的规则带来更大的社会效用。

08.092　义务论　deontology

又称“道义论”。一种规范伦理学理论。主张一个行为的道德性是基于一系列原则来判断这个行为本身是正确的还是错误的，而不是基于行为的结果。由德国哲学家伊曼纽尔·康德提出。

08.093　行动义务论　act-deontology

又称“行为义务论”。义务论的分支。认为不存在任何普遍的道德规则，只有不能加以普遍化的特殊行为、情况，人们在某特殊情况下基于自己所相信或所感觉而做出的决定或采取的行为，该理论不以理性为基础，而是诉诸人的直觉。

08.094　规则义务论　rule-deontology

又称“特殊义务论”。义务论的分支。主张作为道德判断的唯一基础的普遍规则是存在的，遵循这些规则的行为就是正确的，与行为的结果无关。

08.095　医学伦理学原则　principle of medical ethics

又称“生物医学伦理原则”“生命医学伦理原则”。1979 年美国学者汤姆·比彻姆（Tom Beauchamp）及詹姆士·邱卓思（James Childress）在《生命医学伦理原则》一书提出了医学伦理学的四个原则：不伤害原则、有利原则、尊重原则和公正原则。

08.096　不伤害原则　principle of nonmaleficence

希波克拉底时代提出的古老、传统的行医规则。要求医务人员在医疗过程中，应遵循尽可能地避免对患者及其他服务对象造成伤害的行为准则。

08.097　受益原则　principle of beneficence

又称“有利原则”。希波克拉底时代提出的古老、传统的行医规则。要求医务人员的所有医疗行为应当努力为其服务对象的健康带来好处和利益的行为准则。

08.098　尊重原则　principle of respect

在医疗实践中，医师的医疗干预实施应尊重有自主能力的个体所拥有的基于个人价值信念、独立做出适合自己需要的选择并采取行动的权利的行为准则。

08.099　公正原则　principle of justice

在医疗服务和医疗保健资源分配中，医务人员应该遵循公平、正直，没有偏私地对待每一位患者及其他人群的健康权益的行为准则。

08.100　共济原则　principle of solidarity

为面对共同威胁，使群体、社区、国家或潜在的全球社区成为一个共同体的社会关系并采取合理性的集体行动，即支持尽量克服损害少数群体和受歧视群体的福利的行为的原则。

08.101　医患关系　physician-patient relationship, PPR

在医疗卫生保健服务中，患者将生命、健康

托付给医生，医生本着医学的目的和宗旨实践对患者的承诺而形成的以信任和利他为基础的社会关系。

08.102　医患关系模型　model of PPR

又称“医患关系模式”。1956年，美国学者托马斯·萨斯（Thomas Szasz）和马克·霍伦德（Marc Hollender）发表《医患关系的基本模式》。根据医患双方主动性的大小，将医患关系分为三种模式，即主动-被动型、指导-合作型、相互参与型。

08.103　医学伦理学　medical ethics

运用伦理学的理论框架和方法去研究临床医学、公共卫生学、医学科研实践，调节医务人员与患者关系的学科。属于应用伦理学范畴和医学学科体系的重要组成部分。

08.104　生命伦理学　bioethics

20世纪中期出现的，以生命科学技术开发、应用过程中遇到的伦理问题作为主要研究对象的一门新兴学科。属于应用伦理学的一个分支。

08.105　美德论　virtue ethics

又称“德性论”。研究和思考人要生活得好或实现卓越应该具备的品格或道德品质即美德的学说。属于规范伦理学的一种。在西方哲学中该学说的创立者是柏拉图和亚里士多德，在东方则是孔子和孟子。

08.106　自主　autonomy

又称“自主权”。源自古希腊语（autos 意为“自我”，nomos，意为“治理”）的古老概念。指自治的状态和情况或个人根据自己真实的理性、价值或欲望来指导自己生活的能力。

08.107　不伤害　nonmaleficence

源于拉丁语的古希腊箴言 *primum non nocere*。意思是“首先，不要伤害”。是指医生对患者必须避免提供无效的治疗或对患者怀有恶意。

08.108　有利　beneficence

善良、仁慈等积极的行为或所有旨在造福他人的行动，即为他人的利益而行动的道德义务。包括两个层面的内容即不应造成邪恶或伤害和应当防止邪恶或伤害。

08.109　公正　justice

公平、正直，没有偏私。包括两个层次内容，即形式的公正与内容的公正。前者指同样的人给予相同的待遇，不同的人给予不同的待遇。后者指依据个人的地位、能力、贡献、需要等分配相应的负担和收益。

08.110　伦理决策　ethics decision-making

个人和组织运用道德或伦理的思维、理论和方法，为自身行为制定的评估框架。

08.111　伦理咨询　ethical consultation

医院伦理委员会通过识别、分析、论证临床伦理问题，为医护人员、患者及家属的临床决策提供伦理建议与帮助的程序。以预防医患冲突或纠纷，疏解当事人的临床困惑，促进医患和谐，提高医疗服务质量。

08.112　医学职业精神　medical professionalism

医生将其知识、技能和判断力用于为有需要的人提供优质的医疗保健，保护和恢复人类健康。是社会和公众对医生及其职业保持信任的基础。

08.113　患者权利　patient rights

经医生的确诊，患有疾病或功能异常的人在就医过程中应当享有的权利和利益。是患者应当享有的基本人权，包括道德权利和法律权利。

08.114　知情同意　informed consent
由知情和同意两部分组成。包含两层含义即个人对医疗干预或参加医学研究的知情后的自主授权和在进行诊断、治疗或研究之前获得患者或受试者在法律上或制度上有效的同意。

08.115　医源性疾病　iatrogenic disease
在预防、诊断或治疗疾病的过程中，由于医护人员的各种言行错误、操作措施失误或疏忽等医疗干预不当而给患者造成的身心健康疾病。

08.116　药源性疾病　drug-induced disease
在预防、诊断或治疗中，由于药物通过各种途径进入人体后诱发的生理、生化紊乱、结构变化等导致患者出现的异常反应或疾病现象。

08.117　植物状态　vegetative state, persistent vegetative state, PVS
又称“永久植物状态”。患者由于大脑皮质功能严重受损，而处于一种丧失意识活动、但可维持自主呼吸和心跳的不可逆的、深度昏迷状态。

08.118　过度治疗　overtreatment
医疗机构及其医务人员在医疗活动中，违反诊疗规范，为谋求经济或其他利益有意实施的超过疾病诊治实际需要的医疗行为或医疗过程。

08.119　缓和照顾　palliative care
向患有严重疾病、危及生命的疾病或绝症的患者提供的用于缓解疼痛和不适，使其感觉更好，提高生活质量及满足其情感、社会和精神需求的医疗和相关护理方式。

08.120　药物滥用　drug abuse
与公认的医疗实践不一致或无关地持续或偶然地过量用药的现象。主要包括用药类型、方式和地点不合理，没有医生指导的自我用药且超出医疗范围和剂量标准，通常会导致上瘾、精神和身体危害以及社会危害。

08.121　替代医学　alternative medicine
西方国家划定的常规西医治疗以外的补充疗法。其常见类型包括针灸、草药或某些类型的按摩等，多源于传统医学实践、精神信仰和民间医学的结合。

08.122　信仰疗法　faith therapy
又称“信仰治疗”。通过修正和改变人的世界观、人生观，塑造信仰体系，从而恢复或者强化患者的心理能力，以达到治愈心理疾病目的的治疗方法。

08.123　整体护理　holistic nursing
以患者为中心，以生物心理-社会-医学模式为指导，以护理程序为核心，并将其系统化地用于临床护理和护理管理中的护理理念。区别于以疾病为中心的功能制护理的传统护理思想。

08.124　器官移植　organ transplantation
摘取捐赠者的具有功能的、健康的全部或部分器官、组织、细胞等来置换患者丧失或功能衰竭的器官、组织和细胞的医疗技术过程。

08.125　干细胞移植　stem cell transplantation
将健康的捐赠者提供的、具有可以不断分化成为身体需要的任何类型血细胞的造血干细胞移植到患者体内以取代受损的干细胞的过程。目前多指骨髓移植。

08.126　组织工程　tissue engineering
20 世纪 80 年代提出的融合工程学和生命科学的理论、技术和方法。在体外构建有生物活性的种植体以修复组织缺损和替代器官功能或作为体外装置暂时替代器官功能，达到提高生存质量，延长生命活动目的的新兴医学研究领域。

08.127　人工器官　artificial organ

用于替换有故障的或缺失的器官或人体其他部位功能的机器、设备或其他材料。目前已有的人工器官如人工心脏和心脏起搏器等。

08.128　异种移植　xenotransplantation

由于同种器官来源无法满足移植的需求，科学家或医师将以人之外的物种的器官（猪、猿等）或者人造器官移植于患者体内，以取代原有器官的移植技术。

08.129　器官捐献　organ donation

捐献者承诺生前或去世后将一个或其部分或多个器官、组织无偿给予特定或不特定的需要器官移植的他人的行为。

08.130　人工授精　artificial insemination

医师利用人工技术手段将丈夫或捐赠者的精液植入女性生殖器官以达到使不能自然受孕的女性实现妊娠目的的医疗辅助生殖技术。

08.131　精子库　sperm bank

收集、冷冻和储存人类精子的设施。用于帮助储存精子捐献者未使用的人类精液，以供将来自己使用或为寻求精子捐献的夫妇用于人工授精或试管婴儿手术。

08.132　卵子库　egg bank

收集、冷冻和储存人类卵子的设施。用于帮助储存捐献者未使用的卵子，以供将来自己使用或为寻求辅助生殖技术的夫妇用于试管婴儿手术。

08.133　试管婴儿　test-tube baby

1978 年英国产科医生帕特里克·斯特普托（Patrick Steptoe）和生理学家罗伯特·爱德华兹（Robert Edwards）合作首次研究成功，将卵子和精子取出后，置于培养液内使其受精，再将胚胎移植回母体子宫内使其发育成熟而诞生的婴儿。

08.134　代孕　surrogate

将夫妇体外受精的胚胎移植到其他妇女的子宫中实现妊娠和分娩后代的技术。根据委托代孕一方是否给付代孕者报酬，分为商业代孕和利他代孕。

08.135　避孕　contraception

因医学或非医学的理由，使用器具、药物等医疗手段或利用安全期等方法使女性暂时或永久性不受孕的一系列节育措施和方法。

08.136　人工流产　induced abortion

用人工的方法如药物或医疗器械在婴儿出生之前的任何阶段结束妊娠的医疗过程。

08.137　绝育　sterilization

用切断、结扎、电凝、环夹或药物等方法堵塞女性输卵管或男性输精管，达到阻断精子和卵子相遇，断绝人的生育能力，起到避孕作用的医疗处置方法。

08.138　弃婴　foundling

被不知名的亲生父母放弃或遗弃的 1 周岁以下的孩子。

08.139　杀婴　infanticide

故意造成 1 周岁以下幼童死亡的做法和行为。某些社会和文化曾允许该行为的存在，如今依然有但多被视为是一种不道德的犯罪行为。

08.140　优生学　eugenics

1883 年英国科学家弗朗西斯·高尔顿

（Francis Galton）在《对人类才能及其发展的调查研究》一书中的“在社会控制下，能从体力上或智力上改善或损害后一代的种族素质的各种动因的研究”的学说和思想。

08.141　优生运动　eugenic movement
自20世纪初期开始，受高尔顿的优生学思想影响，由遗传学家和社会改革者利用遗传学的许多新发现，鼓励和促进的群众性社会运动。主要表现为两种形式，即积极的优生和消极的优生，后者往往导致种族主义的盛行。

08.142　胎儿检测　fetus surveillance
又称“胎儿监测”。在女性怀孕期间，医师利用各种非侵入性诊断和监测技术参数，以评估发育中的胎儿的生长和健康，以及胎儿承受怀孕、分娩和分娩压力能力的检测。保障胎儿在子宫内茁壮成长和顺利娩出。

08.143　出生缺陷　birth defect
又称“先天缺陷”。新生儿在分娩前、出生时就已经存在或出生后第一个月发展的结构、解剖上的缺陷。可能由遗传、环境等因素造成。

08.144　胚胎操纵　embryo manipulation
又称“胚胎控制技术”。利用现代医疗技术对胚胎进行的人工干预和控制。主要包括体外培养、植入前胚胎诊断以及胚胎冷冻保存等，其目的是对生殖过程的遗传学上的优化。

08.145　生命质量　quality of life
一个人的健康状况、舒适度以及其参与、享有生活所能够达到的程度。在卫生保健领域其被视为包括多个层面，即情感、身体、物质和社会幸福等。

08.146　生命神圣性　sanctity of life
又称“生命神圣论”。主张人的生命至高无上、神圣不可侵犯的医学理念和伦理观点，是人类自我认识的重大进步和文明的重要标尺，也是医学伦理学的重要理论观点。

08.147　安乐死　euthanasia
一种为了使患有不治之症的患者从疾病带来的痛苦中解脱出来，在患者自愿的请求下所采取的引起或加速死亡的医疗干预措施。

08.148　临终关怀　hospice care
1967年英国护士C. 桑德斯（C. Saunders）提出的为预防和减轻末期疾病患者及家人痛苦，采取不加速也不拖延死亡的姑息疗法，减缓疾病症状，提升患者心理和精神状态，提高患者临终前生活质量，使其有尊严地走完生命最后一程的医疗服务模式。

08.149　生前预嘱　living will
人们在健康或意识清楚时签署的，用于说明在不可治愈的伤病末期或临终时要求或不要求使用哪些医疗护理的具有法律效力的指示文件。

08.150　基因诊断　gene diagnosis
从患者或咨询者体内提取DNA或RNA，应用分子生物技术，通过检查基因的结构及其表达功能，来判断其是否存在基因异常或缺陷的诊断方法。

08.151　基因治疗　gene therapy
利用体细胞或生殖细胞的重组基因工程技术矫正致病基因或修补缺陷基因，以达到治疗目的的医疗方法。目前有体外法和体内法两种。

08.152　克隆人　human cloning
使用无性辅助生殖技术生产的、具有自然生命体意义的并在其后天生长发育过程中成为具有个性和社会化属性的人类生命个体。

08.153　人体干细胞　human stem cell

人体中一种未充分分化或尚不成熟的，具有再生各种组织器官和人体潜在功能或自我复制能力的细胞。根据其所处发育阶段分为胚胎干细胞和成体干细胞。根据其发育潜能分为全能干细胞、多能干细胞和单能干细胞。

08.154　人胚胎干细胞　human embryonic stem cell

来源于胚胎，即从受精卵开始分裂到妊娠第八周结束胚胎变成胎儿时期的一种特殊类型的未分化的、能够长时间分裂，并在特定条件下会分化成专门类型的组织和器官的全能干细胞。

08.155　性伦理学　sex ethics

应用伦理学的一个分支。主要研究人的性行为对美好或美德生活的贡献，并试图确定人们在进行某些性行为时应该遵循或必须避免的道德义务。

08.156　同性恋　homosexuality

一种性爱方式。即性兴趣指向同性别的人或被其吸引的个人或群体。

08.157　利益冲突　conflict of interest

在某种境况中，当事人对主要利益的专业判断，如患者的福祉和研究的有效性等，有受到次要利益，如经济收入、声誉等不当影响的趋势。

08.158　受试者保护　protection for human subject

1974 年美国总统尼克松为回应塔斯基吉研究签署了《国家研究法案》，其中明确要求所有以人作为受试者的研究都必须经过所在机构的伦理委员会的审查，以进一步确保对人类受试者的保护。

08.159　试验性治疗　investigational therapy

尚未被证明有效的、依然在研究阶段的药物和治疗方法，经患者同意被应用于那些目前没有任何有效治疗手段的疾病的治疗的情形。

08.160　伦理审查委员会　ethical review board

又称“机构审查委员会（institutional review board，IRB）”。对其附属机构所主持的研究活动进行审查和监督，旨在保护被招募参加这些研究的受试者的权利和福利的行政机构。

08.161　医院伦理委员会　hospital ethics committee

设立在医院中，为就医疗问题、情况和治疗等方面需要咨询的医疗护理人员、患者及其家属提供服务的组织。

08.162　病人安全　patient safety

又称“患者安全”。在卫生保健过程中，使患者免遭意外医疗事故的伤害，将医疗差错发生的可能性最小化，以及将与卫生保健相关的不必要伤害的风险降到最低的系统和程序。

08.163　医疗事故　medical malpractice

在医疗实践活动中，医务人员的不正确、不熟练或疏忽等原因导致其没有遵循常规的职业操作标准而最终对患者所造成的各种伤害。

08.164　基本医疗　basic medical care

维护人体健康所必需的，与经济社会发展水平相适应的，公民可公平获得的，采用适宜药物、适宜技术、适宜设备的疾病预防、诊断、治疗、护理和康复等服务。包括基本公共卫生服务和基本医疗服务。

08.165　健康权　right to health

人们对其生命所享有的权利与利益，以及生命健康免受侵害的权利。

08.166　基本药物　basic drug

适应我国基本卫生需求，剂型适宜，价格合理，能够保证供应，公众可平价获得的药品。

08.167　卫生资源分配　allocation of health resources

由指定的个人或集团在某个系统内对与健康有关的各种物资、人员和资金，按照某种标准对其不同使用方式和使用人群的分配。

08.168　推定同意　presumed consent

适用于器官移植中尸体捐献场合的一种供体获取方式。即当死者无生前的自愿捐献同意时，如果没有明确的反对捐赠其器官的意思表达，可以推定其同意。

08.169　女权主义生命伦理学　feminist bioethics

20世纪下半叶，女性主义学者和活动家将注意力转向生命伦理学领域后形成的新的理论思潮。并以其特有的关怀主义呼吁生物医学领域中的性别平等、人文关怀和社会公平等价值观念的生命伦理学流派。

英汉索引

A

B

C

continuity and discontinuity　连续性与间断性　01.016
contraception　避孕　08.135
contraction hypothesis of the earth　地球冷缩说　03.474
contribution rate of technological progress　技术进步贡献率　07.123
control　控制　04.032
control group　对照组，*控制组　06.108
control in experiment　实验控制　06.073
controlling　控制　04.032
control theory of perception　感知控制论　03.729
controversy between science and metaphysics　科玄论战　01.122
controversy of reverence for nature　敬畏自然争论　01.129
conventional experiment　常规实验　06.087
conventionalism　约定论　03.142
conventional modern agriculture　常规现代农业，*石油农业　04.266
conventional observation　常规观察　06.060
conventional weapon　常规武器　04.368
convergent realism　渐近实在论　03.218
convergent thinking　收敛性思维，*求同性思维，*辐合性思维　06.208
converging technology　汇聚技术，*会聚技术，*融合技术　04.051
Copenhagen School　哥本哈根学派　03.365
corporate social responsibility　企业社会责任　08.035
corporation　公司　07.206
correlation analysis　相关分析　03.670
correlation at a distance　远距离关联　03.383
correspondence rule　对应规则　03.219
correspondence theory of truth　真理的符合论　03.069
corroboration　确证　03.152
cosmic background radiation　宇宙背景辐射，*微波背景辐射　03.326
cosmic censorship hypothesis　宇宙监督假设　03.337
cosmological principle　宇宙学原理　03.323
cosmological singularity　宇宙奇点　03.335
cosmology　宇宙论　02.082，　宇宙学　03.322
cosmos　宇宙　03.321
counterfactual conditionals　反事实条件句　03.079
counterfeit and shoddy products　假冒伪劣产品　08.041
covering law model of explanation　说明的覆盖律模型　03.105
craft　工艺　04.009
craftsman　工匠　07.209
craftsman supervisor　工师　08.070
creation　创造　04.003
creationism　神创论　02.121
creative techniques　创造技法　06.220
creative thinking　创造性思维　06.204
creator　设计师　07.211
crisis in physics　物理学危机　03.320
crisis in science　科学危机　07.072
criterion of meaning　意义标准　03.036
criterion of significance　意义标准　03.036
critical rationalism　批判理性主义　03.146
critical realism　批判实在论　03.788
critical systems thinking　批判性系统思维　03.730
critical theory　批判理论　03.789
critical theory of technology　技术批判理论　07.145
criticism on engineering　工程批评　07.151
cropping system　种植制度　04.291
cross-sectional discipline　横断性学科　01.041
crucial component　要素　02.045
crucial experiment　判决性实验　06.084
cryptography　密码学　03.635
cultivation of ethics consciousness　伦理意识养成　08.078
cultural ecology safety of engineering　工程的文化生态安全　07.173
cultural lag theory　文化滞后论　07.126
cultural relativism　文化相对主义　03.790
culture of academic　学术文化　07.266
culture of ecological science and technology　生态科技文化　07.268
culture of engineering　工程文化　07.265
culture of high-tech　高技术文化　07.264
culture of innovation　创新文化　07.267
culture of science　科学文化　07.262
culture of science and technology　科技文化，*科学技术文化　07.261
culture of technology　技术文化　07.263
culturology of science and technology　科技文化学，*科学技术文化学　07.251
cumulative view of the growth of scientific knowledge　科学知识增长的累积观　03.137
customer service　客户服务　05.214

D

E

engineering operating　工程运行　05.068
engineering operation　工程操作　05.205
engineering organization　工程组织　07.189
engineering paradigm　工程范式　05.053
engineering philosophy of technology　工程主义技术哲学　04.194
engineering planning　工程规划　05.173
engineering practice　工程实践，*工程活动　05.014
engineering practitioner　工程从业者　07.197
engineering problem　工程问题　05.134
engineering problem-solving　工程问题求解　05.135
engineering productivity　工程生产力　07.159
engineering project　工程项目　05.034
engineering purpose　工程目的　05.032
engineering rationality　工程合理性　05.140
engineering reliability　工程可靠性　05.072
engineering renovation　工程改造　05.076
engineering rescue　工程救援　05.075
engineering resources　工程资源　05.036
engineering retirement　工程退役　05.081
engineering risk assessment　工程风险评估　05.186
engineering robustness　工程鲁棒性　05.073
engineering safety　工程安全　05.074
engineering safety method　工程安全方法　05.209
engineering schedule　工程进度　05.197
engineering scheme　工程方案　05.182
engineering science　工程科学　05.133
engineering settlement　工程结算　05.213
engineering simulation　工程仿真　05.192
engineering simulation method　工程模拟方法　05.194
engineering sociology　工程社会学　07.176
engineering spirit　工程精神　05.017
engineering standard　工程标准　05.161
engineering structure　工程结构　05.051
engineering system　工程系统　05.044
engineering talent　工程人才　07.194
engineering technology　工程技术，*生产技术　04.050
engineering test　工程试验　05.191
engineering thinking　工程思维　05.139
engineering utility　工程效用　05.057
engineering value　工程价值　05.020
engineering wisdom　工程智慧　05.164
engineer's ethical codes　工程师伦理准则　08.080
engineer's professional ethics　工程师职业伦理　08.079
entangled state　纠缠态　03.371
entelechy　生机，*隐德来希　03.415
enterprise　企业　07.207
entity　实体　02.038
entity realism　实体实在论　03.034
entrance of the Western culture to China　西学东渐　07.308
entrepreneur　企业家　07.180
entrepreneur club　企业家俱乐部　07.187
enumerative induction　枚举归纳　06.141
environmental aesthetics　环境美学　04.219
environmental assessment of engineering　工程环境评估　05.185
environmental effect of engineering　工程的环境影响　07.217
environmental information　环境信息　03.616
environmental justice　环境正义　04.248
environmental modification technique　改变环境的技术　04.375
environmental pragmatism　环境实用主义　04.244
environmental right　环境权利　04.208
environmental virtue　环境美德　04.218
environmental virtue ethics　环境美德伦理　04.217
epigenesis theory　后成论，*渐成论　03.414
epiphenomenalism　副现象论　03.503
epistemic implement　认识工具　06.018
epistemic object　认识客体　06.014
epistemic optimality　认知最佳　03.648
epistemic relativity　认识相对性　03.013
epistemic subject　认识主体　06.013
epistemological holism　认识整体论　03.014
epistemology　认识论，*知识论　03.209
epistemology of technology　技术认识论　04.168
equipment　设备，*装置　04.036
equipment manufacture　装备制造　05.109
equivalent principle　等效原理　03.356
equivalent transformation method　等价变换法　06.222
errors in observation　观察错误　06.058
essentialism　本质主义　03.141
establishment of the scientific and technological society　科技社会建制　07.283
estate　产业　07.205
eternal objects　永恒客体　02.041
ethical assessment　伦理评估　08.082

F

G

H

I

J

K

L

M

N

O

P

Q

R

S

T

U

V

W

X

Y

Z

汉 英 索 引

A

B

C

D

E

F

发明　invention　04.006
发明社会学　sociology of invention　07.125
发明哲学　philosophy of invention　04.188
发散性思维　divergent thinking　06.209
发生认识论　genetic epistemology　03.501
发现的心理学　psychology of discovery　03.187
发现的语境　context of discovery　03.125
法兰克福学派　Frankfort School　01.101
反驳　refutation　06.159
反常　anomaly　03.181
《反杜林论（欧根•杜林先生在科学中实行的变革）》　Anti-Dühring (Herr Eugen Dühring's Revolution in Science)　01.003
反还原论　anti-reductionism　03.047
反核主义　anti-nuclear activism　04.153
反技术统治论　anti-technocracy　04.159
反技术主义　anti-technologicism　04.154
*反技术主义　technological pessimism　04.156
反馈控制方法　feedback-control method　06.233
反面启发法　negative heuristic　03.163
*反求工程　reverse engineering　05.208
反实在论　anti-realism　03.010
反事实条件句　counterfactual conditionals　03.079
反推数学　reverse mathematics　03.266
*反向思维　reverse thinking　06.214
反证　disproof　06.158
泛灵论　animism　02.093
泛神论　pantheism　02.094
泛生论　pangenesis　03.409
范例　exemplar　03.178
范式　paradigm　03.177
范式转换　paradigm shift　03.228
方法　method　06.004
方法论　methodology　06.005
方法论个体主义　methodological individualism　03.805
方法论无政府主义　methodological anarchism　03.188
方法论整体主义　methodological holism　03.806
方法误差　method error　06.101
*坊　workshop　07.208
防御力　defense ability　04.379
仿生学法　bionic method　06.236
仿真　simulation　04.007
非常规发现　unconventional discovery　06.038
非单调逻辑　nonmonotonic logic　03.607
非定域性　nonlocality　03.382
*非故意核战争　unintentional nuclear war　04.412
*非间断性　continuity　02.070
非决定论　indeterminism　03.395
非科学　nonscience　01.051
非逻辑思维　non-logical thinking　06.205
*非人类中心论　non-anthropocentrism　04.235
非人类中心主义　non-anthropocentrism　04.235
非物质经济　immaterial economy　04.222
非线性的相互作用　nonlinear inter-reaction　03.750
非线性动力学　nonlinear dynamics　03.757
非直谓定义　impredicative definition　03.267
非致命武器　non-lethal weapon　04.374
非周期性　aperiodicity　03.701
*非注意视盲　inattentional blindness　03.494
废品　waste product　05.070
费根鲍姆常数　Feigenbaum constant　03.739
*费力最小原则　thinking-econonical principle　06.215
分布式控制　distributed control　03.726
分叉　bifurcation　03.707
分类　classification　06.118
分类学　taxonomy　03.455
*分散式控制　distributed control　03.726
分维　fractional dimension　03.715
分析　analysis　06.122
*分析陈述　analytical statement　03.048
分析技术哲学　analytical philosophy of technology　04.193
分析句　analytical sentence　03.048
*分析命题　analytical proposition　03.048
分支科学哲学　philosophy of specific science　03.238
风土论　on acclimatization　04.288
风险理论　theory of risk　08.048
风险伦理　ethics of risk　08.049
风险社会　risk society　01.079
封闭世界假设　closed world assumption　03.608
冯•诺依曼机　von Neumann machine　03.609
否认　disconfirm　03.066

G

工程学　disciplines of engineering　05.132
工程演化　evolution of engineering　05.078
工程演化论　theory of engineering evolution　05.004
工程验收　engineering acceptance　05.212
工程要素　engineering factor　05.040
工程移民　engineering immigration　07.219
工程异化　engineering alienation　05.021
工程意识　engineering consciousness　05.016
工程硬件　hardware of engineering　05.048
工程与社会　engineering and society　07.016
工程约束条件　constraint condition of project　05.137
工程运行　engineering operating　05.068
工程灾难　engineering disaster　07.216
工程战略　strategy of engineering　07.193
工程争论　engineering debate　05.201
工程正义　engineering justice　07.172
工程政策　policy of engineering　07.192
工程政治　politics of engineering　05.025
工程知识　engineering knowledge　05.141
工程知识创造　generation of engineering knowledge　05.142
工程知识进化　evolution of engineering knowledge　05.143
工程知识扩散　engineering knowledge diffusion　05.150
工程知识论　theory of engineering knowledge　05.005
工程知识内化　internalization of engineering knowledge　05.147
工程知识群化　socialization of engineering knowledge　05.149
工程知识融合　combination of engineering knowledge　05.148
工程知识失传　loss of engineering knowledge　05.151
工程知识外化　externalization of engineering knowledge　05.146
工程制度　engineering institution　05.019
工程质量　project quality　05.066
工程智慧　engineering wisdom　05.164
工程主义技术哲学　engineering philosophy of technology　04.194
工程资源　engineering resources　05.036
工程组织　engineering organization　07.189
工会　labor union　07.185
工匠　craftsman　07.209
*工匠技术　handwork technology　04.068
工匠精神　artisan spirit　05.018
工具　instrument，tool　04.010
*工具合理性　intention rationality　04.033
工具价值　instrumental value　04.011
工具理性　instrumental rationality，instrumental reason　04.012
工具主义　instrumentalism　03.145
工期　time limit for a project　05.065
工巧　exquisite　04.008
工人　worker　07.179
工师　craftsman supervisor　08.070
*工学　disciplines of engineering　05.132
工业　industry　07.204
工业革命　industrial revolution　04.013
工业化　industrialization　01.080
工业技术　industry technology　04.049
工业设计　industrial design　05.138
工业社会　industrial society　07.031
工业实验室　industrial laboratory　07.196
工艺　craft，technology　04.009
工艺创新　process innovation　05.059
工作假说　hypothesis in working　06.189
工作平台　working platform　05.067
公理方法　axiomatic method　06.187
公理化　axiomatization　03.251
公民论坛　civic forum　08.054
公认观点　received view　03.027
公司　corporation　07.206
公正　justice　08.109
公正原则　principle of justice　08.099
公众参与决策　public participation in decision-making　08.052
公众理解工程　public understanding of engineering　07.150
公众理解科学　public understanding of science　07.103
*功利主义　utilitarianism　08.089
功利主义伦理学　utilitarianism ethics　08.027
功能　function　04.014
功能分析　functional analysis　03.742
功能模拟方法　function-simulation method　06.234
功能主义　functionalism　03.819
*攻击力　attacking ability　04.378
共变法　method of concomitant variation　06.147

H

J

技术革新　technological improvement　04.136
技术工具　technological tool　04.106
技术功能　technology function　04.139
技术共同体　technology community　07.136
技术构思　technological design　04.127
技术规范　technical specification　04.119
技术规则　technical rule，technical regulations　04.128
技术轨道　technological trajectory　07.121
技术过程　technical process　04.103
技术过程论　process theory of technology　04.172
技术合理性　technological rationality　04.142
技术合作　technical cooperation　04.087
技术黑箱　black box of technology　07.116
技术环境　technological environment　04.108
技术环境论　technical environment theory　04.179
技术激进主义　technology radicalism　04.160
技术价值　technological value　04.114
技术价值负载　technology value-laden　04.145
技术价值论　axiology of technology　04.171
技术价值中立　technology value neutrality　04.146
技术检测　technical detection，detection of technology　04.123
技术建构论　social construction of technology　04.175
技术交流　technical exchange　04.088
技术教育　technology education　07.143
技术结构　technological structure　04.102
技术进步　technological progress　07.122
技术进步贡献率　contribution rate of technological progress　07.123
技术救世主义　salvationism of technology　04.162
技术决策　technological decision　04.99
技术决定论　determinism of technology　04.173
技术科学　technological science　01.044
技术客体　technical object　04.113
技术恐惧症　technophobia　04.144
技术框架　technical framework　07.115
技术扩散　technological diffusion　07.127
技术浪漫主义　technical romanticism　04.157
技术劳动　technical labour　04.101
技术乐观主义　technological optimism　04.155
技术理论　theory of technology，technology theory　04.129
*技术理性　instrumental rationality，instrumental reason　04.012
技术立国　national strategy of technology　04.164
技术垄断　technical monopoly　04.083
技术伦理　technological ethics　04.115
技术伦理学　ethics of technology　04.185
技术论　theory of technology　04.151
技术逻辑　technical logic　04.131
技术贸易　technology trade　04.081
技术美学　technological aesthetics　04.184
技术密集型　technology-intensive　04.143
技术民主　democratic technology　07.131
技术目的　technological objective　04.091
技术批判理论　critical theory of technology　07.145
技术评估　technology assessment　04.125
*技术评价　social assessment of technology　07.114
技术情报　technological information　04.100
技术情境　technology context　07.139
技术圈　technosphere，technological sphere　04.080
技术人类学　technological anthropology　04.186
技术人性化　humanized technology　07.133
技术认识论　epistemology of technology　04.168
技术认知　technological cognitive　04.117
*技术设备　technical equipment　04.105
技术设计　technical design　04.121
技术社会　technological society　07.117
技术社会化　socialization of technology　07.112
技术社会建构　social construction of technology　07.108
技术社会决定论　social determinism of technology　07.109
技术社会嵌入　social embeddedness of technology　07.113
技术社会形塑　social shaping of technology　07.105
技术社会学　sociology of technology　07.104
技术生态化　ecologicalization of technology　07.134
技术实践　technological practice　04.118
技术史　history of technology　04.150
技术世界　technological world　04.107
技术试验　technical test　04.122
技术手段　technological means　04.090
技术手段论　instrumentalism of technology，technological instrumentalism　04.178
技术水平　technological level　04.094
技术思维　technological thinking，technical thinking　04.126

技术素养 technological literacy 04.134
技术态度 attitude toward technology 07.144
技术体系 technological system 04.085
*技术统治论 technocracy 04.165
*技术突袭 technology attack 04.361
技术文化 culture of technology 07.263
技术文化哲学 philosophy of technological culture 07.257
技术问题 technical problem 04.120
技术袭击 technology attack 04.361
*技术系统 technological system 04.085
技术系统进化法则 law of technical system evolution 06.238
技术现实主义 technorealism 04.158
技术消化 technology assimilation 07.128
技术形态 technological form 04.104
技术选择 technological choice 04.089
*技术选择论 social selection of technology 07.111
技术学 technology 04.149
技术演化 technological evolution 07.140
技术异化 alienation of technology 04.138
技术意向 technological intentionality 04.140
技术引进 technology import 04.098
技术预测 technology forecasting 04.124
技术原理 technical principle 04.092
技术责任主体 subject of responsibility for technology 07.146
技术战略 strategy of technology 04.095
技术哲学 philosophy of technology 04.187
技术哲学的伦理转向 ethics turn of philosophy of technology 08.004
技术正义 technology justice 07.132
技术政策 technology policy 04.096
技术之道 Dao of technology 08.061
技术知识 technological knowledge 04.116
技术知识论 theory of technical knowledge 04.169
技术至上主义 technolatrialism technologic supremacy 04.161
*技术治国论 technocracy 04.165
技术中立论 technology neutrality theory 04.176, *technology value neutrality 04.146
技术主体 technical subject 04.112
技术主义 technicism 04.163
技术专家 technologist 04.086
技术转移 transfer of technology 04.097
技术装备 technical equipment 04.105
*技术装置 technical equipment 04.105
技术自主 technology autonomous 04.133
技术自主论 technology of autonomous theory 04.177
技艺 technique 04.023
*技治主义 technocracy 04.165
《寂静的春天》 Silent Spring 01.136
加工 processing 04.018
假冒伪劣产品 counterfeit and shoddy products 08.041
假说 hypothesis 03.063
假说的检验 tests for hypothesis 06.192
假说-演绎法 hypothetical-deductive method 06.151
*假想实验 thought experiment 06.094
价值关联 value-related 03.825
价值合理性 value rationality 04.030
价值、技术、科学与社会 value, technology, science, and society 07.011
价值敏感性设计 value sensitive design, VSD 07.137
价值无涉 value free 03.056
价值中立 value free 03.824
架构 architecture 03.621
间断平衡论 punctuated equilibria theory 03.411
间断性 discontinuity 02.071
间接测量 indirect measurement 06.050
*间接论证 indirect proof 06.157
间接实验 indirect experiment 06.080
间接证明 indirect proof 06.157
建构经验论 constructive empiricism 03.019
建构实在论 constructive realism 03.007
建模 modeling 03.620
建筑文化 architectural culture 07.290
建筑哲学 philosophy of architecture 05.029
健康权 right to health 08.165
*渐变论 uniformitarianism 03.464
*渐成论 epigenesis theory 03.414
渐近实在论 convergent realism 03.218
将今论古 present is the key to the past 03.489
僵尸论证 zombie argument 03.514
交叉学科 interdisciplinary studies 01.038
交通文化 traffic culture 07.284
交往理性 communicative rationality 04.031
*交往伦理 discourse ethics 08.053
交往行动理论 theory of communicative action 04.182

教育技术 education technology 04.055
教育哲学 philosophy of education 03.812
阶序 hierarchy 03.406
揭发 disclose 08.039
杰弗里条件化 Jeffrey conditionalization 03.275
结构实在论 structural realism 03.009
结构说明 structural explanation 03.112
*结果论 consequentialism 08.088
解蔽 demasking 04.019
*解决疑难 puzzle solving 03.180
解谜 puzzle solving 03.180
解释 interpretation 03.120
解释鸿沟 explanatory gap 03.516
界面 interface 03.622
界面要求 interface requirement 05.047
金字塔 Pyramid 05.121
进步的研究纲领 progressive research programme 03.167
进化 evolution 01.070
进化伦理学 evolutionary ethics 03.434
进化论 evolutionary theory 03.418
进化认识论 evolutionary epistemology 03.015
进化生物学 evolutionary biology 03.433
*近程武器 short-range weapon 04.362
近代机械论自然哲学 modern mechanistic natural philosophy 02.026
近代科学 modern science 01.045
近代农业 primary stage of modern agriculture 04.264
近距离武器 short-range weapon 04.362
近可积系统的 KAM 定理 KAM theorem for nearly integrable system 03.403
近因说明 proximate explanation 03.456
京杭大运河 Beijing-Hangzhou Grand Canal 05.126
经典概率观 classical conception of probability 03.094
经济决定论 economical determinism 03.792
经济人 homo economicus 03.801
经济学哲学 philosophy of economics 03.811
经济主义 economism 04.220
经世济用 administrate the society and serve the people 07.307
经验常数 experiential constant 06.029
经验等价的理论 empirically equivalent theory 03.223
经验等价性 empirical equivalence 03.018
经验定律 experiential law 06.030
经验公式 experiential formula 06.028
经验技术 experience technology 04.056
经验科学 empirical science 03.028，*experimental science 01.034
经验描述 empirical description 06.196
经验模型 empirical model 06.179
经验内容 empirical content 03.017
*经验批判主义 empirio criticism 01.108
经验事实 experiential fact 06.032
经验适当性 empirical adequacy 03.016
经验性研究 empirical research 06.002
经验预见 empirical prediction 06.201
经验主义方法论 empiricist methodology 01.057
精确农业 precision agriculture 04.3154
精神科学 geisteswissenschaften 03.797
精神客体 mental object 06.017
精神生产工程 engineering of spiritual production 07.166
精益生产 lean production 05.095
精致的证伪主义 sophisticated falsificationism 03.157
*精准农作 precision agriculture 04.314
精子库 sperm bank 08.131
敬畏自然争论 controversy of reverence for nature 01.129
静态宇宙模型 static cosmic model 03.331
纠缠态 entangled state 03.371
救生艇伦理学 lifeboat ethics 04.246
就矿找矿 making ore search nearby 03.490
局域性 locality 03.381
巨机器 megamachine 04.027，*mono technics 04.047
巨石阵 Stonehenge 05.120
句法处理 syntax processing 03.623
句法引擎 syntax engine 03.624
*具身性 embodiment 03.538
具体技术 concrete technology 04.057
具象 concretization 04.024
具象化的科学、技术与社会 specific-image figure of STS 07.171
聚焦物 focus thing 04.028
聚类 clustering 03.625
决策论 decision theory 03.791
决策民主 democracy of decision-making 08.051
决策问题 decision problem 03.626

K

科玄论战　controversy between science and metaphysics　01.122
科学　science　01.028
科学变迁　scientific change　03.030
科学不确定性　scientific uncertainty　07.045
科学测量　scientific measurement　06.048
科学抽象　scientific abstraction　06.152
科学传播　communication of science　07.064
科学传统　scientific tradition　07.301
科学创造　scientific creation　06.203
科学创造力　scientific creativity　07.056
科学大战　Science War　01.118
科学的不统一性　disunity of science　03.220
科学的价值　values of science　07.065
科学的价值中性　value neutrality of science　03.055
*科学的建制化　institutionalization of science　07.061
科学的奖励系统　reward system of science　07.084
科学的精神气质　ethos of science　07.314
科学的历史研究　historical studies of science　07.018
科学的评价　valuation of science　03.207
科学的社会分层　social stratification in science　07.080
科学的社会功能　social goals of science　07.066
科学的社会规范　social norms of science　07.081
科学的社会结构　social structure of science　07.082
科学的社会系统　social system of science　07.083
科学的社会研究　social studies of science　07.017
*科学的体制化　institutionalization of science　07.061
科学的统一性　unity of science　03.235
科学的指数增长　exponential growth of science　07.086
科学的制度化　institutionalization of science　07.061
科学的自主性　autonomy of science　07.059
科学发现　scientific discovery　06.036
科学发展观　scientific outlook on development　01.077
科学发展模式　pattern of scientific development　07.074
科学方法　scientific method　06.006
科学方法论　scientific methodology　06.007
科学分类　scientific classification　01.029
科学符号　scientific symbol　06.026
科学革命　scientific revolution　03.182
科学共同体　scientific community　07.302
科学观　view of science　01.027
科学观察　scientific observation　06.051
科学归纳　scientific induction　06.142
科学合理性　scientific rationality　03.126
科学基金　scientific fund　07.075
科学计量学　scientometrics　07.057
科学技术方法论　methodology of science and technology　06.008
科学技术革命　scientific and technological revolution　07.028
科学-技术-工程三元论　science-technology-engineering trichotomy　05.001
科学技术规划　program for science and technology　07.023
科学技术奖励　science and technology award　07.039
科学、技术、经济与社会　science, technology, economy, and society　07.003
科学技术人类学　anthropology of science and technology　07.025
科学技术是第一生产力　science and technology are primary productive forces　01.088
科学技术体制　science and technology system　07.022
*科学技术文化　culture of science and technology　07.261
*科学技术文化学　culturology of science and technology　07.251
*科学技术现代化　modernization of science and technology　07.280
科学技术学　science and technology studies　07.019
科学技术一体化　integration of science and technology　01.076
科学、技术、医疗与社会　science, technology, medicine, and society　07.042
科学、技术与发展　science, technology, and development　07.002
科学、技术与法律　science, technology, and law　07.010
科学、技术与工程的互动　interaction of science, technology and engineering　07.170
科学、技术与工程的一体化　integration of science, technology and engineering　07.169
科学、技术与公共政策　science, technology, and public policy，STPP　07.009
科学、技术与管理　science, technology, and management　07.020
科学、技术与价值　science, technology, and value　07.012
科学、技术与教育　science, technology, and education

L

M

N

O

P

Q

R

S

四维时空　four-dimensional spacetime　03.359
四因说　theory of four causes　02.100
四种相互作用的统一　unification of four interactions　03.350
似律性　lawlikeness　03.059
似真推理　plausible inference　03.255
似真性　truthlikeness　03.234
*伺服原理　slaving principle　03.761
苏俄技术哲学　Soviet Union and Russia philosophy of technology　04.200
苏联农科院会议　USSR Academy Conference　01.115
素朴证伪主义　naive falsificationism　03.150
溯因　abduction　03.99
算法　algorithm　03.659
算法复杂性　algorithmic complexity　03.700
随附性　supervenience　03.544
随机抽样　random sampling　06.111
随机分配　random allocation　06.112
随机实验　random experiment　06.088
随机误差　random error　06.103
随机性原则　principle of randomization　06.110
*损伤　damage　04.411
索卡尔事件　Sokal event　01.117

T

他律　heteronomy　08.038
*胎儿监测　fetus surveillance　08.142
胎儿检测　fetus surveillance　08.142
太极说　theory of the Supreme Ultimate　01.096
太空技术伦理　ethics of space technology　08.024
*太空垃圾　space debris　04.403
*太空伦理　ethics of space technology　08.024
太空实验　outer space experiment　06.090
*太空碎片　space debris　04.403
*太空育种　space breeding　04.319
太空战　space warfare　04.396
泰勒制　Taylor system　05.090
*弹性生产方式　post-Fordism　05.094
探索性实验　exploitative experiment　06.082
碳排放　carbon emission　04.251
特定常规武器　certain conventional weapon　04.369
特设性假说　ad hoc hypothesis　06.191
特殊科学　special science　03.237
*特殊义务论　rule-deontology　08.094
特性分析　specificity analysis　06.126
体能对抗　physical confrontation　04.385
替代农业　alternative agriculture　04.267
替代医学　alternative medicine　08.121
天地人三才说　view of relationship of heaven,earth and human　04.284
《天工开物》　Heavenly Creations　04.038
天球　celestial sphere　02.085
天然模型　natural model　06.173
天然自然　natural nature　02.002
天人合一　harmony of man with nature，unity of heaven and mankind　01.097
*天体进化论　evolution of celestial bodies　03.325
天体演化　evolution of celestial bodies　03.325
天体运动　celestial bodies motion　03.324
《天演论》　Theory of Natural Selection　01.134
*天战　space warfare　04.396
挑战者号航天飞机失事　Space Shuttle Challenger disaster　07.246
条件独立性　conditional independence　03.660
调试程序　debugging program　03.661
停机问题　halting problem　03.662
同行评议　peer review　07.085
同时发现　simultaneous discovery　07.088
同态系统　homomorphic system　03.663
同性恋　homosexuality　08.156
统计方法　statistical method　06.186
统计规律　statistical law　03.393
统计哲学　philosophy of statistics　03.300
统一场论　unified field theory　03.349
统一科学　unified science　03.044
统一信息论　unified theory of information　03.664
头脑风暴法　brainstorming method　06.221
投产　going into production　05.069
投资人协会　investor association　07.186
投资者　investor　07.181
突变论　catastrophe theory　03.423
突变与渐变　abrupt change and gradual change　01.024
突现　emergence　03.735

W

X

Y

Z

www.sciencep.com
(SCPC-BZBEZF25-0006)
ISBN 978-7-03-079639-4
定　价：198.00 元